전기전자재료

기초에서 실험법까지

오키 요시미치 · 오쿠무라 쯔구노리
이시하라 요시유키 · 야마노 요시아키 지음

신재수 · 정영호 · 유승준 · 박선홍 옮김

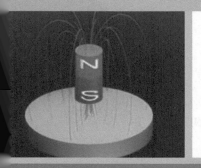

Electrical and Electronic Materials

청문각

DENKIDENSHIZAIRYOU   -KISOKARASHIKENHOUMADE-
by Denki-gakkai
©Denki-gakkai 2006, Printed in Japan
Korean translation copyright © 靑文閣
First published in Japan by The Institute of Electrical Engineers of Japan

오늘날 전기·전자 분야의 기술 발전 속도는 너무나 빨라 과거에 공상과학 세계에서나 볼 수 있었던 것이 현실화되고 있다. 신기술 개발을 위해서 엔지니어들은 제품 제작에 앞서 우선 새로운 시스템을 설계하고 컴퓨터로 시뮬레이션을 하는 등의 과정을 거치지만, 결국에는 구상한 기술을 구현할 재료가 없다면 어떤 구상도 공상에 머물고 만다. 재료는 새로운 첨단재료만 중요한 것은 아니다. 오랫동안 사용해온 장치나 설비들을 고장 없이 사용하기 위해서는 기존 재료의 신뢰성을 유지하는 것 또한 새로운 재료를 개발하는 것 못지않게 중요하다. 역자들은 대학이나 연구소, 산업현장에서 강의 및 연구, 기술개발을 해오면서 대학생 및 대학원생, 연구원, 현장 기술자들에게 전기·전자 분야의 첨단 신소재와 기존 재료들에 관해서 두루 지식을 제공할 수 있는 교재를 찾고 있었다. 마침 일본 전기학회에서 발행한 ≪전기전자재료≫라는 책이 어느 정도 이 조건을 충족시켜주지 않을까 하는 생각에 역자들은 본 책을 번역하기로 뜻을 모았다. 이 책은 물성론적 기초지식에서부터 도전재료, 저항재료, 반도체재료, 절연재료, 자성재료, 초전도재료 등에 관한 개론과 실제 장치나 설비에 사용하는 전기전자재료 각론을 다루고 있고, 더 나아가 전기전자재료 시험법의 원리까지 상세히 기술하고 있다. 이 책은 일본 전기학회에서 출간하였기에 책의 구성과 내용 또한 신뢰성이 비교적 높다고 생각된다. 따라서 전기공학이나 전자공학 또는 통신공학, 제어공학 등 관련 분야를 공부하는 학생이나 연구개발 업무 담당자, 현장 기술자, 그리고 기술개발정책 관리자 등에게 본 책이 원리와 응용 그리고 최신 기술까지 많은 지식을 제공할 수 있으리라고 생각한다. 역자들은 이 책을 번역함에 있어서 원서에 충실하여야 한다는 생각에 원칙적으로는 직역을 하되 필요한 경우 어느 정도 의역을 하여 뜻이 어색해지지 않도록 노력하였다. 또한 한글 사용을 원칙으로 하되 한글만으로는 뜻이 명확하지 않을 때는 한자나 영문 표기를 최소한의 범위에서 병행하였다. 그러나 외국어를 한국어로 번역하는 것은 쉬운 일이 아니어서 적절하지 않은 표현이나 발음 표기상의 문제점이 일부 있을 줄 안다. 이러한 부분은 앞으로 독자 여러분의 고견을 들어 수정해 나가고자 한다.

끝으로 이 책이 한국어로 번역되어 출간될 수 있도록 허락해주신 일본 전기학회와 출판사업위원회, 그리고 저자인 와세다대학 오키 요시미치 교수님, 수도대학동경 오쿠무라 쯔구노리 교수님, 동지사대학 이시하라 요시유키 교수님, 치바대학 야마노 요시아키 교수님과 이 책이 나오기까지 노고를 아끼지 않으신 청문각출판사 제위께 감사를 드리는 바이다.

2013년 2월
역자 일동

일본 전기학회는 1888년에 창립된 학자, 기술자 및 전기관계법인 회원조직이
며, 그 주된 목적은 '전기에 관한 연구와 진보와 그 성과의 보급을 확산시키고,
이로 하여 학술의 발전과 문화 향상에 기여하는 데'에 있다. 창립 110주년을 기
회로 활동의 범위를 일반으로 넓히려고 하고 있다.

일본 전기학회는 상기의 목적을 출판을 통해 달성하기 위해 대학 강좌 시리
즈를 비롯한 도서출판을 기획하고, 다수가 대학 및 고전(高專) 등의 교과서로서
사용되고 있다. 또 이러한 도서는 교재로서 다양한 직장의 사회인에게 읽히고,
전기주임기술자, 에너지 관리사 또는 정보처리기술자 등의 자격을 취득하는데
도움이 되고, 기술자 양성에 기여하고 있다.

한편, 과학기술의 진보에 따른 새로운 기술 분야가 차례차례 생겨나고, 또 기
존의 학문 분야와 융합된 학술적 지식이 기술자에게 요구되고 있다. 이와 같은
시대 흐름에 맞추어 대학 공학부 강의 과목과 그 내용, 시간 분배가 다양해지는
경향이 있다.

일본 전기학회에서는 기술의 진보와 교육방법의 개편에 대처하는 것을 편수
방침의 하나로 하고 있고, 예를 들어 대학의 전기공학과 및 관련학과의 각 과
목, 내용, 시간분배를 분석하여, 발행도서에 대해 실제로 강의를 하고 있는 교수
님들의 의견을 수령함으로써, 앞으로의 강의과목에 적합한 교과서의 제작 또는
개정을 행하고 있다.

더욱이, 산업계로부터의 요구에 맞춰 현장기술자, 연구자에게 바로 도움이 되
는 내용의 전문기술서를 시기적절하게 발행하려고 노력하고 있다.

전기공학, 더욱이 전자공학의 성과는 지금 모든 산업과 기술에 도입되어 그
발전에 기여하고 있다고 해도 과언이 아니다. 따라서 전기 · 전자공학의 지식을
학습하고 갱신하는 것은 그것을 전공하는 학생 및 기술자뿐만 아니라 다른 각
종 기술 분야에 종사하는 사람들에게도 꼭 필요하다. 한편, 전기 · 전자기술자에
있어서는 관련 기술 분야의 지식을 습득하는 것이 점점 더 필요해지고 있다.

이미 일본 전기학회의 교과서, 도서로 배운 사람들의 수는 수백만 명에 달하며, 당시의 학생들이 지금 각 분야에서 지도자로 활약하고 있어, 하나의 전통을 만들어 내기에 이르렀다.

이상의 목적과 배경으로 체계적으로 제작된 예지(叡智)의 소산인 이 책의 내용이 여러 독자에게 다가가 능력 향상에 도움을 주고, 나아가서는 국가의 기술 발전에 더욱 이바지하기를 바라는 바이다.

마지막으로, 수많은 귀중한 의견과 자료를 제공해 준 대학 및 고전(高專)의 선생님들을 비롯해 관계자분들께 진심으로 감사드리며, 편집하는 데 도움을 준 임원, 편집위원, 집필위원들에게 깊은 감사를 표한다. 또 실무에 종사하며 도움을 주신 교원분들의 노고를 치하하며 아울러 감사의 뜻을 표한다.

사단법인 일본전기학회
출판사업위원회

공학 또는 기술이란 과학적 원리를 응용하여 구체적인 디바이스(소자 또는 소자를 조합한 장치)나 기계를 만들고, 그것을 운용하여 사회에 공헌하는 것을 목표로 하고 있다. 따라서 전기기술자에게 있어서는 전기자기학이나 회로이론이라고 하는 과학적 원리를 습득한 후에 이 원리를 이용하여 발전기를 만들거나 운전하는 것이 요구된다. 그렇기 때문에, 디바이스나 기계를 구성하는 전기전자재료에 대해 충분한 지식을 갖고 있어야 한다.

전기전자재료에서는 다른 일반 공업재료에 비해 고품질에 고순도인 것이 요구되는 경우가 많다. 또 다른 재료에서는 그다지 중요하게 생각되지 않는 특수한 성질이 중요시되는 경우도 있다. 더욱이, 재료의 소비량은 다른 용도에 비해 적은 경우가 많다. 결국, 품질이 우수한 것을 소량 생산하는 것이 경제적인 채산을 맞추기 어려운 경우도 있다. 여기서, 전기기술자의 입장에서 양질의 전기전자재료가 생산되도록 하기 위해서 활동하는 것도 필요하다.

이렇게 양질의 전기전자재료가 생산되고, 적합하게 사용되도록 하기 위해서는

① 전기기술자가 재료에 관하여 올바른 지식과 깊은 이해를 가질 것
② 전기전자재료에 관한 명확한 '표준규격'을 정해 이것을 활용할 것
③ 합리적인 시험방법을 정해 이것에 의해 재료를 선택할 것
④ 전기전자재료의 연구 또는 제조에 관해 전기기술자들 간에 협력하는 것은 물론, 물리학, 응용화학, 재료학 등의 연구자나 기술자와도 협력하여 그 진보발전을 해야 할 것

등이 필요할 것이다.

전기학회에서는 상기의 관점에서 전기기술자에게 전기재료의 올바른 지식을 제공하고 이해를 도울 목적으로 1960년에 ≪전기학회 대학강좌 전기재료≫를 출판하였다. 많은 대학에서 교과서로 채택되는 등 호평을 받았고, 1980년에는 개

정판이 출판되었다. 하지만, 1980년 이후도 재료의 진보는 점점 눈부시게 발전하고 새로운 응용들이 속속 탄생하였기에 이번에 전면적으로 새롭게 다시 쓰게 됐다.

이 책은 위에서 설명한 배경 아래, 책의 구성의 큰 틀은 ≪전기재료≫의 체계를 지키며 전자재료나 광재료뿐만 아니라 전기전자재료를 전반적으로 새로 쓰인 교과서이며 책의 이름도 새롭게 ≪전기전자재료 -기초부터 시험법까지-≫로 변경하게 되었다.

제1장에서는 전기전자재료의 이해를 위해 필요한 기초지식을 배우고, 제2장에서는 각종 재료를 살펴본다. 제3장에서는 실제로 사용되는 기기의 종류나 소자별로 재료의 사용법에 대해 설명하였으며, 제4장에서는 재료시험법에 대해 기술하였다. 즉, 이 책에서는 전기전자재료에 대해 그 기초 원리부터 시험법까지 넓은 범위를 학습할 수 있도록 했기 때문에 대학의 교과서로서뿐만 아니라 실제 현장의 기술자를 위한 참고서로서도 충분히 도움이 될 수 있다고 믿는다.

마지막으로 많은 관계자, 특히 상기 ≪전기재료≫의 집필위원인 로우 세이사부로(鳳誠三郎), 사이토 유키오(齊藤辛男), 사카이 요시오(酒井善雄), 히노 타로(日野太郎), 나리타 켄지(成田賢仁), 누마쿠라 쇼우호(沼倉秀穂), 와다 시게노부(和田重暢), 후쿠야 키요시(福井 淸) 선생님들에게 깊이 감사드린다.

1. 학술용어는 일본 문부과학성 제정 학술용어, 전기학회 전문용어집 및 일본공업규격에 채용되고 있는 용어에 따른다.

2. 단위는 국제단위계(SI)에 따르는 것을 원칙으로 한다.

3. 중요하다고 생각되는 용어는 그 용어가 주로 설명되고 있는 부분, 또는 처음으로 나올 때 굵은 글자로 나타냈다.

4. 본문의 기술 중에 추가적 설명을 필요로 하는 것은 각주(脚注)에서 설명한다.

5. 그림, 표 및 식의 번호는 본문 중(문제, 해답을 제외한)에서는 각 장에 있어 일련번호로서 인용의 편의를 도모했다. 문제, 해답 중의 그림, 표에는 속해 있는 문제번호를 붙였다.

6. 그림 기호는 원칙적으로 일본공업규격 'JIS C 0617 시리즈 전기용 그림기호'에 따른다.

7. 단위기호, 양(量)의 기호는 원칙적으로 일본공업규격 'JIS Z 8202 시리즈 양(量) 및 단위'에 따르고, 양(量)기호는 V, I, Φ, v, i 와 같은 이탤릭체, 단위기호는 V, A, Wb 와 같이 정체를 이용한다.
   또, 공간벡터는 $\boldsymbol{E}, \boldsymbol{F}, \boldsymbol{s}$ 와 같이 이탤릭체 볼드체를 이용해 표시한다.

8. 양(量)의 기호 다음에 단위기호를 붙이는 경우는 양자(兩者)의 구별을 명확하게 하기 위해 단위기호를 괄호 안에 표시한다. (예) $V[\mathrm{V}], I[\mathrm{A}]$

9. 점, 선, 소자, 물(物)을 영문자를 사용해 표시할 경우는 정체를 이용한다.
   (예) 점 P, 코일 C, 전압계 V
   단, 관례로서 저항 R, 축전기 C 처럼, 이와 같은 소자를 갖는 전기적 양으로 소자를 표시할 경우는 예외로 한다.

10. 연산기호는 일본공업규격 'JIS Z 8201 숫자기호'에 따르고, 원칙적으로 입체문자로 표시한다.
    (예) sin, d, $\sum$, ln, log, 단, Δ 는 양의 의미인 경우는 이탤릭체로 한다.

11. 자연대수는 ln, 상용대수는 log로 표시한다.

12. 자연대수의 밑 e = 2.71828··· 및 허수단위 $\sqrt{-1}$ 을 나타내는 j는 일본공업규격 JIS Z 8201을 따라 정체를 이용한다.

13. 지수함수는 지수 x가 간단한 식일 경우는 e^x의 형태로, 복잡한 식일 때는 $\exp(x)$의 형태로 나타낸다.

14. 그 외의 그림기호, 약자에 대해서는 본문 중에서 필요에 따라 명시한다.

제 1 장

전기전자재료의 기초

1.1 총설

전기전자재료의 성질을 설명하거나 이해하려고 할 경우 물질의 구조는 어떻게 되어 있는지, 그리고 그 구조와 전기적 성질 사이에는 어떠한 관련성이 있는지에 대하여 알아두는 것이 바람직하다. 예를 들어, 반도체의 성질, 더 나아가 이를 이용한 전자 디바이스나 광디바이스를 이해하기 위해서는 물질구조에 대한 지식이 필요하다. 이러한 의미에서 먼저 물질구조에 대하여 설명한다.

1.2 보어의 원자모형

1.2.1 물질의 구성인자

모든 물질은 원자로 구성되어 있다. 이러한 원자는 핵분열이나 핵융합과 같은 특수한 방법을 제외하면, 어떤 원자를 다른 원자로 변환할 수 없다. 따라서 **원자**는 모든 물질을 구성하고 그 성질을 특징짓는 소인자(素因子)라고 할 수 있다.

1.2.2 원자의 구조

원자는 원자핵이라고 불리는 입자와 그 주위를 둘러싼 핵외전자로 구성되어 있다. **원자핵**은 중성자와 양성자로 되어 있다. **중성자**는 전하를 갖고 있지 않으며, **양성자**는 크기가 e 인 양전하를 갖는다. 여기서, e 는 전자 1개가 갖는 전하량의 절댓값[1.60×10^{-19} C(쿨롱)]이다. **원자번호** Z는 그 원자의 원자핵이 갖는 양성자 수 Z를 나타낸다. 한편, 핵외전자의 수는 Z이고, 각 전자가 갖는 전하는 $-e$ 이기 때문에 핵외전자가 갖는 총 전하량은 $-Ze$ 이다. 따라서 이것이 핵이 갖는 전하 Ze 와 상쇄되어 원자 전체적으로는 전기적으로 중성이 된다.

1.2.3 수소원자의 모형

원자 중에서 가장 간단한 구조를 갖는 것은 수소원자(H)이며, 그 구조모형을 그림 1.1에 나타낸다. 수소의 원자핵은 양성자 1개만으로 구성되어 있고, 전자의

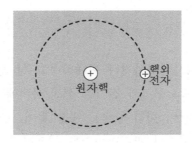

그림 1.1 수소원자의 구조모형

질량($m = 9.1 \times 10^{-31}$ kg)의 1,840배이며 전하량은 $+e$ 이다. 핵외전자 수는 1개이다.

 이와 같은 원자의 구조모형에 대하여 1913년에 **보어**는 다음의 법칙을 찾아 냈다.

① 핵외전자는 원자핵과의 사이에 작용하는 정전인력에 의해 원 궤도 위를 정상적으로 계속 운행하고 있다.

② 전자의 운동량을 그 정상궤도에 따라 일주한 적분값은 **플랑크 상수** h ($= 6.626 \times 10^{-34}$ J·s)의 양(正)의 정수배(n배)가 된다. n을 **주양자수**라고 한다.

③ 전자가 하나의 정상궤도에서 다른 정상궤도로 이동할 때 에너지 변화를 동반하며, 과잉 에너지(ΔW)는 단색광으로서 방출되고, 반대의 경우는 흡수된다. 이때 광의 진동수 ν와 ΔW 사이에는 다음 식과 같은 관계 가 있다.

$$h\nu = \Delta W \tag{1.1}$$

 가장 단순한 수소원자에 대해 위와 같은 조건을 적용해 보면, 앞에서 기술한 법칙 ①에 의해 다음 식을 얻는다.

$$\frac{mv^2}{r_n} = \frac{e^2}{4\pi\varepsilon_0 r_n^{\,2}} \tag{1.2}$$

여기서, r_n: 주양자수 n에 대응하는 핵외전자궤도의 반경

$\quad\quad m$: 전자의 질량

v: 전자의 속도

ε_0: 진공의 유전율

또한, 법칙 ②에 의해

$$2\pi r_n mv = nh \tag{1.3}$$

가 되기 때문에 r_n은 다음과 같이 나타내어진다.

$$r_n = \frac{n^2 h^2 \varepsilon_0}{\pi m e^2} \tag{1.4}$$

주양자수 n에 대응하는 핵외전자의 총 에너지 E_n은 운동에너지(> 0)와 정전에너지(< 0)의 합이며,

$$E_n = \frac{1}{2}mv^2 - \frac{e^2}{4\pi\varepsilon_0 r_n} = -\frac{e^2}{8\pi\varepsilon_0 r_n} = -\frac{me^4}{8\varepsilon_0{}^2 h^2}\cdot\frac{1}{n^2} \tag{1.5}$$

이 된다. 주양자수 n은 원자 내의 각(殼)구조를 구별하는 양자수이기도 하며, $n=1,\ 2,\ 3,\ 4$의 각(殼)을 각각 K 각, L 각, M 각, N 각이라고 부른다.

1.2.4 에너지 준위

그림 1.2는 수소원자에 대한 핵외전자의 에너지 준위를 나타낸 것이다. 에너지가 최소일 때 가장 안정하기 때문에 수소원자에서는 통상 핵외전자는 가장

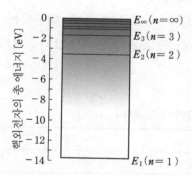

그림 1.2 수소원자에 있어서 핵외전자의 에너지 준위

안쪽의 궤도 즉 $n=1$인 K 각에 놓여 있다. 여기서, 핵외전자의 총 에너지는 식 (1.5)에 나타내는 것처럼 음($-$)이기 때문에 그림에서는 E_∞의 에너지를 0으로 하고 있다. 이와 같이 전자의 에너지를 그림으로 나타낸 것을 **에너지 준위도**라고 하고, 물질 중 전자의 상태를 설명하기 위해 자주 이용된다. 이때 전자에너지의 값은 아주 작아 이것을 줄(J)로 표시하는 것은 오히려 불편하기 때문에 **전자볼트** (eV)라는 단위로 표시하는 것이 일반적이다. 1 eV는 전자 1개가 1 V의 전위차 로부터 얻는 에너지이기 때문에 1 eV $= 1.6 \times 10^{-19}$ J이다.

1.3 양자역학적 표현

앞에서 설명한 것과 같이 원자모형은 비교적 이해가 쉽고 편리하지만 원자의 성질을 상세하게 설명하기 위해서는 양자역학적 표현이 필요하다.

1.3.1 양자수에 의한 표현

양자역학에 의하면 핵외전자의 상태는 앞에서 설명한 주양자수 n 이외에 **방위양자수** l, **자기양자수** m, **스핀** s 라는 3개의 양자수에 의해 정해진다. 에너지의 대략적인 값은 n에 의해 정해지지만, l에 의해서도 다소 달라지며, 또한 자계 중에 놓인 경우에는 m, s에 의해서도 변한다.

여기서, n값이 주어졌을 때, l은 0, 1, 2, $\cdots$ $(n-1)$이 되는 n개의 값을 얻는다. m은 하나의 l에 대해서, $m = -l, -(l-1), \cdots, -1, 0, 1, \cdots, l-1, l$의 $(2l+1)$개의 값이 된다. $l = 0, 1, 2, 3$에 대응하는 상태는 각각 순서대로 s, p, d, f로 표현된다. 한편, 스핀 s는 $+1/2$과 $-1/2$의 두 개의 값 중 하나 밖에 취할 수 없다.

표 1.1 주양자수 n이 3인 경우에 있어서 l, m 값

n	3								
l	0	1			2				
m	0	-1	0	1	-2	-1	0	1	2

따라서, 예를 들어 주양자수 n 값이 3 인 경우는 표 1.1 과 같이 9 가지의 상태가 존재하고 각각에 스핀 s 가 2 가지 있기 때문에 합계 18 가지의 상태가 존재하게 된다.

1.3.2 파울리의 배타율

일반적인 상태에서는 핵외전자는 전체적으로 가능한 한 에너지가 작은 상태를 취하려고 하지만, 한편으로는 어느 원자에 있어서 (n, l, m, s)에 의해 지정되는 하나의 상태에는 단 1 개의 핵외전자밖에 들어갈 수 없다는 법칙(**파울리의 배타율**)이 있기 때문에 결과적으로 전자는 에너지가 낮은 위치로부터 차례로 높은 쪽으로 향해 자리를 차지하게 된다.

따라서 비교적 간단한 원자에 있어서 핵외전자의 상태와 그 개수를 예시하면 표 1.2 와 같이 된다.

표 1.2 간단한 원자에 있어서 핵외전자의 상태와 그 개수

원자번호	원소	$n=1$	$n=2$		$n=3$		
		$l=0$	$l=0$	$l=1$	$l=0$	$l=1$	$l=2$
1	H	1					
2	He	2					
3	Li	2	1				
4	Be	2	2				
5	B	2	2	1			
6	C	2	2	2			
7	N	2	2	3			
8	O	2	2	4			
9	F	2	2	5			
10	Ne	2	2	6			
11	Na	2	2	6	1		
12	Mg	2	2	6	2		
13	Al	2	2	6	2	1	
14	Si	2	2	6	2	2	
15	P	2	2	6	2	3	
16	S	2	2	6	2	4	
17	Cl	2	2	6	2	5	
18	Ar	2	2	6	2	6	

이 표에서 알 수 있듯이, Li → Ne 까지와 Na→Ar 까지를 비교하면, 바깥쪽 부분의 전자의 배열이 완전히 같은 형태로 반복되고 있다. 원자의 화학적 성질은 주로 바깥쪽 전자의 상태에서 좌우되기 때문에 이것에 의해 주기율이 존재하는 이유를 설명할 수 있다.

1.4   화학결합

모든 물질은 원자나 이온 등의 입자가 서로 화학결합하여 생긴다. 물질 특유의 성질도 화학결합의 종류에 의해 설명되는 경우가 많다. 그러므로 화학결합에 대해 알아본다.

1.4.1 이온결합

He, Ne, Ar, Kr 등의 희귀(稀貴)가스 원자는 화학적으로 안정하고, 다른 원자(또는 자기의 원자)와 쉽게 화합하지 않는다. 표 1.2에서 알 수 있듯이, 이러한 원자의 핵외전자 수는 어느 궤도까지는 수용 가능한 전자의 수와 일치하고 있다. 따라서 가장 바깥쪽에는 전자로 완전히 채워진 궤도가 존재하고 있다. 이러한 폐각구조가 원자의 성질을 안정하게 한다.

원소의 주기율에 있어서, 희귀가스 바로 앞에는 F, Cl, Br, I 등의 할로겐이 존재한다. 이러한 원자에 1개의 전자를 부가하면, 희귀가스와 같은 폐각구조를 갖는다. 따라서 이러한 원자는 전자 1개를 획득해 1가의 음(−)이온(F^-, Cl^-, Br^-, I^-)이 되는 경향이 강하다. 또 Li, Na, K과 같은 알칼리금속은 반대로 1개의 전자를 방출하여 1가의 양(+)이온(Li^+, Na^+, K^+)으로 되는 경향이 강하다. 마찬가지로, 희귀가스보다 원자번호가 두 개 많은 알칼리토류금속은 2가의 양이온으로 되기 쉽다.

따라서, 예를 들어 알칼리금속원자가 할로겐원자와 만나면, 전자에서 후자로 1개의 전자가 이동하여 생긴 알칼리금속 양이온은 할로겐 음이온과 정전인력에 의해 서로 당기며 결합하게 된다. 이러한 결합을 **이온결합**이라 한다. 예를 들어 Na^+ 양이온과 Cl^- 음이온이 서로 규칙적으로 결합하면 식염(NaCl)의 결정이 된다.

이온결합은 강한 결합력을 가지기 때문에 이온결정은 일반적으로 견고하다. 하지만, 강하게 두드리면 결정 중 이온의 위치가 흐트러져 동종 이온 사이에 반발력이 작용하여 깨지기 쉽다.

1.4.2 공유결합

기체인 수소를 구성하고 있는 최소 단위는 수소원자 H가 아니고 H가 2개로 된 입자이다. 이러한 입자를 **분자**라고 부른다. 이 수소분자 H_2에서는 2개의 H원자가 1개씩 나누어 낸 2개의 전자를 공유하여 결합이 발생된다. 이 형식의 결합을 **공유결합**이라고 부른다. 공유결합에 기여하는 두 개의 전자는 파울리의 배타율에 따르고 그 스핀이 역병행(즉, $+1/2$과 $-1/2$)이어야만 한다. 공유결합의 결정은 일반적으로 전기를 잘 통하지 않으며 물에 잘 녹지 않는다. 또 단단하고 융점이 높은 것이 많다.

1.4.3 그 밖의 화학결합

금이나 은 등의 금속에서는 금속원소의 원자가 전자를 방출해서 양이온이 되고, 방출된 전자는 자유전자가 되어 전체 원자에 공유되어 결합이 이루어지고 있다. 이러한 결합을 **금속결합**이라고 한다. 자유전자가 전체 원자에 공유되고 있기 때문에 금속은 전기적으로 도체가 되어 열도 쉽게 전달한다. 또 두드리면 얇게 펴지고 당기면 늘어난다.

한편, 수소 H_2나 이산화탄소 CO_2 등 분자로 되어 있는 물질의 액체나 고체에서는 분자 사이에 작용하는 **반데르발스 힘**이라는 결합력으로 분자가 서로 약하게 결합되어 있다. 결합력이 약하기 때문에 이러한 물질의 융점과 비점은 낮다.

1.5   물질의 형태

1.5.1 결합반경

물질을 형성하고 있는 원자나 이온의 간격은 원자나 이온의 종류와 결합방법

표 1.3 결합반경의 예

이온결합의 경우		공유결합의 경우	
이온	결합반경$[10^{-10}\ \mathrm{m}]$	원자	결합반경$[10^{-10}\ \mathrm{m}]$
O^{2-}	$1.32\sim1.40$	H	0.30
F^{-}	$1.33\sim1.36$	B	0.88
Na^{+}	$0.98\sim0.95$	C	0.77
Mg^{2+}	$0.57\sim0.50$	N	0.70
Si^{4+}	$0.39\sim0.41$	O	0.66
S^{2-}	$1.74\sim1.84$	F	0.64
Cl^{-}	1.81	Si	1.17
K^{+}	1.33	P	1.10
Ca^{2+}	$1.06\sim0.90$	S	1.04
Cu^{+}	0.96	Cl	0.99
Zn^{2+}	$0.83\sim0.74$	Sn	1.40

에 따라 다르다. 표 1.3에 이온결합과 공유결합의 경우, 결합반경의 예를 나타
낸다.

1.5.2 대칭성과 비대칭성

분자의 형태에는 대칭적인 것과 비대칭인 것이 있다. 예를 들어 H_2, O_2,
N_2, CO_2, CS_2 등은 $\mathrm{H}-\mathrm{H}$, $\mathrm{O}-\mathrm{O}$, $\mathrm{N}-\mathrm{N}$, $\mathrm{O}-\mathrm{C}-\mathrm{O}$이라는 대칭결합을 하고
있지만, $\mathrm{H}_2\mathrm{O}$, $\mathrm{H}_2\mathrm{S}$ 등은 그림 1.3과 같은 비대칭결합으로 되어 있다. 분자 형
태가 비대칭이면 양전하와 음전하의 중심이 일치하지 않고 전기쌍극자 모멘트
가 일어난다. 메테인(메탄)의 분자 CH_4는 그림 1.4에 나타낸 것처럼 정사면체

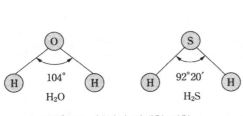

그림 1.3 분자의 비대칭 결합

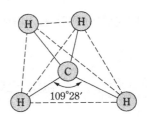

실선: 대칭결합
점선: 정사면체의 능선

그림 1.4 메테인 분자

의 각 정점에 수소원자가 있고 중심 위치에 탄소원자가 있어 완전한 대칭형이기 때문에 쌍극자 모멘트는 0이다. 이 수소를 할로겐으로 치환한 것(예를 들어, CCl_4) 또는 탄소를 규소로 치환한 것(예를 들어, SiH_4, $SiCl_4$)도 마찬가지이다. 그 밖에 포화 탄화수소의 쌍극자 모멘트도 0이다.

쌍극자 모멘트의 대소는 전기절연물의 유전체손과 깊은 관련이 있기 때문에 고전압 혹은 고주파전압에 대한 절연재료를 생각할 경우에는 큰 의미를 갖는다.

1.5.3 결정과 비정질

(1) 결정

고체는 결정과 비정질[또는 비정(非晶)]로 나눌 수 있다. 결정이란 입자(원자, 이온 또는 분자)가 긴 거리에 걸쳐 일정한 규칙에 따라 바르게 배열된 것이고, 그 규칙성은 X선이나 전자선 회절 등에 의해 알 수 있다. 이온결합 물질의 경우 양과 음이온 간의 정전인력 등으로 결정되는 입자의 위치에너지가, 입자의 열진동에너지보다 훨씬 클 경우에는 규칙적으로 입자가 배열되어 에너지 최소의 조건이 만족되기 때문에 결정이 된다. 다만, 실제의 결정은 원자공공(空孔), 격자간원자, 불순물 등의 결함을 포함하고 있다. 결정의 기계적 강도, 절연내력(절연파괴의 세기, 절연파괴 전계) 등에는 이러한 결함의 영향이 크게 나타난다.

(2) 비정질

고체 내에는 입자배열의 규칙성이 흐트러져 **비정질**인 것이 있다. 유리는 그 전형적인 예이고, 이 밖에 고무나 천연수지 및 합성수지 등 다양하다. 이러한 비정질 고체는 유리의 등방성, 플라스틱의 열가소성, 고무의 탄성, 수지나 왁스 등의 높은 전기절연성 등 결정에는 보이지 않는 각종 성질을 가지며 실용상 중요한 것이 많다.

1.5.4 유기고분자

유기물 중에는 1분자를 구성하는 원자의 수가 수만에서 수백만에 이르는 것이 있다. 이것을 **유기고분자**라고 한다. 예로 수지, 섬유 등이 이에 속한다. 이러한 고분자는 비교적 단순한 기본분자의 중합(重合) 혹은 축합(縮合)에 의해 다수 결합되어 만들어진다. 그 결합형태가 쇠사슬인 것은 온도를 높이면 가소성, 즉 형태가 변화될 수 있게 되는 성질을 나타내지만(열가소성), 3차원의 그물코 모양에 마치 다리가 연결되어 있는 것처럼 결합[**가교**(架橋)라 함]하고 있는 것은 온도의 상승에 따라 단단하게 되는 열경화성을 나타낸다.

예1 **폴리에틸렌**　에틸렌[그림 1.5(a)]이 중합해서 생긴 폴리에틸렌은 그림 (b)와 같이 쇠사슬 모양(쇄상) 결합을 이루고 열가소성을 나타낸다. 단, 약품 등으로 가교구조를 만든 가교폴리에틸렌은 열가소성을 잃어버린다.

$$
\begin{array}{cccc}
\text{H} & \text{H} & \text{H} & \text{H} \\
| & | & | & | \\
\text{C} & = \text{C} & \cdots\cdots\text{C} & -\text{C}-\cdots\cdots \\
| & | & | & | \\
\text{H} & \text{H} & \text{H} & \text{H}
\end{array}
$$

(a) 에틸렌　　　(b) 폴리에틸렌

그림 1.5

예2 **요소수지(유리아수지)**　요소와 포름알데하이드와의 축합물이며, 아래 그림과 같은 기본단위를 가지는 열경화성의 고분자이다.

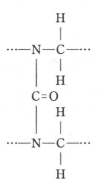

1.5.5 액정

1.5.3항에 서술한 것처럼 결정에서는 장거리에 걸쳐 분자가 차지하는 위치나 방향이 3차원적으로 규칙적으로 계속된다. 한편, 액체에서는 분자의 위치나 방

향은 결정되어 있지 않다. 물질 중에는 결정으로 보이는 질서 있는 구조와 액체가 갖는 분자배열의 불규칙적인 상태의 중간적인 성질을 갖는 물질이 있다. 이와 같은 물질을 **액정**(liquid crystal)이라고 부른다. 이 구조 때문에 액정은 액체와 같은 유동성을 나타냄과 동시에, 예를 들어 방향에 따라 광학적 성질이나 전기적 성질이 다른 대칭성이 낮은 결정에 나타나는 것과 같은 여러 가지 이방성을 나타낸다. 어떤 온도 범위에서 이러한 액정으로서의 성질을 나타내는 것을 **서모트로픽 액정**(thermotropic liquid crystal), 물이나 유기용제 등과의 용액상태에서 결정이 되는 것을 **리오트로픽 액정**(lyotropic liquid crystal)이라고 부른다. 이 중 서모트로픽 액정은 표시디바이스 등 전자재료로서 중요한 역할을 하고 있다. 한편, 리오트로픽 액정은 생체조직 등에서 볼 수 있다.

1.6 　도체 및 저항체

1.6.1 　액체의 전기전도

도체나 저항체로서 이용되는 것은 대부분이 고체이다. 하지만, 도금이나 전기분해라는 전기화학 분야에서는 액체(특히 용질을 녹인 액체)에 전류를 흐르게 하는 경우도 많이 있다.

(1) 용액과 전리

물, 알코올 등의 용액 중에서 용질은 각 분자가 따로따로 떨어진 데다가 각 분자는 2개 또는 그 이상의 성분으로 해리되어 있다. 더욱이 각 성분의 일정비율은 전리해서 양 또는 음의 전기를 띤 이온으로 되어 있다. 금속 및 수소는 양이온으로, 수산기는 음이온으로 되기 쉽다.

예 　　$NaCl \rightarrow Na^+ + Cl^-$ 　　　　$H_2SO_4 \rightarrow 2H^+ + SO_4^{2-}$

　　　　$NaOH \rightarrow Na^+ + OH^-$ 　　　$NH_4OH \rightarrow NH_4^+ + OH^-$

강전해질에 속하는, 예를 들면 NaOH, HCl, NaCl 등에서는 대부분 모든 용질이 전리되어 있지만 약전해질에 속하는, 예를 들어 초산, 암모니아수 등에서는 일부만이 전리되어 있는 것에 불과하다. 약전해질에 대해서는 희석도를 크게 하거나 같은 양의 용질을 녹이기 위해서 용매의 양을 늘리거나 온도를 높이면 전리도는 커진다.

(2) 전리도와 비유전율과의 관계

용매의 비유전율이 크면 양이온과 음이온과의 사이의 쿨롱인력은 작아진다. 따라서 표 1.4와 같이 용매의 비유전율이 커질수록 전리도는 커진다.

표 1.4 용매의 비유전율과 전리도의 관계

용매	벤젠	에틸에테르	에틸알코올	포름산	물	HCN
비유전율	2.3	4.4	26.8	62	81.7	96
전리도	매우 작음	작음	약간 큼	큼	매우 큼	매우 큼

(3) 수화

일반적으로 수중(水中)의 이온 특히 강전해질의 이온은 용매의 물분자와 상호작용을 하고 있다. 이것을 **수화**(水和)라고 부른다. 이온 1개에 수화되는 물분자 수를 표 1.5에 나타낸다. 수중에서 이온의 이동은 이 수화현상에 강하게 영향을 받고 수화하는 물분자의 수가 많을수록 이온의 이동은 늦어진다.

표 1.5 이온 1개에 수화하는 물분자 수

이온	H^+	K^+	Ag^+	Na^+	Li^+	OH^-	SO_4^{2-}	Br^-	NO_3^-
물분자 수	0	20	35	70	150	1	20	20	25

(4) 전해액의 저항의 온도의존성

전해액의 저항은 온도가 상승하면 감소한다. 이유는 온도 상승에 따라 용매의 점성이 감소하고, 약전해질에서는 전해도가 증가하기 때문이다.

1.6.2 고체의 전기전도

(1) 도체와 부도체(절연체)

1) 자유전자

금속과 같은 고체에서 전기와 열이 잘 통하는 양도체가 왜 도전성을 갖는가라는 의문을 풀기 위해 자유전자의 존재에 대해 많은 의논이 있었다. 즉, 양도체의 내부에는 자유롭게 이동할 수 있는 많은 전자(자유전자)가 존재하고 있고 이것에 전계가 작용하면 쉽게 이동하여 도전작용을 일으키는 것이다. 한편, 부도체에 있어서는 이러한 자유전자가 결여되어 있다고 생각한다.

① 자유전자의 구성: 자유전자는 고체를 형성하는 원자에 소속된 핵외전자의 일부로 구성되어 있다는 것은 쉽게 짐작할 수 있다. 왜냐하면 핵외전자 이외의 특별한 전자의 존재를 가정하면 도체 속에는 음전하의 과잉을 일으켜 금속은 항상 음으로 대전되어야 하지만 이것은 실험적인 사실과 불일치하기 때문이다.

② 자유전자의 이동속도: 자유전자의 이동속도는 비교적 완만하여, 예를 들어 직경 1 mm인 구리선에 1 A의 전류가 흐르는 경우 자유전자의 평균 이동속도는 0.1 mm/s 정도라고 할 수 있다.

자유전자의 운동에 있어서 어떤 장해도 없다면 자유전자는 일정하게 가속되어 전류는 무한히 증대하지만, 자유전자는 운동할 때 어떤 이유 때문에 에너지를 잃고 운동에 방해 받는다. 이것은 자유전자가 원자 사이를 이동하기 위해 끊임없이 충돌하여 에너지를 잃어버리기 때문이다.

③ 자유전자의 존재에 관한 고전적 설명: 여기서 왜 도체에는 자유전자가 다수 존재하고 부도체에는 극소수밖에 존재하지 않는 것일까? 이것은 고체 내부에서는 원자 간격이 작고, 원자 자체의 크기와 별로 차이가 없기 때문에, 핵외전자 중에서 가장 바깥쪽에 배열된 전자는 인접한 원자핵으로부터의 영향과 자신이 속해 있는 원자핵으로부터의 영향이 같기 때문에 일정한 원자에 속박되지 않고 자유롭게 운동할 수 있기 때문이라고 설명할 수 있다. 하지만, 이 설명에서 고체 절연물의 원자 간격에 비해 금속의 원자 간격이 현저히 작지 않으면, 금속에는 자유전자가 있고 절연물에는 자유전자가 없다는 사실을 설명할 수 없지만 실제로는 반드시 이러한 관계가 성립되지는 않는다.

2) 에너지대론에 의한 설명

① 에너지대: 1.3.1항에서 서술한 것처럼 고립된 원자는 양자수 n, l, m, s 에 의해 규정된 에너지 준위가 존재하고, 파울리의 배타율에 의해 낮은 준위부터 핵외전자에 의해 채워진 상태이다. 하지만, 고체 원자와 같이 상호 간격이 좁아지면, 인접원자의 상호작용에 의해 고립원자의 경우에는 하나의 준위라고 생각되었던 것이 어떤 퍼짐을 갖게 되고 그 안에 밀접한 많은 준위가 포함된다. 이렇게 된 것을 **에너지대**라고 부른다. 바깥쪽 준위일수록 인접 원자의 영향이 크기 때문에 에너지대의 퍼짐도 커진다. 그림 1.6은 그 모습을 모식적으로 나타낸 것이다.

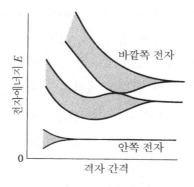

그림 1.6 격자 간격과 대역의 퍼짐

② 에너지대의 구조: 보통의 상태에서는 최저 에너지 준위에서부터 순차적으로 전자에 의해 채워지지만 그때 에너지대의 구조 및 어느 준위에 속하는 전자의 개수에 따라 그림 1.7과 같은 두 가지의 경우도 나타난다. 즉, 그림 (a)는 전자에 의해 완전히 채워진 에너지대(**충만대**) 위에 완전히 빈 에너지대(**공핍대**)가

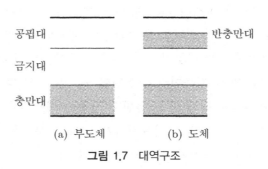

그림 1.7 대역구조

존재하고, 이들 사이에 상당히 큰 간격(**금지대**)이 존재하는 부도체의 경우이다. 그림 (b)는 충만대 위에 전자에 의해 부분적으로 채워진, 즉 공준위(空準位)를 가지는 에너지대(**반충만대**)가 있는 도체의 경우이다.

③ **도체와 부도체의 구별**: 외부에서 전계가 가해졌을 경우 전자가 이동해서 전류가 흐르기 위해서는 일반 상태와 비교하여 그 이동속도에 상응하는 운동에너지 ($mv^2/2$)만큼이 증가해야 한다. 하지만 전자가 그림 1.7(a) 상태에 있으면, 그러한 에너지 준위는 당연히 금지대 속으로 들어가 버린다. 바꾸어 말하면, 그림 (a)의 상태에서는 전자가 이동하는 것이 금지되어 있는 상태라고 생각할 수 있다. 즉, 이러한 고체는 절연성을 나타내게 된다.

다음으로 그림 (b)의 경우에도 대부분의 전자에 대해 그림 (a)일 때와 마찬가지이다. 하지만, 최대 혹은 그에 근접한 에너지 준위에 있는 전자는 외부 전계의 작용에 의해 근접한 공준위로 이동하는 것이 대체로 자유롭다. 즉, 전계의 방향으로 이동하는 것이 허용된다. 또한 동시에 그 이동에 따라 새롭게 공준위를 만들고 이렇게 해서 결정 내에서 전위분포가 바뀌어 전류가 흐르게 된다. 즉, 이러한 고체는 도체가 된다.

결국, 전류에 기여하는 전자는 공준위를 남겨둔 에너지대에 의존하며 이것이 앞서 말한 자유전자에 해당된다.

3) 도체와 부도체

① **알칼리금속**(예를 들어 **Na**): Na의 최외각에는 단 1개의 전자가 존재하기 때문에(표 1.2 참조) 결정으로 되었을 경우, 그 준위가 퍼져 만들어진 에너지대는 전자에 의해 절반만이 채워져 있기 때문에 도체가 될 수 있다.

② **알칼리토류금속**(예를 들어 **Mg**): Mg의 최외각에는 이미 2개의 전자기 있기

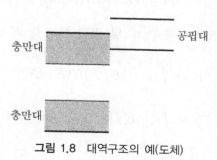

그림 1.8 대역구조의 예(도체)

때문에 그 에너지대는 충만대로 되어 있어 부도체가 된다. 하지만, 이 경우는 바로 위의 공띰대가 부분적으로 충만대와 서로 겹치기 때문에(그림 1.8) 전자는 전계의 작용에 의해 움직일 수 있어 도체가 된다.

③ 유황(S): S에는 $n= 3$, $l= 1$인 준위에 두 개의 공위(空位)가 있지만 S＝S의 형태의 분자로 되어 2쌍의 전자가 공유되어 그 분자가 집합하여 분자결정을 형성하기 때문에 공위가 채워지는 결과가 되어 부도체가 된다(P도 S와 비슷하다).

4) 전기저항

결정을 형성하는 원자에 근거한 퍼텐셜의 주기적인 변화를 생각해 그 퍼텐셜의 산(山)을 따라 전자가 이동하는 것으로 퍼텐셜의 산의 공간적인 주기가 일정하면 에너지 손실은 발생하지 않지만 주기가 공간적 또는 시간적으로 변화하면 전자파의 산란을 일으켜 에너지 손실을 동반한다. 이것이 전기저항이 나타나는 원인이다.

도체의 온도가 상승하면, 결정을 형성하는 원자는 열운동에 근거해 진동하고 온도와 함께 격해진다. 따라서 금속의 저항온도계수는 양이다. 또 순수한 금속은 절대영도에 가까워지면 전기저항은 거의 영(0)이 된다. 금속에 다른 성분을 더해 합금을 만들면 저항이 증가하는 경우가 있는데 이것은 다른 종류의 원자가 섞이기 때문에 퍼텐셜의 주기성이 파괴되어 나타나는 결과이다.

5) 전자의 통계적 분포

에너지가 E와 $E+dE$ 사이에 있는 상태(준위)의 수를 단위체적에 대해 $N(E)dE$라고 하면 어느 온도 T에서 실제로 E와 $E+dE$ 사이에 있는 전자 밀도는 다음의 식으로 나타내어진다.

$$dn = f(E, T)N(E)dE \tag{1.6}$$

따라서, 단위체적당 전자의 총수 n 및 전체 에너지 $\overline{E}$는 다음과 같이 된다.

$$n = \int_{-\infty}^{+\infty} f(E, T)N(E)dE \tag{1.7}$$

$$\overline{E} = \int_{-\infty}^{+\infty} E f(E, T)N(E)dE \tag{1.8}$$

이와 같은 함수 $f(E, T)$를 분포함수라고 부른다. $f(E, T)$는 일반적으로 1보다 작은 양수이고, $f(E, T) = 1$이라는 것은 그 준위가 전자에 의해 완전히 채워져 있다는 것을 나타내고 있다.

페르미-디락에 의하면 고체에 속하는 전자의 분포함수는 파울리의 배타율을 고려하면 다음과 같은 식으로 주어진다.

$$f(E, T) = \frac{1}{e^{(E-\xi)/kT} + 1} \text{ (페르미 분포함수)} \tag{1.9}$$

여기서, T: 절대온도

k: 볼츠만 상수

ξ: 열역학적 퍼텐셜(페르미 준위 또는 페르미면이라고도 불릴 수 있다)

절대온도($T = 0$)에서는 $f(E, T)$의 함수는 그림 1.9(a)와 같고, $E < \xi$일 때 $f(E, T) = 1$, $E > \xi$일 때 $f(E, T) = 0$이 된다. 또 유한한 온도에서는 그림 (b)와 같이 $E = \xi$ 부근에서 완만히 변화한다.

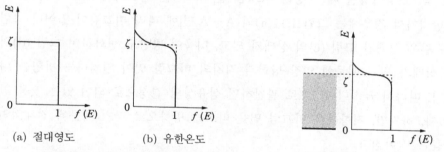

(a) 절대영도 (b) 유한온도

그림 1.9 페르미의 분포함수   **그림 1.10** 도체에서의 페르미 분포함수

절연물의 경우, ξ의 값은 충만대와 공핍대와의 중간인 금지대의 범위에 있지만, 도체인 경우는 그림 1.10에서 보듯이 ξ의 값은 반충만대(또는 연속대)의 중간부에 있어야 한다. 따라서 도체 내의 반충만대의 모습을 생각해 보면, 전자에 의해 채워져 있는 준위와 공위의 준위와의 경계는 온도가 절대영도이면 명확하게 구별되지만, 유한의 온도인 경우에는 전자 자체의 열진동 때문에 그 상태가 모호해진다. 더욱이 이 모호해진 정도는 상온 부근에서는 그다지 뚜렷하지

않기 때문에 다루는 문제의 종류에 따라서는 근사적으로 $T = 0$인 경우의 분포를 이용해도 지장이 없는 경우가 있다.

(2) 금속의 전기적 성질

1) 상온가공과 저항률

금속을 상온에서 가공(예를 들면 인장가공)하고, 이것을 탄성한도를 넘는 변형(즉 소성변형)을 가하면, 저항률의 변화가 일어난다. 예를 들어, 금속을 상온에서 인장가공을 하면 저항률이 증가한다. 이 저항률의 증가는 인장가공의 초기에는 급격하게 되고, 가공이 진행됨에 따라 완만하게 되어 결국에는 일정한 값에 도달한다. 따라서 저항률이 증가하는 비율은 가공의 정도에 따라 다를 뿐만 아니라 금속의 종류에 따라서도 다르다.

저항률이 변화하는 원인: 잡아 늘이는 것에 의해 저항률이 변화하는(감소 또는 증가) 원인에 대해서는 다음과 같이 설명할 수 있다.

먼저, 잡아 늘이는 것에 의해 **저항률이 감소**하는 것은 다음과 같은 원인에 기인한다. 즉, 소성변형일 때 결정은 미끄럼 면[미끄럼을 일으키기 쉬운 면으로, 면심입방격자의 경우에는 그림 1.11(a)의 A－A 면]에 따라 미끄럼이 일어나 그림 (b)와 같은 상태가 그림 (c)의 상태가 되고, 더욱이 방향도 변화하여 그림 (d)와 같은 상태가 되기 때문에 인장 방향과 격자의 미끄럼 면이 일치하는 방향을 나타낸다. 따라서 금속현미경으로 관찰하면 섬유상의 결정으로 되어 있는 것을 알 수 있다. 하지만, 저항률은 미끄럼 면을 따르는 방향으로 작기 때문에 전체적인 저항률은 작아진다.

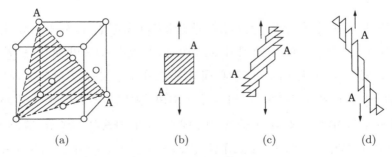

(a)	(b)	(c)	(d)

그림 1.11 인장가공에 의한 결정의 변형

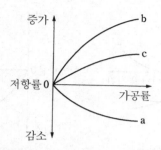

그림 1.12 금속의 저항률과 가공률과의 관계

한편, 잡아 늘이는 것에 의해 **저항률이 증가**하는 원인으로서는 변형에 기초한 결정격자의 내부변형(원자면의 만곡, 원자면 사이의 수축 혹은 느슨함 또는 공간의 생성 등)에 의해 전자의 에너지 손실이 증가하는 것을 생각할 수 있다.

지금, 그림 1.12에 나타낸 것처럼 저항률이 전자(前者)의 원인에 의해 곡선 a와 같이 변화하고 후자(後者)의 원인에 의해 곡선 b와 같이 변화한다. 이 a, b 양 곡선의 대수합이 결과로써 나타나지만 금속에서는 a보다 b의 영향이 크기 때문에 곡선 c와 같은 변화, 즉 잡아 늘일수록 저항률이 증대하는 결과가 나타난다.

2) 열처리와 저항률

상온에서 가공했기 때문에 저항률이 증가한 것을 어닐링(annealing)†하면, 어닐링 온도 또는 어닐링 시간에 따라 저항률은 감소하고, 그 재료에서 정해진 어떤 온도에서 어떤 시간 동안 어닐링을 하면 저항률은 최소가 되고, 그 후에는 다시 저항률이 증가한다. 이러한 경향은 단체(單體)나 합금에서 볼 수 있다.

어닐링을 하면 가공에 의해 원자면이 일정한 배열로 되어 있는 것이, 다시 원래의 난잡한 상태(자연 상태)로 되돌아가기 때문에 저항률은 증가하는 경향을 나타낸다(그림 1.13의 곡선 a). 한편, 내부변형이나 그 밖의 물리적인 원인이 해소되면, 저항률은 저하한다(그림 곡선 b). 그리고 이러한 영향이 중복되어 나타나기 때문에 곡선 c와 같이 되어 저항이 최소로 되는 조건의 이유를 설명할 수 있다.

---

† 상온 가공 후에 경화한 금속을 그 금속에서 정해진 온도로 가열한 후, 노(爐) 안에서 상온까지 천천히 냉각하는 조작.

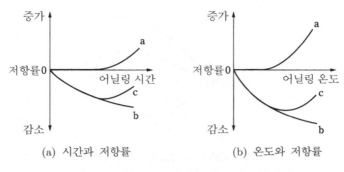

(a) 시간과 저항률   (b) 온도와 저항률

그림 1.13 어닐링 시간, 온도와 저항률의 관계

3) 저항온도계수

① 단일 금속의 경우: 단일 금속에서의 저항은 주로 격자점의 열진동으로 인한 불규칙성에 기인하는 것이기 때문에 그 저항온도계수는 상온 부근에서는 완전 가스의 팽창계수($1/273 = 0.00366$)에 가까운 값을 나타낸다.

② 합금의 경우: 성분금속이 기계적으로 혼합되어 있는 경우에는 그 저항온도계수는 각 성분금속의 온도계수의 평균값에 거의 일치한다. 또 합금이 고용체를 이루는 것이라면 그 온도계수는 각 성분금속의 온도계수의 평균값보다 현저하게 작다. 이것은 고용체의 저항 발생원인이 열진동에 의한 격자의 불규칙성에 의한 것이 아니라 이종원자의 혼합으로 인한 것이기에 온도의 영향을 그렇게 크게 받지 않기 때문이다.

1.6.3 접촉면에서의 전기전도

(1) 접촉저항

도체가 서로 접촉하고 있는 부분, 혹은 반도체와 금속이 접하고 있는 전극부분에 전류를 흐르게 하면 그 접촉부의 경계면에서 다른 부분에 비해 높은 전기저항이 나타나는 것을 자주 경험한다. 이 저항을 **접촉저항**이라고 부른다.

접촉저항은 도체 내부의 저항률에 비해 양적으로 높은 값을 나타낼 뿐만 아니라 성질도 다르다. 예를 들어, 전위강하와 전류와는 반드시 비례하지 않아 전류가 증감할 때 전위강하가 히스테리시스 곡선(hysteresis loop)을 그리기도 한다. 한편, 도체의 접촉부를 납땜 또는 용접에 의해 접착하면 접촉저항은 나타나지 않는다. 그것은 납땜 또는 용접에 의해 도체의 구성원자가 서로 충분하게 접근해 도체 내부의 상태와 거의 같은 상태로 되기 때문이다. 하지만, 단순히 기계적으로 압착만 했을 때는 접촉면 특유의 현상이 나타난다. 접촉부분에 저항이 발생하는 원인으로 집중저항과 경계저항 두 가지를 생각할 수 있다. 실제의 접촉저항은 이 두 가지의 저항이 직렬로 접속된 것이기 때문에 그 저항값을 서로 합한 것이 된다.

1) 집중저항

집중저항이란 것은 작은 접촉면(그림 1.14에 나타난 것처럼 겉의 접촉면은 커도 실제로 전기적으로 접촉하고 있는 부분의 면적은 작다)을 전류가 통과하기 위해 전류의 통로가 좁아지는 것에 따른 도체의 내부에 발생하는 전위차에 기인하는 저항이다. 집중저항의 값은 일반적으로 다음과 같은 식으로 주어진다.

$$R = \frac{\rho_A + \rho_B}{4} \sqrt{\frac{\pi f}{nF}} \ [\Omega] \tag{1.10}$$

여기서, f: 탄성한계$[N/m^2]$
　　　F: 접촉력$[N]$
　　　ρ_A, ρ_B: 접촉도체의 저항률$[\Omega \cdot m]$
　　　n: 접촉점의 수

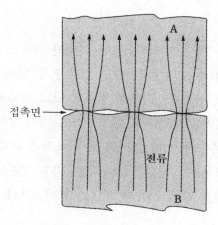

그림 1.14 접촉저항

이 식에서도 알 수 있듯이, 집중저항을 작게 하기 위해서는 접촉력을 크게(F를 증대) 하거나 저항률 및 경도가 작은 재료를 이용(ρ 및 f를 작게 한다)해야 한다.

실제의 경우에는 통과전류에 의해 접촉면이 가열되기 때문에 국부적으로 저항률이 증가하는 한편, 탄성한도도 저하한다. 전자는 집중저항을 증가시키고, 후자는 이것을 감소시키듯이 작용한다. 또 집중저항과 접촉력과의 관계는 히스테리시스 곡선을 그리기도 한다. 이것은 접촉점에서 탄성한도를 넘고 있는 것과 온도상승에 의해 탄성한도 자체도 변화를 받고 있기 때문이라고 풀이된다.

반도체 디바이스용 전극은 진공증착법이나 스퍼터링법 등에 의해 박막을 겹겹이 쌓고 그 후 어닐링 처리를 하여 형성되기 때문에 그림 1.14에 나타나는 것과 같이, 중간이 빈 비접촉 부분이 드물게 생기기도 한다. 하지만, 금속과 반도체의 불균일한 반응 혹은 반도체 표면이 불균일하게 산화되어 있으면, 마찬가지로 전류 통로가 좁아진다. 피트(Pit)모양에 낮은 저항부분이 형성되면 각각의 접촉부분의 저항은 다음과 같이 확산저항 r_s에 의해 어림잡을 수 있다.

$$r_s = \frac{\rho}{2\pi r} \, [\Omega] \tag{1.11}$$

여기서, ρ: 반도체의 체적 저항률$[\Omega \cdot m]$
    r: 피트의 반경$[m]$

2) 경계저항

금속을 단순히 접착했을 경우, 그 접촉면에는 어떠한 형태로 이물(異物)의 막이 존재하고 그것을 통해 접촉이 이루어진다고 생각할 수 있다. 이 박막은 금속의 산화물·유화물(硫化物, 황화물)과 같은 경우도 있고 기름이나 먼지인 경우도 있다. 아무리 금속의 표면을 청결하게 했을지라도 대기 중이라면 수분자(數分子)층의 산소나 물의 흡수층에 의해 표면이 덮이는 것은 피하기 어렵다. 이러한 피막의 존재에 의해 발생하는 저항을 **경계저항**이라고 부른다.

이러한 피막을 통해 어떻게 해서 전류가 흐르는가 하면 다음의 세 가지 경우를 생각할 수 있다.

① 피막(皮膜)이 아주 얇은 경우: 기름이나 기체의 단분자[혹은 수분자(數分子)]

피막과 같은 것이 끼여 있을 경우는 그 두께가 아주 얇아 수 nm 정도 이하이기 때문에, 이른바 터널효과에 의해 한쪽의 금속 안에 있는 자유전자가 비교적 쉽게 다른 쪽의 금속으로 이동할 수 있기 때문에 경계저항은 비교적 낮고 거의 무시할 수 있는 정도가 된다. 이러한 상태의 박막을 **준금속적 박막**이라고 부른다.

　터널효과라는 것은 금속 사이에 거리를 두고 있는 퍼텐셜 장벽이 아주 얇은 경우에는 전자의 파동성에 의해 넘어가지 않고 투과할 수 있는 현상을 말한다. 그림 1.15와 같이 금속의 일함수를 ϕ_M, 전극 간의 거리를 d 라고 하면 터널확률 T_t 는

$$T_t \propto \exp(-\sqrt{\phi_M}\, d) \tag{1.12}$$

로 나타나기 때문에 금속 사이를 아주 밀착시키거나 표면피막을 제거하는 등의 청정화가 효과적이다.

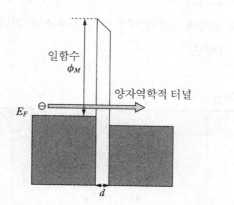

일함수
ϕ_M

양자역학적 터널

E_F

d

그림 1.15　피막이 상당히 얇은 경우에는 전자의 터널이 일어난다.

　② **피막이 반도체인 경우**: 금속 위를 덮는 물질이 반도체와 같이 적당하게 도전성을 갖는 경우에는 접촉저항은 그 반도체의 저항에 따라 크게 지배되고 이때 저항값 R 은 다음의 식으로부터 얻을 수 있다.

$$R = \frac{\rho d f}{F} \ [\Omega] \tag{1.13}$$

여기서, ρ: 피막의 저항률$[\Omega \cdot \mathrm{m}]$
　　　　d: 피막의 두께$[\mathrm{m}]$

f: 금속의 탄성한계$[kg/m^2]$

F: 접촉력$[N]$

③ 피막이 두꺼운 경우: 두꺼운 피막(예를 들어 10 nm 이상)으로 금속의 표면이 덮여 있는 경우에는 절연성을 나타내어 전류가 거의 통하지 않는다. 이 피막이 접촉력에 의해 기계적으로 파괴되어 새로운 금속의 표면이 나타나거나, 또는 흔히 말하는 코히러(coherer) 현상이 일어난 후에 비로소 도전성이 나타나게 된다.

이러한 접촉상태인 경우, 전압이 어느 값 V_c(coherer 전압)에 이를 때까지는 메가옴$[M\Omega]$ 정도의 접촉저항값을 나타내지만, V_c에 달하면 저항값은 급격하게 하강하여 $1 \sim$ 수십$[\Omega]$으로 저하한다. 이 경우, 전류는 피막을 통해 형성된 직경 $1/10$ μm 정도의 금속 교락부(橋絡部)에 의해 운반된다고 생각된다. V_c에 상당하는 전계강도는 $10^5 \sim 10^8$ V/m 정도의 크기라고 할 수 있다.

④ 접촉저항의 예: 접촉저항값의 예로서 콘치우스에 의해 실측된 구리의 접촉저항값을 표 1.6에 나타낸다.

표 1.6 구리의 접촉저항 R

접촉자의 형상	표면상태	n	k^*
점접촉	–	1/2	0.00023
교차원주	–	1/2	0.00020
선접촉	–	2/3	0.00033
평면(1.6 cm^2)	보통 마무리	1	0.00043
〃	상동(上同), 단 주유(기름 봄)	1	0.00034
〃	은도금	1	0.00125
〃	그라인더 처리	2	0.05
〃	사용 후	5/3	0.0019
〃	산화 후	3/4	0.0017

* $R = k/F^m [\Omega]$ (접촉력 F는 kgf = 9.8 N)

(2) 반도체와 금속의 접촉저항

각종 반도체 디바이스의 성능을 외부 회로로 구현하려면 반도체와 금속을 연결하는 전극이 필수요소가 된다. 게이트 전극 등, 그 자체가 디바이스의 기능을 구현하는 요소가 되는 전극을 제외하면 반도체 전극의 접촉저항은 최대한 작게 할 필요가 있다.

전극의 접촉저항은 면적을 규정하여 정의된 **고유 접촉저항률** $\rho_c [\Omega \cdot m^2]$를 이용하여 나타내고, 금속-반도체 계면(界面)을 흐르는 전류밀도를 $J [A \cdot m^{-2}]$, 전압을 $V [V]$ 라고 하면,

$$\rho_c = \frac{\partial V}{\partial J}\bigg|_{V=0} \ [\Omega \cdot m^2] \tag{1.14}$$

로 주어진다. 반도체의 도핑농도가 비교적 낮고(예를 들어, Si 나 GaAs 등으로 말하면 $10^{22} \ m^{-3}$ 정도 이하), 열전자 방출과정이 계면전도(界面傳導)의 율속과정(律速課程, rate-controlling step)으로 되어 있는 경우, ρ_c는 다음의 식으로 주어진다.

$$\rho_c = \frac{k}{eA^{**}T} \exp\left(\frac{e\phi_B}{kT}\right) \ [\Omega \cdot m^2] \tag{1.15}$$

여기서, $A^{**} [A \cdot m^{-2} \cdot K^{-2}]$: 유효 리처드슨 상수

ϕ_B: 쇼트키 장벽(Schottky barrier) 높이[V]

한편, 반도체의 도핑농도가 높아지면 반도체 측에 형성되는 공핍층(depletion layer) 두께가 얇아지기 때문에 터널효과가 계면전도의 율속과정이 된다. 이 경우에는 파도바니(Padovani)와 스트라턴(Stratton)에 의해 해석된 다음의 식이 적용된다.

$$\left.\begin{array}{l} \rho_c = \dfrac{k}{eA^{**}T} \exp\left(\dfrac{e\phi_B}{E_{00}}\right) \ [\Omega \cdot m^2] \\[3mm] E_{00} = \dfrac{h}{4\pi} \sqrt{\dfrac{N_I}{m^* \varepsilon_s \varepsilon_0}} \ [eV] \end{array}\right\} \tag{1.16}$$

여기서, N_I는 도핑농도이고, 접촉저항은 $\exp(N_I)^{1/2}$에 반비례하는 형태로 고농도 도핑 효과가 나타난다. 그림 1.16에 이 관계의 구체적인 예를 나타낸다. 이 식으로부터, 예를 들어 $e\phi_B = 0.8 \ eV$ 정도인 n 형 GaAs에 대해, 실용 레벨인 $\rho_c < 10^{-10} \ \Omega \cdot m^2$로 하려면 도너 농도 $10^{26} \ m^{-3}$ 이상의 도핑이 필요하게 된다.

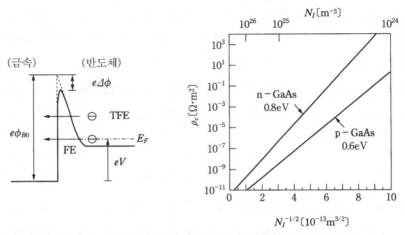

반도체가 고농도 도핑이 되면(N_I가 커짐), 쇼트키 장벽층이 얇아지고
열전계방출(TFE, Thermal electric Field Emission)이나
전계방출(FE, Field Emission)과정이 지배적이 된다.

그림 1.16 금속–반도체 계면 에너지밴드 그림과 전류기구(機構)

1.7 반도체

1.7.1 기초적 성질

(1) 반도체의 정의

대표적인 물질에 대한 그 저항률을 그림 1.17에 나타내었다. 상온에서의 저항률의 크기는 물질에 따라 10^{-8} $\Omega \cdot m$에서 10^{16} $\Omega \cdot m$에 걸쳐, 실제로 24자리의 범위에서 변화하고 있다.

보통, 저항률의 크기가 $10^{-8} \sim 10^{-6}$ $\Omega \cdot m$ 범위에 있는 물질(예를 들면, 구리, 은, 알루미늄, 니크롬합금 등)은 **금속** 또는 **도체**(1.6.2절 참조)로 분류된다. 한편, 저항률이 10^{8} $\Omega \cdot m$ 정도보다 큰 물질[예를 들면, 베크라이트, 운모(마이카), 석영유리 등]은 **절연체**라고 부른다. 이 중간 크기의 물질은 일반적으로 **반도체**로 분류되며 예를 들어, 실리콘(Si)이나 게르마늄(Ge), 갈륨비소(GaAs), 셀레늄(Se)이나 이산화구리(Cu_2O) 등이 알려져 있다. 또, 금속에 가까운 저항률을 나타내는 일부의 물질[예를 들면, 비스머스(Bi)나 안티몬(Sb) 등]은 **반금속**

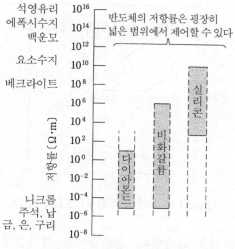

그림 1.17 반도체의 저항률

이라고 불린다. 그 밖에, 금속이나 산화물 혹은 유기물 중 어떤 물질은 온도를 내리면 특정온도에서 갑자기 저항률이 0이 된다. 이러한 물질은 **초전도체**라고 부른다.

여기서, 저항률의 크기만으로 물질·재료를 분류하는 방법은 정말로 맞는 것일까? 결론부터 말하면, 절연체와 반도체에서 전자의 에너지밴드구조는 본질적으로 다르지 않다. 에너지밴드구조를 특징짓는 **금지대** 폭이 아주 크지 않고 실온에서도 어느 정도 전도전자가 만들어지는 것이 일반적으로 반도체로 분류되고 있다. 공학적으로는 어느 시대까지는 절연체로 분류되었던 것이라도 도너나 억셉터라고 부르는 **도펀트**(dopant, 보통은 불순물이라고 많이 부르지만, 제어와 함께 추가된다는 의미에서 여기서는 도펀트라는 용어를 사용한다)의 첨가에 의해 저항률을 몇 자리까지 제어할 수 있게 되면, 다시 반도체라고 불리는 경우도 있다. 다이아몬드가 그 좋은 예이다. 공학의 본질을 한 마디로 표현하면, 설계와 제어에 있다고 말해도 과언이 아니다. 반도체는 원하는 전도 형태와 그 저항률을 실현하는 방법을 알고 있는 공학적 성격을 갖는 재료이다.

반도체는 물성상의 분류에서는 절연체의 동료라고 할 수 있다. 그림 1.18에 나타낸 것처럼 보통의 금속 저항률은 온도상승과 함께 커진다. 한편, 절연체에서는 저항률이 온도와 함께 감소한다. 고순도인 반도체의 저항률도 절연체와

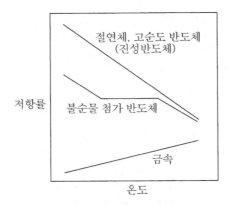

그림 1.18 저항률의 온도의존성(모식도)

마찬가지로 온도의존성을 나타낸다. 불순물이나 격자결함을 전혀 포함하지 않는 불순물을 **진성반도체**라고 부른다.

더욱이 불순물 첨가가 저항률에 미치는 영향도 금속과 반도체에서는 완전히 반대가 된다. 금속에서는 불순물을 섞어 합금을 만들면 일반적으로 저항률이 높아진다. 전열기에 사용되고 있는 니크롬선이 그 좋은 예이다. 이처럼 반도체에 불순물을 섞었을 경우에는 일반적으로 저항률이 감소한다.

전류를 운반하는 담당자를 **캐리어**(운반체)라고 부른다. 반도체 중에서는 두 종류의 캐리어를 조작해 여러 가지 기능을 이끌어낸다. 캐리어에는 음의 전하를 운반하는 **전도전자**와 양전하를 운반하는 **정공**이 있다. 모체결정에 섞여 전도전자를 증가시키는 불순물을 **도너**, 정공을 증가시키는 것을 **억셉터**라고 부른다.

(2) 반도체의 전자구조

1) 공유결합

현재, 대규모 집적회로(LSI, Large Scale Integrated Circuit)에 사용되는 가장 대표적인 재료는 반도체 중에서 실리콘(Si)이다. 트랜지스터는 1946년 미국 벨연구소의 윌리엄 쇼클리(Wiliam Shockley), 존 바딘(John Bardeen), 월터 브래튼(Walter Brattain)에 의해 발명되었다. 이때 재료로서 사용된 것은 게르마늄(Ge)이다. Si와 Ge은 원소의 주기(율)표에서 IV족(현재 표준적으로 이용되는 장주기의 주기표에서는 14족)에 속하는 원소이고, 원소반도체로서 분류된다. 최근 주목을 받고 있는 다이아몬드 반도체도 같은 종류이다.

한편, 레이저 다이오드 등의 발광디바이스나 마이크로파 디바이스용의 재료로서는 GaAs나 InP, GaN 등의 화합물반도체가 이용되고 있다. 이것들은 주기표에서 III족(13족)과 V족(15족)의 원소가 1 대 1로 화합한 물질이다. 또 청색 발광용의 반도체재료의 하나인 ZnSe나 광센서재료인 CdS는 II족(12족)과 VI족(16족)의 원소로 된 화합물이다.

주기표에서 족의 번호(특히 로마숫자로 나타낸 번호)는 원자를 둘러싼 전자 중 최외각 궤도에 있는 가전자의 수에 대응되며 화합결합 등의 성질을 갖고 있다. '불활성가스'로 알려진 Ne이나 Ar 등의 VIII족 원소는 최외각 전자궤도가 딱 8개의 전자로 채워져, 원자 그대로 안정한 전자배치를 갖고 있다(1.4절 참조).

그렇다면, 실리콘 등의 IV족 원소가 에너지 면에서 안정되게, 바꿔 말하면 최외각에 8개의 전자를 배치하려면 어떻게 해야 할까? 그림 1.19와 같이 한 개의 Si원자 그 주변에 같은 Si원자가 4개가 오도록 배열하고 서로가 4개의 원자로 둘러싸도록 무한의 격자를 구성하면 된다는 것을 알 수 있다. 이러한 형태로 원자가 화학결합한 상태를 **공유결합**이라고 부른다. GaAs의 경우에도 최외각

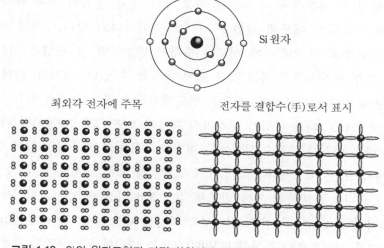

그림 1.19 Si의 원자모형과 가전자(최외각 전자)에 주목하여 그린 공유결합
(2차원 평면상에 표현하였기 때문에 실제와는 많이 다르다.)

전자 수가 Ga이 3개, As가 5개이기 때문에 평균적으로 원자당 4개이며, Si와 같은 배열을 하고 있어 안정한 전자궤도배치가 된다. 하지만, Ga 원자와 As 원자의 가전자 수가 다르기 때문에(혹은 전기음성도가 다른 것), 공유결합성에 더해 약간의 이온성이 나타난다.

그림에 나타낸 것처럼, 서로 이웃한 Si 원자 간의 2개의 전자쌍을 1개의 결합의 수(枝, 가지)처럼 그리면 Si 결정의 구성을 더욱 더 잘 알 수 있다. 즉, 어느 한 원자에 주목하면, 4개의 결합수(手)로 인접한 원자에 연결되어 있다. 내각의 전자는 물론, 최외각 전자(가전자)도 어떤 에너지적인 '여기(勵起)'가 없으면 멋대로 결정 내를 자유롭게 돌아다니지 못한다(엄밀히 말하면 가전자는 결정 내를 주회하고 있지만, 결정 전체에서 평균적으로 보면 실질적으로는 움직이지 않는 것처럼 보인다). 따라서 그림 1.19의 상태에 있는 한, Si는 전기전도성의 좋고 나쁨으로 분류하면 절연체이다. 결정이 불순물 원자나 결함을 포함하지 않는 완전한 절대영도의 상태가 이에 해당한다.

2) 결정구조

실제 Si 결정에서는 앞에서 설명한 것과 같이 원자가 평면적(2차원적)으로 나열되어 있는 것이 아니라 입체적인 구조를 취하고 있는 것이다. 여기서, Si 결정의 3차원적 배열을 생각해 보자. 결합수(手)는 2개 1조의 전자쌍으로 구성되어 있기 때문에 이 부분은 음의 전하를 띠고 있다. 같은 종류의 전하 사이에는 쿨롱척력이 작용하기 때문에 결합수는 서로 멀어지려고 한다. 3차원 공간에서 4개의 등가(等價)인 결합수가 서로 비슷하게 반발하면 그 방향은 정사면체의 네 개의 정점 방향으로 향하는 것을 쉽게 이해할 수 있다. 여기서, 이러한 구조는 **정사면체 배치**라고 불리며, 주요한 반도체결정의 근거리 질서이다.

이 규칙성을 또 다른 근접한 원자까지 확장해 보면 그림 1.20(a)에 나타낸 것처럼, 상하로 나열한 결합수 사이에도 척력이 작용하기 때문에 중앙의 결합수의 축방향에서 보면, 위 3개와 아래 3개의 결합수의 배치는 서로 포개지는 관계가 된다. 이 규칙성을 반복해 가면 반도체 결정에서 가장 중요한 다이아몬드 구조가 만들어진다. GaAs와 같은 III−V족 화합물 반도체에서는 이웃끼리의 원자 종류가 다른 것만으로도 위상적(位相的)으로는 다이아몬드 구조와 같은 규칙성을 갖는다. 이것을 **섬아연광 구조**라고 부른다. GaN이나 II−IV족 화합물 반도체

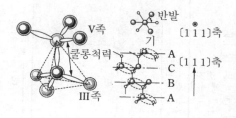

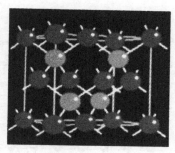

(a) 섬아연광 구조(인접원자가 다르다)나
다이아몬드 구조(인접원자가 동일)

섬아연광 구조의 단위세포

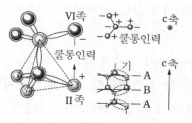

(b) 우르츠광 구조(이온성 결합성분이 강하다)

[100] 방향에서 본 섬아연광 구조 결정

그림 1.20 정사면체 배위를 갖는 반도체 결정의 3차원 모형

와 같이 이온성이 강하고 그림 (b)에 나타낸 것과 같이 제3인접 원자 사이에 작용하는 쿨롱인력이 결합수 사이의 척력을 초과하게 되면 **우르츠광(섬유아연석) 구조**가 된다.

3) 공유결합의 세기와 금지대폭

Si는 공유결합성의 결정으로 앞에서 설명했듯이, 결합수는 2개 1조의 가전자쌍으로 되어 있다. 이 결합전자는 에너지면에서 안정한(낮은) 상태에 있기 때문에 결정 내를 마음대로 움직일 수가 없었다. 하지만, Si의 경우에는 이 결합전자에 약 1.1 eV 이상의 에너지를 가하면 높은 에너지 상태로 이동해 결합위치로부터 떨어져 결정 내를 자유롭게 이동할 수 있게 된다. 이러한, 가전자(결합전자)보다도 높은 에너지상태에 있는 전자는 전류를 운반하는 캐리어가 되어 **전도전자**라고 불리는 상태가 된다.

위에서 기술한 "결합을 끊는다"라는 것은 높은 에너지상태에 있는 자유로운 전자와 끊어진 결합에 남겨져 가전자가 부족한 '구멍'인 부분이 만들어지는 것

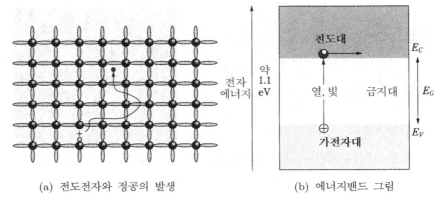

(a) 전도전자와 정공의 발생　　　　(b) 에너지밴드 그림

그림 1.21　공유결합 전자의 여기에 의한 전도전자와 정공의 쌍의 발생과 에너지밴드
　　　　　그림에서의 대응관계

을 의미하고 있다. 이 구멍 부분은 전자가 하나 빠져 양의 전하를 띠고 있기 때문
에 **정공**이라고 부른다. 이 전도전자와 정공의 쌍이 만들어진 프로세스(캐리어의
발생)와 종축에 전자에너지를 취해 전자상태를 표현하는 **에너지밴드 그림**을 그림
1.21에 나타낸다.

　결합을 끊는 데 필요한 에너지만큼 간격을 두면, 전자의 상태는 두 개의 대상
(帶狀) 영역으로 나누어지는데, 에너지가 높은 영역을 **전도대**, 낮은 영역을 **가전
자대**라고 부른다. 이 둘을 사이에 두고 있는 영역을 **금제대** 또는 **금지대**라고 부
르며 그 크기를 **금지대폭** 또는 **에너지 갭**(E_G[eV])이라고 부른다. 표 1.7에 대표

표 1.7　대표적인 반도체의 E_G값

대표적인 반도체	E_G값
C	5.47 eV
Si	1.12 eV
Ge	0.66 eV
GaN	3.39 eV
GaP	2.26 eV
AlAs	2.25 eV
GaAs	1.42 eV
ZnS	3.54 eV
ZnSe	2.67 eV

(실온)

적인 반도체의 에너지 갭의 값을 나타낸다. 실온에서 열에너지 $kT \fallingdotseq 0.025$ eV 를 Si의 에너지 갭과 비교하면 E_G가 압도적으로 크다. 따라서 실온에서 결합이 끊어져 있는 확률, 즉 전도전자와 정공의 쌍의 체적밀도는 상당히 작다.

빛이 갖는 에너지는 광자(광양자) 1개당 다음의 식으로 주어진다.

$$E = h\nu[\text{J}] \fallingdotseq \frac{1.24}{\lambda} \ [\text{eV}] \tag{1.17}$$

여기서, h: 플랑크 상수[J·s]

ν: 빛의 진동수[s^{-1}]

λ: 빛의 파장[μm]

따라서 반도체에 조사하는 빛의 에너지가 금지대폭을 초과하고 있으면 $(h\nu > E_G)$ 광흡수가 일어나며 전도전자와 정공의 쌍이 만들어진다.

(3) 반도체 속의 캐리어와 전도

1) 진성 캐리어 농도

진성반도체의 캐리어 농도는 다음과 같다.

① 어두운 곳에서 열적인 여기가 있으면 캐리어가 만들어진다. 이때, 전도전자농도(n_0)와 정공농도(p_0)는 항상 같다.

$$n_0 = p_0 \equiv n_i \tag{1.18}$$

여기서, n_i: 진성 캐리어 농도[m^{-3}]

② n_i는 온도상승과 함께 다음과 같은 식에 따라 증가한다.

$$n_i = 2 \left(\frac{2\pi \sqrt{m_n m_p} \, kT}{h^2} \right)^{3/2} \exp\left(-\frac{E_G}{2kT} \right) \ [\text{m}^{-3}] \tag{1.19}$$

여기서, m_n, m_p: 전자, 정공의 유효질량[kg]

h: 플랑크 상수[J·s]

k: 볼츠만 상수[J/K]

T: 절대온도[K]

③ n_i는 반도체에 따라 다르며, 열적 여기가 에너지 갭이 큰 반도체일수록 작아진다. 실온에서 진성 캐리어 농도는, 예를 들어 Si에서는 1.5×10^{16} m^{-3}이며, 원자농도 5×10^{28} m^{-3}의 수조(數兆)분의 1밖에 안 된다.

2) 불순물 도핑에 의한 캐리어 제어

반도체의 가장 큰 특징은 불순물(도펀트)의 첨가(도핑)에 의해 전기적 성질을 제어할 수 있다는 것이다.

Si에 관한 불순물 원자로서 먼저 가전자 수가 5개인 V족 원소에 대해 생각해 보자. 그림 1.22(a)에서 보듯이, 원래 Si 원자가 들어가야 할 곳에 V족 원자(P나 As 등)가 바뀌어 들어오면 5개째의 전자는 여분이 되어 에너지적인 면에서 안정한 결합상태[그림 1.21(b)의 에너지밴드 그림에서는 가전자대]에 들어갈 수 없다. 이 전자는 불순물 원자의 원자핵의 양전하에 의해 약하게 속박되어 있지만 그 세기는 수십 meV 정도이다. 이 값은 실온에서 열에너지의 크기와 같은 정도이기 때문에 5개째의 전자는 거의 100% 열적으로 여기되어, 불순물 원자

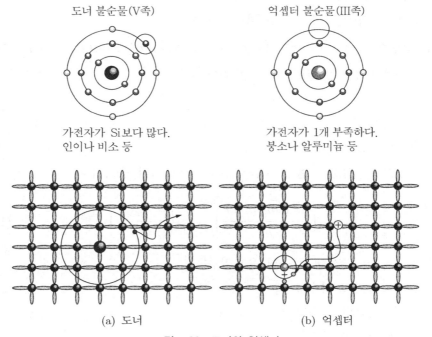

도너 불순물(V족)

억셉터 불순물(III족)

가전자가 Si보다 많다.
인이나 비소 등

가전자가 1개 부족하다.
붕소나 알루미늄 등

(a) 도너

(b) 억셉터

그림 1.22 도너와 억셉터

의 쿨롱력의 속박으로부터 벗어나 전도전자의 상태가 된다. 이 과정은 V 족 원소가 전도전자를 결정에 주었다고 간주할 수 있기 때문에 이 불순물 원자를 **도너**라고 부른다. 이렇게 하여 전도전자에 의해 전기전도가 지배되고 있는 반도체가 **n형 반도체**이다.

한편, 그림 (b)에서 보듯이, III 족 원소인 붕소(B)나 알루미늄(Al) 등을 Si 원자와 바꿔 놓으면, 이것들의 가전자 수는 Si 보다 1개 적기 때문에 다른 장소에 있는 정규(正規)의 결합수(手)로부터 가전자를 1개 받아 4개의 공유결합을 형성한다. 여기서, 이러한 불순물 원자를 **억셉터**라고 부른다. 가전자가 빠진 장소가 정공이 되고, 억셉터 원자 부근은 받은 전자로 음으로 대전하기 때문에 둘 사이에는(양과 음의 입장은 반대이지만) 도너의 경우와 마찬가지로 쿨롱인력이 작용한다. 이 경우 전기전도는 정공에 의해 지배되기 때문에 **p형 반도체**라고 부른다.

도핑에 의해 증가된 캐리어를 **다수 캐리어**라고 부른다. 불순물을 포함한 반도체에서도 실온 등의 유한온도에서는 열에너지에 따라 공유결합을 끊고 발생하는 전도전자와 정공도 동시에 존재하기 때문에, 다른 한편의 캐리어도 **소수 캐리어**로서 존재한다. 하지만, 그 농도는 질량작용의 법칙에 따라 진성 반도체에 비해 감소한다. n형 반도체와 p형 반도체의 열평형상태에서 캐리어 농도의 관계를 정리하면 다음과 같이 된다.

(다수 캐리어)　　　　(소수 캐리어)

$$\text{n형:}\quad n_{n0} \cong N_D > n_i > p_{n0} = \frac{n_i^2}{N_D}\ [\text{m}^{-3}] \tag{1.20}$$

$$\text{p형:}\quad p_{p0} \cong N_A > n_i > n_{p0} = \frac{n_i^2}{N_A}\ [\text{m}^{-3}] \tag{1.21}$$

여기서, n: 전도전자농도$[\text{m}^{-3}]$

$\quad\ p$: 정공농도$[\text{m}^{-3}]$(첨자 n, p는 모체의 전도형, '0'은 열평형 상태를 표시)

$\quad\ N_D$: 도너 농도$[\text{m}^{-3}]$

$\quad\ N_A$: 억셉터 농도$[\text{m}^{-3}]$

3) 반도체의 전기전도

반도체 내의 전기전도기구(機構)에는 전계가 걸려 있는 경우의 드리프트기구와 캐리어에 농도 기울기가 있는 경우의 확산기구가 있으며 각각 전자와 정공에 의한 성분으로부터 구성된다.

유한온도에서는 전자나 정공은 전압의 인가가 없어도 굉장히 **빠른** 속도로 랜덤하게 열운동을 하며 원자의 열진동(격자진동)이나 불순물 원자 등에 의해 산란된다. 전계를 인가하면, 첫 번째 산란에서 다음 산란까지의 궤도가 직선이 아니라 전계 방향으로 편향된다. 따라서 각 산란 직후의 속도가 제각각으로 되어도 전자는 플러스 전극 쪽으로 이동해 흘러간다. 이러한 운동이 **드리프트 운동**이며 역학에서는 점성저항과 동일하게 취급한다. 즉, 전계가 낮은 역영에서는 평균 드리프트(유동)속도는 전계강도 $E\,[\mathrm{V/m}]$ 에 비례한다. 이 비례상수는 **드리프트 이동도**(단순히 **이동도**라고도 한다)라고 불린다.

전류밀도 $J\,[\mathrm{A/m^2}]$ 는 단위단면적 $[\mathrm{m^{-2}}]$ 을 단위시간당 통과하는 전하량 $[\mathrm{C/s}]=[\mathrm{A}]$ 으로 주어지기 때문에 드리프트 기구(機構)에서의 전류밀도는 전도전자농도를 $n\,[\mathrm{m^{-3}}]$, 정공농도를 $p\,[\mathrm{m^{-3}}]$ 라고 하면 다음과 같은 식이 된다.

$$J = J_{n,drift} + J_{p,drift} = e(n\mu_n + p\mu_p)E = \sigma E = \frac{E}{\rho}\ [\mathrm{A/m^2}] \quad (1.22)$$

여기서, e: 전하소량(1.6×10^{-19} C)

$\quad\quad\quad \mu_n,\ \mu_p$: 전자와 정공의 드리프트 이동도$[\mathrm{m^2/(V\cdot s)}]$

$\quad\quad\quad \sigma$: 도전율$[\mathrm{S/m}]$

$\quad\quad\quad \rho$: 저항률$[\Omega\cdot\mathrm{m}]$

전계인가에 의해 전자와 정공은 각각 역방향으로 운동하지만 전하의 부호가 다르기 때문에 전류는 둘의 합이 된다.

하지만, 식 (1.22)는 전계가 어느 정도 낮은 경우에만 성립한다는 것에 주의하지 않으면 안 된다. 그림 1.23에 Si의 드리프트 속도와 전계와의 관계를 나타낸다. 식 (1.22)가 성립하는 것은 전계강도가 1 MV/m에도 미치지 않는 영역이라는 것을 알 수 있다. 또한, 4 MV/m 정도 이상의 고전계 영역에서는 충돌 시 에너지 산일량(散逸量, 소실량)이 급증하고 드리프트 속도는 거의 1×10^5 m/s의 값으로 포화된다. 이 속도를 **포화속도**라고 부른다. 최첨단의 MOSFET에서는 게이트 길이가 0.1 μm보다 작은 정도까지 미세화가 이루어지고 있다. 이러

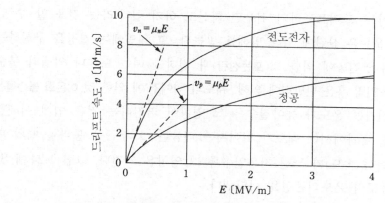

그림 1.23 전도전자와 정공의 드리프트 속도의 전계의존성(Si, 실온)

한 디바이스에 예를 들어 1 V의 전압을 가하는 것만으로도 전자가 느끼는 평균 전계는 10 MV/m나 된다.

입자밀도가 불균일한 계에서는 랜덤한 열운동에 의해 입자는 밀도가 높은 영역에서 낮은 영역으로 이동하고(밀도 기울기와 반대 부호의 방향), 전체가 평균화된다. 이 현상은 입자의 전하 유무에는 상관없다. 이것이 **확산현상**이다. 확산류의 크기(입자속, 플럭스)는 밀도 기울기에 비례한다는 픽의 법칙(Fick's law)에 의해 주어지기 때문에 이것에 따른 전류밀도는 다음과 같이 주어진다.

$$J_{n,diff} = (-e)\left(-D_n\frac{\partial n}{\partial x}\right) = eD_n\frac{\partial n}{\partial x} \ [\text{A/m}^2] \tag{1.23}$$

$$J_{p,diff} = (+e)\left(-D_p\frac{\partial p}{\partial x}\right) = -eD_p\frac{\partial p}{\partial x} \ [\text{A/m}^2] \tag{1.24}$$

여기서, D_n, D_p: 전자 및 정공의 확산상수[m²/s]

그런데, 드리프트나 확산이나 본질적으로는 캐리어의 랜덤한 열운동에 기인하는 현상이다. 따라서 각각의 운동의 용이함을 나타내는 파라미터인 드리프트 이동도 μ[m²/(V·s)]와 확산상수 D[m²/s]는 서로 독립적이지 않고, 둘 사이에는 일정한 관계가 성립한다. 이 관계는 상세평형(詳細平衡)의 원리에서 유도할 수 있고 아인슈타인의 관계식에 의해 구해지는 다음의 식으로 이어진다.

$$\frac{D_n}{\mu_n} = \frac{D_p}{\mu_p} = \frac{kT}{e} = \left(\cong 0.025 \text{ V} = \frac{1}{40} \text{ V} \ @300\,\text{K}\right) \tag{1.25}$$

결국, 캐리어는 '드리프트하기 쉬우면 확산도 하기 쉽다'라는 것을 알 수 있다. 미세한 열운동은 산란에 의해 방해를 받는다. 그 원인에는 결정을 구성하는 원자핵 자체의 열진동에 의한 것(**포논산란**)과 전하를 띠는 도너나 억셉터 불순물 원자의 쿨롱인력 혹은 반발력에 의해 '궤도의 휘어짐'에 의한 것(**이온화 불순물산란**)이 있다. 전자는 온도가 높아질수록 그 영향이 커진다는 것은 쉽게 이해할 수 있다. 한편, 후자에서는 궤도가 휘어지는 비율은 그 부근을 통과할 때의 미소한 속도(열운동 속도)가 느린 저온일수록 그 영향은 커진다. 그림 1.24에 Si 내의 전자이동도의 온도의존성을 나타낸다.

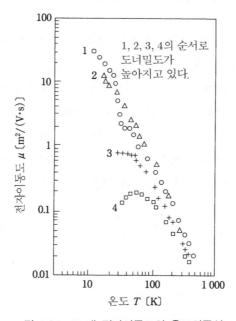

그림 1.24 Si 내 전자이동도의 온도의존성

4) 반도체 저항률의 온도의존성

위에서 배운 내용을 기초로 그림 1.18에 나타낸 불순물 첨가 반도체의 저항률의 온도의존성에 대해 생각해 보자.

아주 낮은 온도에서는 열에너지가 너무 작기 때문에 전자나 정공은 도너나 억셉터에 있는 원자핵의 쿨롱속박력으로부터 도망칠 수가 없다. 즉, 자유캐리어의 농도는 작고 저항률이 크다. 이 온도영역을 **캐리어 속박영역**이라고 한다. 이

영역에서는 온도상승에 따라 자유캐리어 농도가 증가하기 때문에 저항률은 감소해 간다.

어느 정도 온도가 높아지면 도너나 억셉터는 거의 완전하게 이온화한 상태가 된다. 이때의 캐리어 농도는 도펀트 농도와 거의 같다. 따라서 저항률은 거의 온도에 의존하지 않는다(단, 이동도의 온도의존성이 반영되어 약간 변화한다). 이 온도영역을 **외인성(外因性) 영역**이라고 부른다. 통상, 실온은 이 온도범위에 해당되고 디바이스는 이 상태에서 동작한다.

온도가 더 높아지면 공유결합을 끊고 발생하는 캐리어 수가 급격하게 증가한다. 이 캐리어 수가 도펀트에 의해 공급된 캐리어 수를 상회하면 반도체의 성질은 도핑한 불순물과는 무관하게 결정되어 진성반도체와 같은 상태가 된다. 따라서 이 온도영역은 **진성(眞性)영역**이라고 부른다. 반도체 디바이스는 불순물의 도핑을 제어함으로써 만들어지기 때문에 진성영역까지 온도가 올라가 버리면 동작하지 않게 된다. 금지대폭이 넓은 반도체일수록 진성 캐리어 농도는 낮기 때문에 SiC나 GaN 등의 와이드-갭(wide-gap) 반도체는 고온·대전력 응용에 적합한 반도체라고 말할 수 있다.

(4) 캐리어의 다이내믹스: 발생과 재결합

반도체 결정이 열이나 빛의 형태로 공유결합의 힘을 상회하는 에너지를 받았을 때 전자-정공의 캐리어 쌍의 발생이 일어난다. 이 역과정이 **캐리어의 재결합**으로 전도전자와 정공이 동일 공간에서 만났을 때 전자는 에너지가 낮은 결합(가)전자의 상태로 천이하고 그 결과 에너지를 방출하여 캐리어는 소멸한다. 한편, 빛의 조사나 전기적인 캐리어의 주입·방출 등에 의해 캐리어 농도가 변화하면 계를 열평형 상태로 되돌리려고 발생 또는 재결합의 균형이 변화한다.

캐리어의 발생을 열적인 것과 그 이외의 에너지에 의한 것(광, 고에너지 입자의 조사 등)으로 나눠 본다. 1 s간의 단위체적당 캐리어의 발생빈도를 각각 $g\,[\mathrm{m^{-3}s^{-1}}]$ (열적), $G\,[\mathrm{m^{-3}s^{-1}}]$ (열 이외)라는 기호로 나타내기로 한다. 한편, 재결합의 빈도 $r\,[\mathrm{m^{-3}s^{-1}}]$ 은 전자농도와 정공농도의 곱에 비례한다(비례상수를 $\alpha\,[\mathrm{m^{3}s^{-1}}]$ 로 한다). 현실에서는 캐리어의 재결합과 열 발생이 동시에 일어나기 때문에 그 차이가 문제가 된다. 실제 캐리어 증감의 재결합비율 U는 다음과 같은 식으로 표현된다.

$$U = r - (g + G) = \alpha(n_p - n_i^2) - G \tag{1.26}$$

외부의 힘에 의한 소수 캐리어의 변화가 작고 그 양이 다수 캐리어의 열평형 밀도에 비해 아주 작을 때(저주입 수준 근사)에는, 예를 들어 p형으로 생각하면 식 (1.26)은 다음과 같은 식이 된다.

$$U = -\frac{\partial n_p}{\partial t} \cong \alpha \cdot \Delta n_p \cdot p_{p0} = \frac{\Delta n_p}{\tau_n} \tag{1.27}$$

여기서, $\tau_n \equiv 1/(\alpha p_{p0})$은 p형 속의 전자, 즉 **소수 캐리어 수명**이다. Si의 소수 캐리어 수명은 결정의 완전성이 높으면 ms의 단위이다. 디바이스의 스위칭 속도 등을 높이고 싶은 경우에는 금(Au) 등 **라이프타임 킬러**라고 불리는 불순물을 도핑(doping)하여 소수 캐리어 수명을 μs에서 ns의 오더(order)로 제어한다. 또 태양전지와 같이 수명이 긴 것이 바람직한 경우에 예기치 않은 격자결함의 발생이나 천이금속 등의 오염에 의해 짧아지는 경우도 있다.

1.7.2 광물성

(1) 광흡수

앞의 (2)항에서 서술한 것처럼 반도체의 기본적인 광학적 성질은 금지대폭의 에너지를 경계로 크게 달라진다. 많은 반도체 재료의 금지대폭은 10분의 수 [eV]에서 수 [eV]의 범위에 있기 때문에 광의 투과구역과 흡수구역의 경계는 근적외선에서 가시영역을 거쳐 자외선 영역에 있다. 따라서 금지대폭이 비교적 작은 Ge(0.64 eV)이나 Si(1.12 eV) 등의 외관은 불투명하고 금속처럼 보인다. 한편, 금지대폭이 3.4 eV인 GaN의 결정은 가시광선을 흡수하지 않기 때문에 무색투명하다.

광흡수의 크기는 광흡수계수 $\alpha[\text{m}^{-1}]$를 사용하여 나타낸다. 빛이 반도체 내부로 진입했을 때, 표면에서 $x[\text{m}]$의 깊이에서의 빛의 강도 $L(x)[\text{W/m}^2]$는 표면에서의 빛의 강도를 $L_0[\text{W/m}^2]$로 하면 다음 식으로부터 얻어진다.

$$L(x) = L_0 \exp(-\alpha x) \tag{1.28}$$

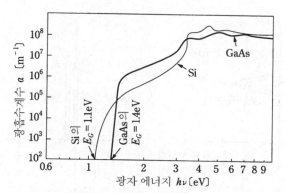

그림 1.25 Si와 GaAs의 광흡수계수의 광자에너지 의존성

따라서 광흡수계수의 역수 $1/\alpha\,[m]$ 는 빛의 진입장(進入長)이 된다. 광흡수계수는 당연히 광자에너지(파장) 의존성을 갖는다. 그림 1.25에 대표적인 반도체인 Si와 GaAs의 데이터를 나타낸다. 둘 다 에너지 의존성이 크게 다른 것, 또 금지대폭을 겨우 상회하는 에너지(기초 흡수단(端) 부근)에서 광흡수계수의 크기가 $1 \sim 2$자릿수 정도 GaAs가 크다는 것을 알 수 있다.

광흡수에 따라 전자와 정공이 쌍으로 생성된다. 식 (1.22)에서 알 수 있듯이, 이것에 의해 도전율은 증가한다. 이 현상을 **광도전효과**라고 부르며 광검출기 등에 응용되고 있다. 광의 감도를 크게 하려면 어두울 때의 저항[암(暗)저항]이 큰 것이 좋기 때문에 이런 목적에서는 금지대폭이 큰 반도체가 적합하다.

(2) 간접 천이형 구조와 직접 천이형 구조

반도체의 광학적 성질을 이해하려면, 전자가 갖는 에너지만 주목하는 것이 아니라 결정 운동량(파수)과의 관계를 이용하여 설명할 필요가 있다. 에너지와 파수의 관계는 일반적으로 **분산관계**라고 말한다. 그림 1.26에 Si와 GaAs 내의 전자의 분산관계를 나타낸다. 가전자대의 상단은 둘 다 결정 운동량이 0인 위치에 있는 것에 비해, 전도대 하단의 위치는 Si와 GaAs가 크게 다르다. Si의 전도대는 결정 운동량이 0의 위치로부터 크게 떨어진 위치에 있다. 그렇기 때문에 전도대와 가전자대와의 사이를 전자가 천이할 때 에너지 변화를 주어, Si에서는 커다란 결정 운동량 변화를 수반한다. Si의 전도대 바닥은 브릴루인 영역(Brillouin Zone)의 거의 끝에 있기 때문에 π/a 정도의 결정 운동량 변화가 필

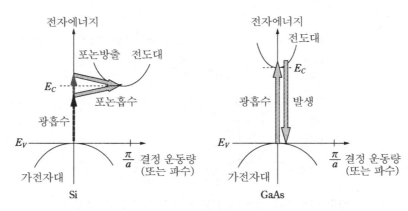

그림 1.26 간접 천이형과 직접 천이형의 전자에너지의 분산관계

요하다. 여기서, a는 격자상수이며 10^{-10} m의 오더(order)이다.

한편, 광의 파수는 파장을 λ[m]라고 하면 $2\pi/\lambda$로 주어진다. 여기서, λ를 어림잡아 보면, 10분의 수 eV에서 수 eV의 금지대폭은 파장으로 수 μm에서 소수점 μm의 영역에 해당되어 λ는 10^{-6} m의 단위가 된다. 결국, 운동량으로 비교해 보면 파수에 플랑크 상수를 곱하면

$$\left(\frac{\pi}{a}\right) \times \left(\frac{h}{2\pi}\right) \gg \left(\frac{2\pi}{\lambda}\right) \times \left(\frac{h}{2\pi}\right) \tag{1.29}$$

가 되어, 발광이나 광흡수를 동반한 전자 천이는 그림 1.26에서 거의 수직 방향이 된다.

Si에 있어 전자 천이는 다른 큰 운동량을 갖는 입자 또는 여기의 관여가 없으면 일어나지 않는다. 일반적으로는 격자진동(포논)을 사이에 두고 천이가 일어나고, 이것을 **간접 천이**라 하고 그 밴드구조를 **간접 천이형 구조**라고 부른다. Ge이나 SiC, GaP 등의 반도체의 밴드구조는 간접 천이형이고, 전자, 정공, 포논의 3종류의 입자가 관여하기 때문에 광흡수계수는 작고 발광하기도 어렵다.

이에 반해 GaAs나 InP, GaN 등의 반도체는 **직접 천이형 구조**를 가지며 광학적 천이확률은 높고 광흡수계수도 크다. 따라서 발광다이오드나 반도체 레이저 등의 발광 디바이스용 재료로서도 적합하다.

(3) 발광

앞의 항의 전자 천이와 함께 광자가 방출하는 과정을 **밴드 간 발광**이라고 부른다. 반도체의 발광현상에는 이외에 그림 1.27에 보이는 것처럼 결함이나 불순물 등이 만드는 국재(局在)전자준위를 통한 발광이 있다. 이러한 국재전자준위는 **발광중심**이라고 불리며, 중요한 것으로는 예를 들어 청색형광체인 ZnS: Ag, Cl에 있어서 도너(Cl)와 억셉터(Ag)에 의한 D-A페어발광이나 도핑된 희토류이온(Eu^{3+}, Eu^{2+}, Nd^{3+})과 천이금속이온(Mn^{2+}, Cr^{3+}) 내각천이를 이용하는 것 등이 있다.

반도체를 발광시키기 위해서는 그 역과정인 전자여기를 할 필요가 있다. pn 접합에 순방향 전압을 인가해 소수 캐리어주입을 하는 방법(다이오드형, 전류주입형), 고전계 상태에서 충돌 전리시키는 방법[전계발광, 전기 루미네선스(Electroluminescence, EL)], 고속전자선으로 여기(勵起)하는 방법[음극선 발광(Cathodoluminescence, CL)], 발광파장보다 단파장의 빛으로 여기(勵起)하는 방법[광루미네선스, 플라스마 디스플레이(3.4.1항 참조) 등도 이 종류] 등이 있다.

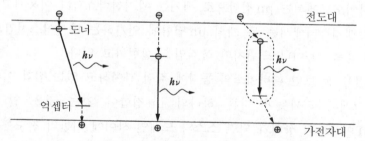

(a) D-A 페어발광   (b) 불순물-밴드 간 발광   (c) 내각천이에 의한 발광

그림 1.27 불순물과 발광중심을 통한 발광

1.7.3 반도체접합

(1) pn 접합

그림 1.28에 다이오드, 바이폴라 트랜지스터, 금속-산화물-반도체 전계효과 트랜지스터(**MOSFET**, Metal-Oxide-Semiconductor Field-Effect Transistor)의 구조를, 모두 동일한 p형 Si 결정을 기판으로서 형성된 모놀리식 집적회로의

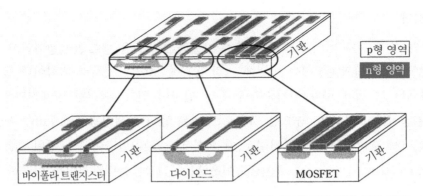

그림 1.28 Si집적회로(가상적)와 pn접합. 이들은 모놀리식(1장의 기판 위에 제작) 집적회로를 구성하고 있다.

한 요소(要素)로서 나타낸다.

p형 반도체와 n형 반도체가 접하는 구조를 **pn 접합**이라고 부른다. 현재 이용되고 있는 주요 반도체 디바이스에는 반드시 pn접합이 포함되어 있고 이 기본적인 성질과 특징을 아는 것이 디바이스를 이해하는 열쇠가 된다. 다이오드는 그 이름 그대로 2개의 전극을 갖고 pn접합이 정류작용을 일으킨다. 또 태양전지나 광다이오드에서는 pn접합으로 생기는 광기전력효과가 이용되고 있다. 바이폴라 트랜지스터에서는 두 개의 pn접합에 인가하는 바이어스전압의 극성을 제어하여 증폭작용이나 스위치의 움직임을 실현하고 있다.

즉, 그림을 잘 보면 디바이스의 동작에 직접 관여하고 있는 접합 이외에 디바이스를 크게 둘러싸듯이 다른 하나의 pn접합이 있는 것을 알 수 있다. MOSFET이 On의 상태가 되면 소스와 드레인 사이에 기판의 전도형과는 다른 채널(이 경우에서는 n형)이 형성되기 때문에 각각의 디바이스는 이것을 둘러싼 pn접합에 의해 기판과 분리된다. 이와 같이 pn접합은 모놀리식 집적회로 안에서 이웃한 소자 사이를 전기적으로 분리하는 작용을 하고 있다.

(2) 공핍층

pn접합계면 부근에는 불순물 농도에 의존하지만, 수십 nm에서 수 μm 정도에 걸쳐, 캐리어 농도가 극단적으로 낮아지는 영역이 형성된다. 이것을 **공핍층**이라고 부른다. 균일한 반도체에서는 n형과 p형에서 표 1.8과 같이 다른 부호의

표 1.8 전하중성의 밸런스(←→)

	양전하	음전하
n형	이온화된 도너 (고정) ←→	전도전자 (가동)
p형	정공 (가동) ←→	이온화된 억셉터 (고정)

가동전하와 고정전하와의 사이에서 전하중성이 성립된다.

　p와 n을 접합하면 가동전하인 전도전자와 정공은 각각의 농도가 작은 p측과 n측 영역으로 확산된다. 계면영역에서 양자는 쌍소멸(재결합)하기 때문에 접합면 부근에서는 전하중성의 균형이 무너진다. 그 결과, n측에서는 양의 고정전하인 도너이온이, p측에서는 음의 고정전하인 억셉터 이온이 남게 된다. 이러한 이유로부터 공핍층을 **공간전하영역**이라고도 불린다. 공핍층 안에서는 n측의 양전하에서 p측의 음전하로 종단하는 전기력선이 발생해 외부에서 전압을 인가하지 않아도 전계가 발생한다. 이것을 **내장(內藏)전계**라고 부른다. 전도전자와 정공이 내장전계로부터 받는 힘은 확산하려는 방향과는 반대 방향이고 열평형상태에서는 양자가 평형하다.

(3) 확산전위

　일반적으로 다른 물질을 접촉시키면 양자(兩者) 사이에서 전하이동이 일어나 전위차가 발생한다. 다른 금속 사이에서는 양자(兩者)의 일함수의 차이가 **접촉전위차**(Contact Potential Difference, CPD)로서 나타난다. 그림 1.28과 같은 Si 집적회로에서는 반도체를 기본적으로 구성하는 원자는 p, n측 모두 같은 Si이고, 도핑하는 불순물(그 농도는 모체의 원자밀도에 비해 비교가 되지 않을 만큼 낮다)의 종류만을 바꾼 접합으로 이것을 **호모접합**이라고 부른다. 호모접합의 에너지밴드 그림을 그림 1.29(a)에 나타낸다. p, n 양측에서 페르미준위 위치가 다르므로 전하이동이 일어나고, 열평형상태에서는 페르미준위가 일치하도록 에너지대가 이동한다. 도너와 억셉터 이온이 만드는 공간전하에 의해 전위차가 발생한다. 이 전위차를 **확산전위** $V_D[V]$ 또는 **내장(內藏)전위**라고 부르며, 그 에너지장벽의 크기 $eV_D[eV]$는 다음 식으로 주어진다.

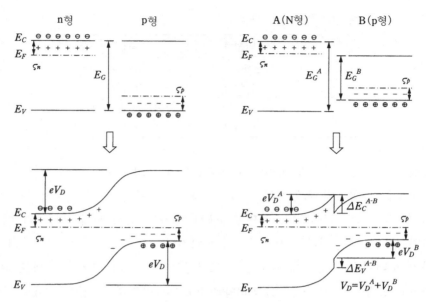

(a) 호모접합(n/p): 호모접합에서 확산전위(캐리어에 대한 에너지장벽)는 전자에 대해서도 정공에 대해서도 같다.

(b) 헤테로접합(N/p): 헤테로접합에서는 밴드단의 오프셋(ΔE_c, ΔE_V)의 존재에 따라 전자와 정공에 대해 크기가 다르게 된다.

그림 1.29 반도체 pn 접합의 에너지밴드 그림

$$e V_D = E_G - \zeta_n - \zeta_p = kT \ln\left(\frac{N_D N_A}{n_i^2}\right) \ [\mathrm{eV}] \tag{1.30}$$

여기서, ζ_n: $E_c - E_F\big|_{n-side}$ (전도대 최하단에서 본 n형 반도체 안의 페르미준위 위치)

ζ_p: $E_F - E_V\big|_{p-side}$ (가전자대 최상단에서 본 p형 반도체 안의 페르미준위 위치)

그림 (a)에서 볼 수 있듯이, 호모접합의 에너지장벽의 크기는 n형 내부의 전도전자에서 보거나 p형 내부의 정공에서 봐도 같은 $e V_D$가 된다. 그 이유는 호모접합에서는 금지대폭이 어디라도 같기 때문이다.

(4) 헤테로접합

헤테로접합은 모체를 구성하는 원자가 서로 다른 반도체를 접합시킨 구조이

다. MOSFET의 게이트 전극 부분은 절연체로 아모퍼스 실리콘 산화막(SiO_2)과 실리콘의 계면으로 구성되어 있으며, 이것도 헤테로접합의 일종이라 할 수 있다.

금지대폭이 넓은 반도체 A(전도형을 대문자로 나타낸다)와 좁은 반도체 B(전도형을 소문자로 나타낸다)를 접합하면 호모접합의 경우와 다르게 접합면에서 양방향의 밴드 끝이 매끄럽게 이어지지 않게 된다. 이 상태를 **밴드(단) 불연속** 또는 **밴드 오프셋**이라고 부르고 있다. 에너지대 가장자리의 상호 위치관계를 **밴드 라인업**이라 부르며, 그림 1.30과 같이 타입 I, II, III의 세 개로 나뉜다. 구체적인 조합이 어느 타입이 되는지에 가장 중요한 것은 두 개의 반도체의 전자친화력 $e\chi\,[eV]$의 차이로 결정되지만, 계면쌍극자의 형성이나 양자역학적 효과, 격자상수의 차이에 따른 응력이나 결정격자의 흐트러짐 등의 영향을 받기 때문에 그렇게 단순하지만은 않다.

타입 I의 조합으로 헤테로 pn접합을 만들면, 전자와 정공에 대한 에너지장벽을 비대칭으로 만들 수 있다[그림 1.29(b) 참조]. 이 특징을 직접 활용한 디바이스가 **헤테로접합 바이폴라 트랜지스터**(HBT, Heterojunction Bipolar Transistor)이다. 이 디바이스에서는 이미터-베이스접합에 이용하는 것으로 베이스영역의 도핑 농도를 높인 채로 이미터 주입효율(전자의 주입)을 높게 할 수 있다.

타입 I의 헤테로접합 두 개에서 금지대폭이 좁은 반도체를 끼우면 반도체 B

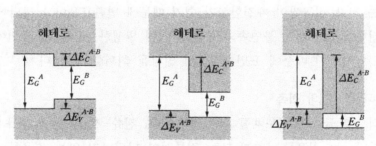

(a) 타입 I: 넓은 금지대 속에 좁은 금지대가 위치관계에 있다.
(b) 타입 II: 밴드단의 어느 한 곳이 서로 다르게 상대 쪽의 금지대 속에 들어가 있는 스태거드(staggered) 형태
(c) 타입 III: 두 가지 반도체의 금지대의 중첩이 전혀 없는 Broken-gap 형태

그림 1.30　헤테로접합계면에서의 밴드단의 관계를 3가지로 유형화

의 영역에 전자와 정공의 양쪽을 가둘 수 있다. 금지대폭이 작은 반도체가 굴절률도 크기 때문에 광(光)도 같은 영역에 가둘[도파(導波)하다] 수가 있다. 이것은 **더블 헤테로 구조**라고 불리며 접합형 반도체 레이저에 필수요소이다. 또 중앙의 층이 캐리어의 드브로이 파장 정도까지 얇아지면 갇혀 있던 캐리어는 그 파동성에 의해 이산적(분산적)인 양자 준위만이 허용되게 된다. 이것을 **양자우물 구조**라고 한다.

캐리어를 가두는 구조와 조합을 완전히 역전시켜 얇은 중간층의 금지대폭을 크게 하면, 캐리어에 대해 장벽이 생긴다. 이 장벽층이 드브로이 파장보다도 얇게 되면 터널효과가 현저하게 나타난다. 이것을 **터널장벽**이라고 부른다. 양자우물이나 터널장벽을 복수조합하면 공명터널효과나 인공 초격자에 의한 전자상태의 제어를 실현할 수 있다.

반도체의 금지대폭 이상의 광자 에너지를 갖는 광은 흡수되어 전자-정공쌍이 발생한다[1.7.2 항의 (1) 참조]. 이것이 태양전지나 광다이오드의 기초과정이다. 여기서, 헤테로접합을 이용해 금지대폭이 넓은(E_{GW}) 반도체층을 광학적으로 투명한 창층(窓層)으로 해서

$$E_{GW} > h\nu > E_{GN} \,[\text{eV}] \tag{1.31}$$

의 조건을 만족하는 광을 입사하면, 전자-정공쌍의 발생영역인 좁은 금지대폭의 (E_{GN}) 반도체층을 디바이스 표면과 분리할 수 있다. 일반적으로 반도체 표면에서는 전자-정공쌍이 재결합하기 쉽기 때문에 변환효율이 저하되어 버린다. 헤테로접합에서는 밴드 불연속의 존재에 의해 발생한 캐리어가 표면에 도달하는 것을 막아주기 때문에 표면재결합의 영향을 회피할 수 있다.

(5) 금속과 반도체의 접촉

일반적으로 금속과 반도체를 접촉시킨 경우, 전류-전압특성에 정류성(비대칭성)이 나타나는 경우를 **쇼트키 접촉**, 정류성이 나타나지 않는 경우를 **옴성 접촉**(Ohmic contact)이라 부르고 분류한다.

금속과 n형 반도체의 접촉을 생각해보자. 그림 1.31에 나타낸 것처럼, 금속과 반도체의 일함수 $e\phi_M[\text{eV}]$와 $e\phi_s[\text{eV}]$의 대소 관계에 의해 다음과 같이 두 가지 경우로 나누어진다.

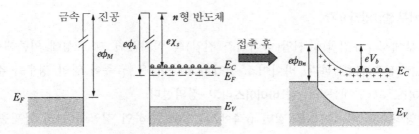

ϕ_M, ϕ_s : 일함수, χ_s : 전자친화력

(a) $\phi_M > \phi_s$ 인 경우: 쇼트키 접촉

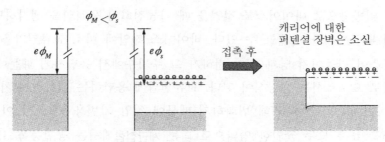

(b) $\phi_M < \phi_s$ 인 경우: 옴성 접촉

그림 1.31 쇼트키 접촉과 옴성 접촉

① $\phi_M > \phi_s$ 인 경우에는 반도체 측의 전자가 금속 측으로 이동해 반도체 표면에 공핍층이 형성되어, 여기에서 양의 도너이온에 의해 퍼텐셜 장벽이 생겨 정류성을 나타낸다. 이것이 쇼트키 장벽이다. 금속 측에서 본 장벽높이 $e\phi_{Bn}[\text{eV}]$ 는 반도체의 전자친화력을 $e\chi_s[\text{eV}]$ 로 하면 $\phi_{Bn} = \phi_M - \chi_s[\text{V}]$ 가 된다.

② $\phi_M < \phi_s$ 인 경우에는 반도체 표면에 전자가 축적되고 장벽층은 생기지 않는다. 이 경우에는 저항이 작은 옴성 전극이 된다.

p형에 대해서는 반대의 관계가 된다. 그러나, Si나 GaAs 등의 대표적인 반도체에 대해서는 이와 같이 단순한 관계가 성립하지 않고 장벽 높이가 금속의 일함수에 대해 거의 의존하지 않는 **플럭스 피닝**(flux pinning)**현상**이 일어난다. 일반적으로 반도체 결정의 화학결합의 공유성이 강해지면 플럭스 피닝 효과가 강하고, 이온성이 강해지면 플럭스 피닝 효과는 약해지는 경향이 있다.

(6) 외부전압인가효과

외부에서 pn 접합에 전압(바이어스 전압)을 인가하면 그 극성에 의존해서 공핍층은 신축(伸縮)한다. 바이어스 전압은 n측이 음, p측이 양인 경우를 **순방향 바이어스**, 그 반대를 **역방향 바이어스**라고 정의한다.

순방향으로 바이어스를 걸면 p측에서는 가동전하인 정공이 이미 공핍층이었던 영역에 침입하여 억셉터 이온이 중화된다. n측에서는 전도전자가 도너 이온을 중화한다. 이렇게 해서 순방향 바이어스를 가하면 공핍층은 축소한다. 마찬가지로, 역방향으로 바이어스를 걸었을 때 가동전하의 움직임을 생각하면, 공핍층이 확대되는 것을 이해할 수 있다. 바이어스 전압에 미소 교류전압을 중첩하면 공핍층이 만들어져 양과 음의 전하가 그 주파수에서 응답하기 때문에 pn 접합은 회로 요소로서는 용량성이 된다. 교류전압에 응답하는 전하의 위치(공핍층 끝)는 바이어스 전압에 의해 변화하기 때문에 전압 가변용량으로서 이용할 수 있다. p측 n측 모두 균일한 영역으로 되는 **계단접합**에서는 공핍층폭 W [m]및 교류(미분)용량 C_J [F]의 크기는 다음의 식으로 구할 수 있다.

$$
\left.
\begin{aligned}
W &= \sqrt{\frac{2\varepsilon_s\varepsilon_0}{e}(V_D - V)\left(\frac{1}{N_A} + \frac{1}{N_D}\right)} \quad [\text{m}] \\
C_J &= S\sqrt{\frac{e\,\varepsilon_s\varepsilon_0 N_A N_D}{2(V_D - V)(N_A + N_D)}} = \varepsilon_s\varepsilon_0\frac{S}{W} \quad [\text{F}]
\end{aligned}
\right\}
\tag{1.32}
$$

여기서, S: 접합면적$[\text{m}^2]$

ε_s : 반도체의 비유전율

ε_0 : 진공의 유전율$(8.85 \times 10^{-12}$ F/m$)$

V의 부호는 순방향을 양으로 한다.

식 (1.32)는 결국 그림 1.32에 나타나듯이, pn 접합이 평행평판 축전기(공핍폭 W가 극판 간격에 해당)와 등가라는 것을 의미하고 있다.

$N_D \gg N_A$ 또는 $N_A \gg N_D$와 같은 pn 접합을 **편측계단접합**(片側階段接合)이라고 부른다. 바이폴라 트랜지스터의 이미터접합 등이 여기에 속한다. 이 경우에는 식 (1.32)에서 알 수 있듯이, 공핍층은 각각 p측$(N_D \gg N_A)$ 또는 n측

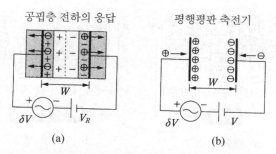

공핍층 전하의 응답   평행평판 축전기

(a)   (b)

그림 1.32 pn접합 등으로 생긴 공핍층은 교류전압에 대해 평행평판 축전기와 등가인 응답을 한다. 즉, 용량성인 부하가 된다. V_R은 역방향 바이어스를 의미한다.

$(N_A \gg N_D)$의 한쪽에만 늘어나는 것으로 근사(近似)할 수 있다. 예를 들어 $N_A \gg N_D$인 경우 식 (1.32)를 변형하면 다음과 같이 된다.

$$\frac{1}{(C_J/S)^2} \cong \frac{2}{e\varepsilon_s\varepsilon_0 N_D}(V_D - V) \tag{1.33}$$

금속과 반도체를 접합한 쇼트키 다이오드에서도 같은 관계식이 성립한다. 따라서 접합 용량의 전압 의존성을 측정해 $1/C_J^2 - V$의 값을 표시하여 그 기울기로부터 불순물 농도 $N_D[\mathrm{m}^{-3}]$를, 전압축(軸)과의 절편으로부터 확산전위 $V_D[\mathrm{V}]$를 결정할 수 있다.

1.7.4 반도체 디바이스의 기초

(1) 다이오드와 정류성(整流性)

pn접합이나 쇼트키 접합의 대표적인 응용은 다이오드이다. 다이오드의 가장 분명한 특징의 하나는 그 전류-전압 특성에 정류성이 나타난다는 것이다.

열평형상태에 있는 pn접합에서는 캐리어가 확산에 의해 상대측의 영역으로 침입하는 힘과 내장전계에 의해 다시 밀려오는 힘이 균형을 이루고 있다. 따라서 외부에서 전압을 가하지 않는 한 접합부에 전류는 흐르지 않는다.

그림 1.33(a)에서 보듯이, 순방향으로 바이어스를 걸었을 경우를 생각하면 외부전원은 내장전계를 약하게 하여 확산과의 힘의 균형이 무너진다. 그 결과 캐리어는 상대 측의 확산에 의해 손쉽게 침입할 수 있게 된다. 순방향 전류는 이

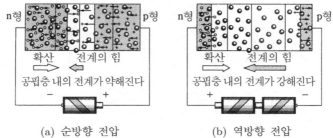

(a) 순방향 전압　　　　　(b) 역방향 전압

그림 1.33　pn접합에 외부에서 전압을 인가하면 그 극성에 의해 비
대칭인 동작을 한다. 화살표는 전도전자에 작용하는 힘
을 나타내고 있다.

와 같이 흐르게 된다. 캐리어의 볼츠만 분포를 반영해 순방향 전류는 전압의 증
가에 대해 지수함수적으로 증가한다.

한편, 역방향으로 바이어스를 걸었을 경우에는 그림 (b)와 같이 외부전계는
내장전계와 같은 방향이 되어 캐리어가 확산에 의해 상대 측 영역으로 침입하
는 것을 점점 어렵게 한다. 이 강한 전계가 움직여야 하는 캐리어는 소수 캐리
어이기 때문에 그 수는 극히 일부이고 이 수에 의해 제한된 미약한 전류값으로
즉시 포화한다.

이상적인 다이오드의 전류-전압 특성은 다음의 식으로 주어진다.

$$I = I_s\left[\exp\left(\frac{eV}{kT}\right) - 1\right] \ [\text{A}] \tag{1.34}$$

여기서, I_s를 포화전류값[A]이라고 부르며, pn 접합, 쇼트키 접촉, 각각에 대해
다음 식으로 계산된다.

$$I_s = Se\left(\frac{L_n n_{p0}}{\tau_n} + \frac{L_p p_{n0}}{\tau_p}\right) [\text{A}] \quad (\text{pn 접합}) \tag{1.35}$$

여기서, S: 접합면적$[\text{m}^2]$

L_n, L_p: 전자와 정공의 확산길이[m]

n_{p0}, p_{n0}: 소수 캐리어(p형 내의 전자와 n형 내의 정공) 농도$[\text{m}^{-3}]$

τ_n, τ_p: 소수 캐리어 수명[s]

$$I_s = SA^{**}T^2 \exp\left(-\frac{e\phi_B}{kT}\right) [A] \quad \text{(쇼트키 접촉)} \tag{1.36}$$

여기서, A^{**}: 유효 리처드슨 상수$[A/(K^2 \cdot m^2)]$

$\quad e\phi_B$: 쇼트키 장벽 높이[eV]

역방향 전압을 높여 가면, 갑자기 어느 전압에서 큰 전류가 흐르기 시작하는 경우가 있다. 이것을 접합의 **항복**이라고 부른다. 불순물 농도가 큰 조합으로 만들어진 pn 접합에서는 공핍층이 얇기 때문에 전자의 파동성에 의한 터널 효과에 의해 가전자가 n형 측의 전도대에 스며든다. 이것을 **제너항복**이라고 한다.

한편, 불순물 농도가 작은 경우에는 불순물에 의한 캐리어의 산란이 일어나기 어렵기 때문에 평균자유행정이 길다. 캐리어는 산란에서 다음 산란까지의 사이에 전계로부터 에너지를 받아 가속된다. 이 운동에너지의 증가분이 에너지 갭을 상회하면 전도전자가 가전자에 충돌했을 때 이것을 튕겨 날릴 수 있을 정도가 된다. 이것을 **충돌전리**라고 한다. 이렇게 해서 공핍층을 가로지른 캐리어의 수는 계속하여 폭발적으로 증가해 급격한 전류상승이 일어난다. 이것을 **전자사태항복**이라 부른다. 따라서 금지대폭이 큰 반도체 재료일수록 전자사태항복은 일어나기 어려워 고내압(高耐壓)의 디바이스에 적합하다는 것을 쉽게 이해할 수 있다. 표 1.9에 대표적인 반도체의 절연파괴 전계강도를 정리해 놓았다.

표 1.9 대표적인 반도체의 절연파괴 강도

재료명	절연파괴 전계강도 [MV/m]	금지대폭 [eV]
Ge	10	0.66
Si	30	1.12
다이아몬드	560	5.41
SiC(3C)	120	2.2
SiC(6H)	~300	3.0
GaAs	40	1.42
InP	50	1.34
GaP	70	2.27
GaN	~500	3.39
AlN	~1200	6.13

(2) 광기전력효과

pn접합에 빛을 조사하면 1.7.2항의 1.에서 본 광흡수에 동반하여 발생한 전자와 정공쌍이 공핍층의 내장전계로부터 힘을 받아 전자는 n측에, 정공은 p측을 향해 분리된다[그림 1.34(a) 참조]. 이것을 **광기전력효과**라고 부르며 태양전지나 광다이오드에 응용하고 있다. 접합의 외부회로를 개방하면 p측은 플러스 극성의 전압이 발생한다. 이것을 **개방단 전압**이라 부르지만, 발생한 전압은 내부전계를 약하게 하는 방향으로 걸리기 때문에 광 강도의 증가와 함께 포화하는 경향이 나타나 이론적으로는 확산전위 V_D를 넘지 않는다. 한편, 전극을 단락시킨 경우에는 광 강도가 강해져도 광기전력이 내부 전계에 영향을 주지 않기 때문에 발생하는 광전류의 크기는 조사강도에 비례한다.

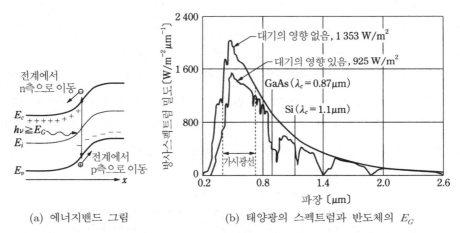

(a) 에너지밴드 그림   (b) 태양광의 스펙트럼과 반도체의 E_G

그림 1.34 태양전지와 포토다이오드는 빛을 생성한 전자와 정공쌍을 pn 접합의 내장전계에 의해 좌우로 분리하는 것을 이용

(3) 바이폴라 트랜지스터

바이폴라 트랜지스터는 npn 또는 pnp구조로 되어 있으며, 2개의 pn접합을 포함한다. 캐리어의 흐름은 이것들의 접합면에 대해 수직이며, 이 흐름을 제어하여 증폭이나 스위칭 동작을 한다.

중앙의 층은 **베이스**라고 부르며, 이 두께는 소수 캐리어의 확산장(擴散長)과 같은 정도이나 이보다 얇아서는 안 된다. 따라서 두 개의 pn접합 다이오드를 개별적으로 가져와서 서로 반대 극성으로 접합시키는 것만으로 증폭작용은 일어나지 않는다. 베이스 영역은 **이미터**와 **컬렉터**라고 불리는 영역 사이에 있다. 이미터와 컬렉터는 같은 전도형태지만 이미터는 고농도 도핑, 컬렉터는 저농도 도핑으로 해야 한다.

바이폴라 트랜지스터를 이용해 증폭을 할 경우 이미터 접합에는 순방향으로 바이어스, 컬렉터 접합에는 역방향으로 바이어스가 걸린다. **npn트랜지스터**를 예로 들면, 순방향 바이어스 된 접합을 통해 전자는 이미터에서 베이스영역으로 소수 캐리어로서 주입된다. 순방향 전류는 식 (1.34)에서 본 것처럼 전압에 대해 지수함수적으로 증가한다. 따라서 약간의 입력전압의 변화로 큰 전류를 제어할 수 있다. 베이스 영역이 확산장(擴散長)보다 얇으면, 주입된 전자는 베이스 영역의 다수 캐리어인 정공과 재결합하는 확률이 상당히 낮아, 대부분의 전자가 베이스를 통과해 컬렉터 측으로 도달한다. 컬렉터 접합은 역바이어스되어 있기 때문에 베이스를 통과해 온 전자는 이 전위차로부터 커다란 에너지를 얻는다 (그림 1.35 참조).

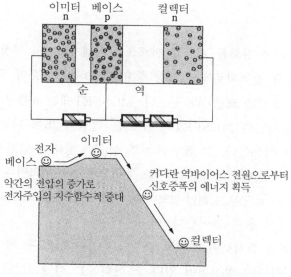

그림 1.35 바이폴라 트랜지스터의 증폭작용

위의 내용으로부터 바이폴라 트랜지스터의 성능 향상을 위한 지침을 생각해 보자. npn형의 바이폴라 트랜지스터를 예로 이미터 → 베이스 → 컬렉터로 이동하는 전자의 흐름 속에 증폭의 본질이 있다. 따라서 베이스 영역에서의 전자의 재결합을 줄이는 것이 중요하다. 베이스에 주입된 전자가 효율적으로 베이스 중성영역을 빠져나가 컬렉터 측의 접합에 도달해야 한다. 이것은 베이스 운송효율이라 불리는 파라미터로 평가된다. 재결합은 전자와 정공쌍으로 일어나는 현상이기 때문에 전자가 1개 소멸하면 정공도 반드시 1개 소멸한다. 이 정공을 보충하기 위해 베이스 전극에서 정공이 보충된 결과, 베이스 단자전류가 흐른다.

한편, 이미터-베이스 사이에는 순방향 바이어스가 걸려 있기 때문에 베이스에서 이미터로의 정공의 주입도 있다. 이미터 영역에 들어간 정공은 전자와의 재결합에 의해 소멸할 뿐이기 때문에 증폭에 관계없는 입력전류를 증가시켜 버린다. 따라서 이미터 접합을 흐르는 모든 전류에 차지하는 전자전류의 비율(이미터 주입효율)을 높게 할 필요가 있다. 이미터 측의 pn접합에서 $N_D \gg N_A$ 로 되어 있는 것은 이 때문이다.

(4) MOSFET

MOSFET은 금속-산화물-반도체 전계효과 트랜지스터의 약칭이다. MOSFET은 현재의 반도체 집적회로에서 가장 중요한 디바이스 중의 하나이다.

FET의 전류 통로를 **채널**이라 부른다. MOSFET에는 n채널과 p채널의 디바이스가 있다. n채널의 MOSFET의 구조를 그림 1.36에 나타낸다. 기판에는 p형의 웨이퍼를 이용한다. 그 표면에 n형 섬(島) 형태의 영역을 2곳에 형성한다. 이 중 한쪽은 전자의 공급원이 되는 부분으로 **소스 영역**이라 불린다. 다른 한쪽이 전자 흐름의 출구로 **드레인 영역**이다. 따라서 n채널 MOSFET에서는 출력전류는 드레인에서 흘러 들어간다.

소스와 드레인을 걸치듯이 게이트 전극이 만들어져 있다. 게이트 부분의 실리콘 표면에는 산화막이 형성되어 있다. Si 산화물은 석영유리나 수정과 같은 이산화실리콘(SiO_2)이며 상당한 양질의 절연체이다. 이 산화막 위에 금속(또는 작은 저항의 다결정 실리콘)의 전극을 형성한다. 게이트의 명칭은 전자의 통로인

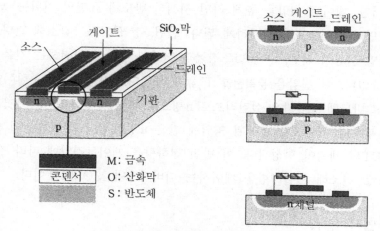

그림 1.36 MOSFET과 채널의 형성

채널을 개폐하는 작용을 하는 것에서 유래하였다.

다음으로 MOSFET의 입력부분인 게이트 전극의 움직임을 생각해 보자. 먼저, 소스와 드레인 전극을 제거한 2단자 구조(MOS 다이오드)에 주목한다. 이 구조는 금속전극과 반도체에 절연체를 삽입한 축전기(평행평판 축전기)인 것에 주목하자. 실제, 이것과 유사한 구조는 **DRAM**(기록유지동작이 필요 시 언제라도 읽고 쓰는 메모리, Dynamic Random Access Memory)에서 정보를 전하로서 축적하는 축전기로 이용된다. 이 MOS 축전기인 금속전극 측이 양이 되는 방향으로 전압을 가하면 Si 기판 속의 다수 캐리어인 정공은 반도체 표면에서 내부(벌크) 쪽으로 이동해, 표면에서 공핍층이 늘어난다. 이 공핍층에는 음으로 대전된 억셉터 이온이 있는 그대로 남는다. 한편, 절연막을 사이에 둔 게이트 전극에는 양전하가 유기된다. 게이트 전압이 낮은 동안에 이 양전하에서 나오는 전기력선은 공핍층 속의 억셉터 이온을 종단한다. 즉, 게이트 전압이 어떤 전압을 초과할 때까지는 반도체 쪽에 유도된 음전하는 캐리어인 전자가 아니라 움직일 수 없는 고정전하이기 때문에 소스와 드레인 사이에 전류를 흐르게 할 수 없다.

p형 반도체 속에도 소수 캐리어로서의 전자가 존재한다. 전자는 음의 전하를 갖고 있기 때문에 게이트에 양의 전압을 가하면 반도체 표면에 모여든다. 게이트 전압이 비교적 작은 동안에는 표면으로 온 전자농도는 거의 무시할 수 있는

정도이지만, 게이트 전압을 높게 하면 서서히 반도체 표면의 전위는 높아져 실리콘 표면의 전자농도는 증가하게 된다. 반면, 정공농도는 감소해 간다. 따라서 어떤 전압 이상이 되면, 수적으로 정공과 전자의 입장이 역전하는 것을 쉽게 상상할 수 있다. 이 전압을 **문턱전압** V_{TH} 라 부른다. 원래 기판은 p형이었음에도 불구하고 반도체 표면만은 실질적으로 n형으로 바뀌는 것이 되며, 이것을 **반전층** 이라고 부른다. n형으로 반전된 영역에 같은 n형인 소스와 드레인이 연결되어 MOSFET의 채널이 형성된다. 이 반전 전하량을 게이트전압에 따라 정전적(靜電的)으로 변조해 채널저항을 제어하는 디바이스가 MOSFET이다.

1.7.5 열전기현상

일반적으로 고체에 있어서 열은 원자의 열진동(격자진동, 포논) 및 전도전자의 운동에 의해 전달되지만, 절연체에서는 원자의 열진동만이 이것에 연관하며, 금속에서는 주로 전도전자에 의해, 또 반도체에서는 그 양자(兩者)에 기인한다. 따라서 금속과 반도체에서는 열과 전기를 연결하려는 몇 가지 현상이 일어날 수 있다.

고체 속의 캐리어는 고온일수록 활발하게 열운동하고 있기 때문에 저온부를 향해 이동이 일어난다. 이것은 온도차에 따른 전류가 흘러 열에너지가 전기에너지로 변환되는 것을 의미한다. 이 역과정을 생각하면 전위의 기울기에 의해 캐리어가 이동하면(전류가 흐른다) 그 극성에 맞게 열에너지의 출입이 일어날 수 있게 된다. 일반적으로 두 개의 다른 도체 1과 2를 연결해서 그 접점을 다른 온도에 유지해 두면(온도차를 주면) 기전력이 생긴다. 이것을 **제벡 효과**(Seebeck Effect)라고 부른다.

다음으로 그림 1.37과 같이, 두 개의 도체 1과 2를 접속해 두고 전압 V를 인가해 전류 i를 흘렸다고 하자. 도체를 접속하는 각 부의 온도를 각각 T_a, T_b ($T_a > T_b$)라고 하고 도체 1에서 BC 사이에는 온도 기울기가 있고 그 외의 부분에서는 모두 균일한 온도 T_a라고 하자. 이러한 상태에서는 $1-2$의 접속점에 있어서 열의 발생 또는 흡수가 일어난다. 이것을 **펠티에 효과**(Peltier Effect)라고 부른다. 또 1과 2와 같은 온도 기울기가 있는 부분에서는 온도차 ΔT와 전류 i와의 곱에 비례한 열의 발생과 흡수가 일어난다. 이것을 **톰슨 효과**(Thomson

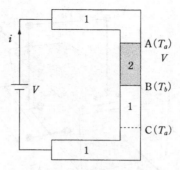

그림 1.37 2종 도체의 열전효과

effect)라 한다.

그림의 회로에서 전원으로부터 공급된 전력의 일부는 줄열로서 소비되고 일부는 AB 및 BC를 가열 또는 냉각하는 것에 소비된다. 이들의 상호관계는 다음 식으로 표현된다.

$$i V = i^2 R - i \Pi_{12}(T_a) + i \Pi_{12}(T_b) + i \int_{T_a}^{T_b} \sigma_2(T) \mathrm{d}T + i \int_{T_a}^{T_b} \sigma_1(T) \mathrm{d}T \quad (1.37)$$

여기서, Π_{12}: 펠티에 상수

σ_1, σ_2: 톰슨 상수

1.7.6 자계에 의한 효과

금속과 비교하면 반도체에서는 비교적 적은 캐리어가 고속으로 이동함으로써 전류를 운반하고 있다. 따라서 만약 캐리어의 이동 방향과 직각으로 자계를 작용시켰을 경우 이것들이 받는 효과는 커서 캐리어의 진로가 변화된다. 이것과 더불어 전기저항이 증가하고(자기 저항효과), 또 운동과 직각인 방향으로 기전력을 발생시킨다. 이것을 **홀 효과**(Hall effect)라 부른다.

그림 1.38과 같은 치수의 시료에 전류 I를 흘려두고 이것과 수직인 z방향으로 자속밀도 B의 자기장을 인가하면, 로렌츠힘에 의해 캐리어는 y축의 방향으로 진로가 휘어져 한쪽으로 집적(集積)한다. 이 때문에 y축 양측에 기전력이 발생한다. 이것을 **홀 기전력** V_H라고 부르고, 그 크기는 전류와 자속밀도의 곱에 비례한다.

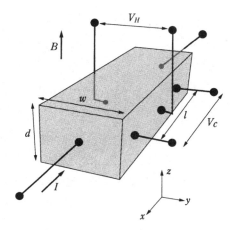

그림 1.38 홀 효과의 설명

$$V_H = R_H \frac{IB}{d} \tag{1.38}$$

여기서, R_H는 **홀 상수**라고 부르며, 반도체 속의 캐리어 농도에 의존한다. 즉, 전자 및 정공농도를 n, p라고 하고 각각의 이동도를 μ_n, μ_p라고 하면, R_H는 다음과 같은 식이 된다.

$$R_H = - \frac{\langle \tau^2 \rangle}{\langle \tau \rangle^2} \cdot \frac{n\mu_n^2 - p\mu_p^2}{\left(n\mu_n + p\mu_p\right)^2} \tag{1.39}$$

여기서, τ: 산란의 완화시간

　　　　$<\ >$: 속도분포를 고려한 평균값

여기서, 반도체를 n형이라고 하면 저항이 증가하는 비율 $\Delta\rho/\rho_0$는 다음 식으로 표현된다.

$$\frac{\Delta\rho}{\rho_0} = \xi\left(\frac{\langle \tau^2 \rangle}{\langle \tau \rangle^2}\right)^2 \mu_n^{\ 2} B^2 \tag{1.40}$$

캐리어가 전자 혹은 정공만일 경우에는 홀계수의 부호가 다르기 때문에 전도형의 판정이 가능하고 캐리어 농도를 구할 수 있다. 또 $<\tau^2>/<\tau>^2$과 식 (1.40)의 ξ의 값은 캐리어 산란의 종류에 따라 다르지만, 예를 들어 음향 포논산란이 지배적인 경우에는 $3\pi/8$이다. 또 ξ의 값은 0.273이 된다.

1.8	유전체

1.8.1 유전체의 전기전도

(1) 고체 유전체를 흐르는 전류

고체 유전체를 흐르는 전류를 측정해 체적 저항률을 구하려면 그림 1.39에 나타낸 접속으로부터, 주전극을 지나 전류계에 흐르는 전류를 읽는다. 이때, 보호전극은 유전체의 측면을 흐르는 전류를 분리해 내부에 흐르는 전류만을 전류계로 유도하기 위해 이용되고 있다. S_1을 갑자기 닫으면, 전극 사이의 정전용량이 급격히 충전되기 때문에 순간적으로 큰 변위전류가 흐른다. 이 때문에 미리 S_2를 닫아 두어 변위전류에 의한 전류계가 손상되는 것을 막는 방법이 필요하게 된다.

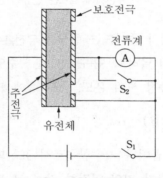

그림 1.39 체적 저항률의 측정법

(2) 유전흡수

고체 유전체에 직류전류를 인가한 경우 전류값에 대한 시간변화의 예를 그림 1.40에 나타낸다.

전압을 인가했을 때 처음에는 비교적 큰 전류가 흐르지만 시간 t와 함께 감소해 어떤 일정값 i_g에 가까워진다. 따라서 총 전류 $I_1(t)$는

$$I_1(t) = i_g + i_1(t) \tag{1.41}$$

로 나타낼 수 있다. 여기서, i_g는 **누설전류**, $i_1(t)$는 **흡수전류**라고 불린다. 또

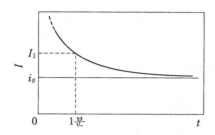

그림 1.40 직류전압을 인가했을 경우의 전류값의 시간변화

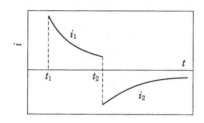

그림 1.41 유전체에 흐르는 전류의 변화

유전체에 흐르는 전류가 점차 줄어드는 현상을 **유전흡수**라고 한다. $i_1(t)$의 최댓값은 i_g의 수배~수십 배에 달하고, 흡수는 수분~수일에 이르는 것도 있다. 이 현상은 유전체의 종류나 측정 시의 온도, 습도 등에 크게 의존한다. 또 $i_1(t)$는

$$i_1(t) = \alpha t^{-m} \quad \text{또는} \quad \beta e^{-bt} \tag{1.42}$$

와 같이, 시간 t의 거듭제곱이나 지수함수로서 표현되는 것이 많다.

그림 1.40에 있어서 전류가 거의 일정한 값 i_g로 된 후에 전류를 제거해 양 전극 사이를 단락시켰을 때에는 그림 1.41에 나타낸 것처럼 충전 시와는 역방향의 방전전류 $i_2(t)$가 흐른다. 시간의 원점을 적절하게 고르면 $i_1(t)$와 $i_2(t)$의 감쇠의 모습은 거의 같아서

$$i_2(t) = -i_1(t) \tag{1.43}$$

가 되는 것이 많다.

(3) 유전체를 흐르는 전하

유전체를 흐르는 미약한 전류를 담당하고 있는 전하로서 ① 자유전자와 자유

정공, ② 자유이온, ③ 속박전하나 쌍극자 등을 생각할 수 있다.

이상적인 유전체에는 본래 자유롭게 움직일 수 있는 전도전자(자유전자라고도 부른다)나 정공(전자가 빠진 구멍, 1.7.1항 참조), 자유롭게 움직일 수 있는 이온은 존재하지 않는다. 하지만, 유전체의 온도가 높아지거나 유전체에 빛이 가해졌을 때, 고전계가 인가되었을 때 등에 의한 전리가 발생해 자유전자나 정공이 생겨난다. 또 1.7절에서 설명한 것과 같이 유전체 속에 첨가된 불순물(도펀트)이 자유전자나 정공의 발생원이 되는 것도 많다. 게다가 이온결정에서 결정의 구조가 흐트러져 격자 사이에 여분의 이온이 들어가거나 반대로 이온이 존재해야 할 위치에 존재하지 않는 공격자점이 되어 있으면 이온이 움직이게 된다. 이와 같이 유전체에서는 이상(理想)상태에서의 '엇갈림'은 전류의 원인이 된다. 일반적으로 이와 같은 '엇갈림'은 온도가 높고 결정구조의 열진동이 활발하면 생기기 쉽다. 따라서 유전체의 도전율 σ는 A, b를 상수로서

$$\sigma = A\mathrm{e}^{-b/T} \tag{1.44}$$

와 같이, 온도 T의 상승에 따라 급증하는 함수로 표현되는 경우가 많다. 유전체 도전율의 온도특성을 그림 1.42에 나타낸다.

인가되고 있는 전압이 교류전압 등 시간적으로 변화할 때에는 속박되어 있는 전하나 쌍극자도 변위전류로서 전류에 기여할 수 있다.

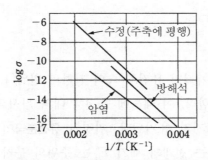

그림 1.42 유전체 도전율의 온도특성

(4) 표면누설전류

대부분의 경우 유전체의 표면에서는 내부보다도 전류가 흐르기 쉽다. 이 경향은 오손(汚損)·습윤(濕潤) 등에 의해 더욱 눈에 띄게 된다. 그림 1.43은 상대

습도와 재료의 표면 저항률과의 관계를 나타낸 것이다. 파라핀 등과 같이 물을 튕겨내는(즉 물에 젖기 어려운) 발수성 재료에서 표면저항은 높은 습도까지 변화하지 않고 표면의 수막이 연속적으로 되고 나서부터 급격하게 저항이 감소한다. 한편, 물에 젖은 친수성 재료는 습도의 증가와 함께 연속적으로 저항이 감소한다. 유리·유약을 칠한 애자(磚子) 등에서는 알칼리가 표면으로부터 녹아나오기 때문에, 습도에 의해 표면저항은 현저하게 감소한다.

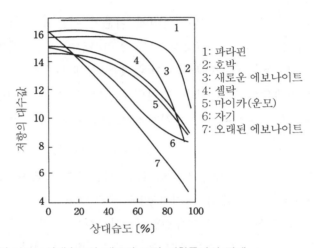

그림 1.43 상대습도와 재료의 표면 저항률과의 관계

1.8.2 유전분극

(1) 유전체의 분극현상

유전체에 전계가 인가되면 유전체 속의 전하의 변위나 이동, 혹은 전기쌍극자의 회전(배향)이 발생한다. 이 때문에 유전체 내의 거시적인 양·음전하의 중심이 분리되어 전기쌍극자가 유기된다. 이것이 **유전분극**이다. 유전분극이 생기면 각각의 분자에 작용하는 전계의 세기 E_0는 주위의 분자가 분극하고 있는 것의 작용을 받기 때문에 외부로부터 인가된 전계의 세기 E와는 다르다. 분극에 의해 단위체적당 발생하는 쌍극자 모멘트 P는 1분자당 평균 분극률 α, 단위체적당 분자 수 N_1에 의해

$$P = N_1 \alpha E_0 \tag{1.45}$$

가 된다.

한편, P는 전자기학에서는 분극벡터의 크기와 비슷하며, 물질 및 진공의 유전율 ε, ε_0로부터

$$P = (\varepsilon - \varepsilon_0)E \tag{1.46}$$

라고도 나타낼 수 있다. 또 E_0는 입방정계의 결정이나 액체 등의 등방성 물질에서는 다음과 같이 된다.

$$E_0 = E + \frac{1}{3\varepsilon_0}P \tag{1.47}$$

식 (1.46), (1.47)에 의해

$$E_0 = \frac{1}{3}\left(\frac{\varepsilon}{\varepsilon_0} + 2\right)E = \frac{1}{3}(\varepsilon_s + 2)E \tag{1.48}$$

가 된다. 단, $\varepsilon/\varepsilon_0 = \varepsilon_s$는 물질의 비유전율이다. 따라서

$$\frac{\varepsilon_s - 1}{\varepsilon_s + 2} = \frac{N_1\alpha}{3\varepsilon_0} \tag{1.49}$$

가 된다. 이것에 분자량/밀도 $= M/d$을 곱하면,

$$P_m = \frac{\varepsilon_s - 1}{\varepsilon_s + 2} \cdot \frac{M}{d} = \frac{1}{3\varepsilon_0}N_A\alpha \tag{1.50}$$

여기서, $N_A = N_1 \cdot M/d$; 1몰 중의 분자 수, 즉 아보가드로수를 얻는다. 식 (1.50)의 관계를 **클라우지우스–모소티**(Clausius-Mossotti)**의 식**이라 한다. P_m은 1몰의 분자의 분극에 관련된 것으로 이것을 **분자분극**이라 한다.

(2) 분극 기구

분극을 발생하는 기구(機構)를 분류하면,

① 자유이온에 의한 분극(이온 공간전하 분극)
② 다른 유전체의 경계면에서의 계면분극
③ 양이온과 음이온의 변위에 의한 원자분극

④ 원자 속에서 전자운의 분포 변화에 의한 전자분극

⑤ 쌍극자의 회전에 의한 쌍극자분극

등을 들 수 있다.

이들 기구에 의해 분극이 성립하는 것에 고유의 빠르기가 있다. 어느 분극에 대해 전계의 변화가 느린 경우에는 분극은 전계에 추종할 수 있지만 전계변화 쪽이 빠르면 추종할 수 없다. 따라서 물질의 유전율의 주파수특성은 그림 1.44 와 같이 된다. 즉, 완화주파수 f_r 부근에서 유전율의 변화, 즉 분산현상이 일어난다.

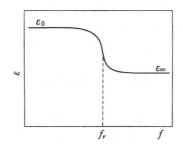

그림 1.44 물질의 유전율의 주파수특성

이온 공간전하분극은 이온이 이동해서 유전체 내에 전하의 새로운 분포를 일으키는 것이고, **계면분극**은 전도에 의해 유전체의 이종물질의 경계면에 전하가 축적되는 현상이다. 따라서 이 두 가지는 천천히 일어나는 현상이고, 그림 1.40에서 나타난 흡수현상은 주로 이 두 가지 분극에 관련해서 일어난다. **쌍극자분극**은 유전체 중에 포함된 쌍극자의 회전에 의한 것으로 약간 빠른 분극이다. 게다가 **원자분극**은 양이온과 음이온이 있는 위치에서 조금 이동하는 것에 기인하며, 아주 빠른 현상이다. 또 **전자분극**은 핵외전자가 원자핵에 대해 위치를 바꾸는 것으로 더욱 빠른 현상이다. 표 1.10은 이러한 분극이 일어나는 데 필요한 전형적인 시간영역을 나타낸다. 또 이러한 각종 분극이 하나의 유전체에 포함되어 있으면 주파수 f 를 바꿔 유전율을 측정한 경우에는 그림 1.45와 같은 유전율의 변화가 나타나게 된다.

표 1.10 유전분극의 종류와 필요한 시간영역의 예

분극의 종류	전형적인 시간영역
이온 공간전하분극	ms ~ s
계면분극	ms ~ s
쌍극자분극	μs 부근
원자분극	ps 이하
전자분극	fs 이하

주: $m = 10^{-3}$, $\mu = 10^{-6}$, $p = 10^{-12}$, $f = 10^{-15}$

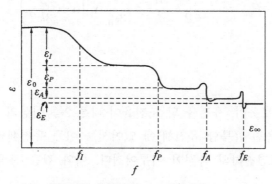

ε_I: 이온공간 전하분극, ε_P: 쌍극자분극,
ε_A: 원자분극, ε_E: 전자분극, ε_0: 주파수 0,
ε_∞: 주파수 ∞

그림 1.45 각종 분극을 갖는 유전체의 유전율 변화

(3) 쌍극자분극

전계가 인가되지 않을 때, 열운동에 의해 쌍극자는 제각각의 방향을 향하고 있다. 전계가 가해지면 쌍극자는 전계의 방향을 향하려고 한다. 결국, 쌍극자는 평균적으로 전계 방향으로 향하려는 작용과 열운동의 균형이 잡히는 어떤 정해진 방향을 향하게 된다. 이 때문에 생긴 합성쌍극자 모멘트가 분극에 기여한다. 쌍극자 모멘트의 분포에 대한 맥스웰·볼츠만 분포를 적용해 단위체적에 대해 형성된 모멘트 P를 구하면 다음과 같이 된다.

$$p = \frac{N_1 \mu^2 E_0}{3kT} \tag{1.51}$$

여기서, μ: 분자의 쌍극자 모멘트

T: 절대온도

k: 볼츠만 상수

식 (1.51)의 $\mu^2/3kT$는 쌍극자 배향에 의한 1분자당 분극률이다. 따라서 쌍극자 배향 이외의 1분자당 분극률을 α라고 하면, 이것에 쌍극자의 분극률을 더한 것으로 유극성 분자의 총 분극을 나타낼 수 있다. 즉, 식 (1.50)의 분자분극은

$$P_m = \frac{\varepsilon_s - 1}{\varepsilon_s + 2} \cdot \frac{M}{d} = \frac{1}{3\varepsilon_0} N_A \left(\alpha + \frac{\mu^2}{3kT} \right) \tag{1.52}$$

이 된다.

(4) 계면분극

그림 1.46에서 보듯이, 유전율 및 도전율이 다른 2종 이상의 유전체로 구성되어 있는 불균질 유전체(복합 유전체)에 있어서는 이종 유전체의 계면에 시간지연을 동반하는 표면전하의 축적이 이루어진다. 이와 같은 분극을 **계면분극**이라 부른다.

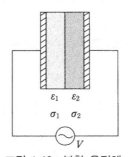

그림 1.46 복합 유전체

전계를 E, 전기변위(유전속밀도)를 D, 전류밀도를 J, 축적전하의 밀도를 ρ_c라 하자. 또 유전율 ε, 도전율 σ는 위치의 함수이다.

$$\operatorname{div} D = \operatorname{div}(\varepsilon E) = \rho_c \tag{1.53}$$

$$\operatorname{div} J = \operatorname{div}(\sigma E) = 0 \tag{1.54}$$

두 식에 의해

$$\rho_c = \mathrm{div}\left(\frac{\varepsilon}{\sigma}\boldsymbol{J}\right) = \boldsymbol{J}\cdot\mathrm{grad}\left(\frac{\varepsilon}{\sigma}\right) + \left(\frac{\varepsilon}{\sigma}\right)\mathrm{div}\,\boldsymbol{J} = \boldsymbol{J}\cdot\mathrm{grad}\left(\frac{\varepsilon}{\sigma}\right) \quad (1.55)$$

으로 변형할 수 있다. 즉, ε/σ의 값이 불연속이 되어 있는 곳에서는 전하가 축적된다.

유전율 ε_1, 도전율 σ_1인 유전체와 유전율 ε_2, 도전율 σ_2인 유전체와의 계면에서는

$$\sigma_c = J_n\left(\frac{\varepsilon_2}{\sigma_2} - \frac{\varepsilon_1}{\sigma_1}\right) \quad (1.56)$$

여기서, J_n: 계면에 수직인 방향으로 흐르는 전류밀도 성분

으로 주어진 면전하밀도 σ_c를 갖는 계면전하가 발생한다.

1.8.3 유전손

(1) 유전손(誘電損)의 정의

그림 1.47(a)와 같이, 유전체에 의해 채워진 축전기 C에 교류전압 V를 인가한 경우, 이상적인 축전기라면 회로를 흐르는 전류는 그림 (b)의 I_0가 되며 전압과의 위상차 θ는 완전히 90°가 된다. 하지만, 일반적인 유전체에서는 θ는 90°보다도 약간 작고 전압과 동상(同相)의 전류성분 I_R이 흐른다. 이 I_R에 의해 유전체 내에 생기는 전력소비를 **유전손**이라고 한다.

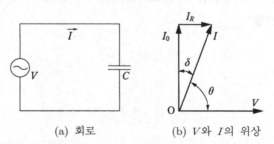

(a) 회로   (b) V와 I의 위상

그림 1.47 유전손이 있는 경우의 전압과 전류의 위상관계

(2) 유전손과 그 작용

인가전압(실효값)을 V[V], 주파수를 f[Hz], $2\pi f$를 ω, 축전기의 진공 기하학적 용량을 C_0[F], 유전체의 비유전율을 ε_s, $\delta = 90° - \theta$라고 하면

$$W = VI_R = VI_0 \tan\delta = V^2 \omega C_0 \varepsilon_s \tan\delta \tag{1.57}$$

가 된다. 따라서 전압·주파수·전극의 형상이 같을 때, 그 전극 간의 유전체의 소비전력은 $\varepsilon_s \tan\delta$에 비례한다. 이 $\tan\delta$를 **유전정접**(誘電正接)이라 부르며, δ를 **유전손각**(誘電損角)이라 부른다.

유전손에 의해 소비된 에너지는 그 유전체를 가열하기 때문에 절연성이 저하되는 일이 있다. W는 $V^2\omega$에 비례하기 때문에 고전압 또는 고주파의 전압에서는 유전손이 커진다. 반면, 유전손을 이용해 물체를 가열하는 유전가열이 발달해 가정에서의 식품의 가열(소위 전자레인지) 또는 공업이나 의료목적으로 이용되고 있다.

(3) 복소유전율(複素誘電率)

식 (1.57)에서 유전손 W는 $\varepsilon_s \tan\delta$에 비례하는 것을 배웠다. 여기서,

$$\varepsilon_s'' = \varepsilon_s \tan\delta \tag{1.58}$$

$$\varepsilon'' = \varepsilon_0 \varepsilon_s'' \tag{1.59}$$

으로 하고 ε_s'', ε''을 각각 **비유전손율**, **유전손율**이라 부른다. 한편, 그림 1.47에 있어서 유전율(여기서는 ε'이라고 표기한다)에 의해 정해지는 이상적인 축전기에 흐르는 전류 I_0의 위상이 전압 V의 위상보다 90° 앞서 있는 것에 대해, 유전손율에 의해 정해져 유전손을 일으키는 전류 I_R은 V와 같은 위상이다. 이것으로부터 **복소유전율**

$$\varepsilon = \varepsilon' - j\varepsilon'' \tag{1.60}$$

및 **복소비유전율**

$$\varepsilon_s = \varepsilon_s' - j\varepsilon_s'' \tag{1.61}$$

을 도입하면 편리하다. 즉, 전압 V도 복소 표시로 나타내어

$$V = V_0\, e^{j\omega t} \tag{1.62}$$

라고 쓰면

$$\varepsilon_s C_0 \frac{\mathrm{d}V}{\mathrm{d}t} = (\varepsilon_s' - \mathrm{j}\varepsilon_s'') C_0 \mathrm{j}\omega V = \varepsilon_s' C_0 \frac{\mathrm{d}V}{\mathrm{d}t} + \varepsilon_s'' C_0 \omega V \qquad (1.63)$$

가 되며, I_0 는 마지막 식의 제1항, I_R 은 제2항으로 나타난다.

1.8.2항에서, 유전체의 분극은 주파수의 증가에 따라 발생하기 어려워, ε' 은 그림 1.45 와 같이 변화하는 것을 설명하였다. 한편, ε'' 은 ε' 이 변화하는 주파수 부근에서 극댓값을 갖는다. 이러한 양자(兩者)의 주파수 의존성은

$$\varepsilon' = \varepsilon_i + \frac{\varepsilon_j - \varepsilon_i}{1 + \omega^2 \tau^2} \qquad (1.64)$$

$$\varepsilon'' = \frac{(\varepsilon_j - \varepsilon_i)\omega\tau}{1 + \omega^2 \tau^2} \qquad (1.65)$$

로 나타내어진다. 이 두 식은 **디바이의 식**이라고 불리며, ε_i , ε_j 는 각각 고주파 측 및 저주파 측의 유전율이다. 두 식에 의해

$$\omega_m = 2\pi f_m = \frac{1}{\tau} \qquad (1.66)$$

로 나타내는 완화주파수 f_m 에서, ε' , ε'' 은

$$\varepsilon_m' = \frac{\varepsilon_j + \varepsilon_i}{2} \qquad (1.67)$$

$$\varepsilon_m'' = \frac{\varepsilon_j - \varepsilon_i}{2} \qquad (1.68)$$

가 되고, 또 이 ε_m'' 은 극댓값인 것을 알 수 있다. 즉, ε' , ε'' 은 그림 1.48과 같은 변화를 나타낸다.

또, 식 (1.64), (1.65)에서 $\omega\tau$ 를 소거하면

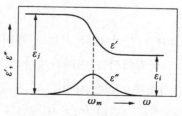

그림 1.48 ε' ε'' 의 변화

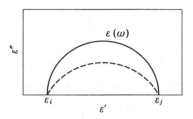

그림 1.49 ε' ε'' 사이의 원호 그림

$$\left(\varepsilon' - \frac{\varepsilon_j + \varepsilon_i}{2}\right)^2 + (\varepsilon'')^2 = \left(\frac{\varepsilon_j - \varepsilon_i}{2}\right)^2 \qquad (1.69)$$

이 되며, ε', ε''을 직교축으로 한 경우, 주파수와 함께 양자는 그림 1.49의 실선의 반원상을 움직인다. 이 반원을 **디바이의 반원**이라 부른다. 하지만, Cole-Cole은 유극성 액체에 대해서 실측한 결과, ε', ε''은 오히려 그림 1.49의 파선으로 표시한 것처럼 원호로 되는 것을 찾아냈다.

이 원호에 대응하는 복소 유전율 ε의 식은

$$\varepsilon = \varepsilon_i + (\varepsilon_j - \varepsilon_i)\frac{1}{1 + (\mathrm{j}\omega\tau)^{1-h}} \quad (0 < h < 1) \qquad (1.70)$$

로 나타내어진다. 또 많은 고분자 유전체 등에서는 **Havriliak-Negami형 완화**라고 불리는 다음의 식에 따른다고 되어 있다.

$$\varepsilon = \varepsilon_i + (\varepsilon_j - \varepsilon_i)\frac{1}{\{1 + (\mathrm{j}\omega\tau)^\beta\}^\alpha} \qquad (1.71)$$

1.8.4 강유전체

(1) 강유전체의 분극

많은 유전체에서 식 (1.46)과 같이 분극 P는 전계의 세기 E에 비례한다. 하지만, 강유전체라고 불리는 물질에서는 비례관계가 성립하지 않고 그림 1.50에 나타냈듯이, 강자성체(즉, 전형적으로는 자석이 되는 물질)인 B와 H와의 관계와 유사한 히스테리시스 곡선을 그린다. 여기서, P_r을 **잔류분극**, E_c를 **항전계(抗電界)**라고 부른다.

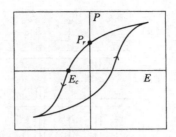

그림 1.50 강자성체의 $P-E$ 히스테리시스 곡선

　강유전체도 강자성체의 자구구조와 유사한 분역구조를 갖고 있다. 즉, 쌍극자 모멘트를 갖는 유전체분자는 결정 중에 있어서 몇 개의 군으로 나누어져 분역 (分域)을 만들고, 그 구역 내의 분자의 모멘트는 동일한 방향으로 정렬하여, 전계가 없는 상태에서도 분극을 일으키고 있다. 이 분극을 **자발분극**이라 부른다. 각각의 분역의 분극이 임의의 방향을 향하고 있을 때에는 결정 전체로서는 모멘트를 갖지 않지만, 전계를 가하면 각 분역의 분극은 전계 방향으로 정렬하여 큰 모멘트를 나타내며, 전계를 제거해도 원래의 상태로는 돌아가지 않고 잔류분극을 발생한다.

　강유전체의 분역구조는 편광현미경으로 관찰할 수 있다. 예를 들어, 티탄산바륨에서는 그림 1.51과 같은 구조를 볼 수 있다. 또 어떤 방향으로 분극하고 있는 분역에 반대 방향의 전계를 가한 경우 그림 1.52에 보이는 것처럼, 먼저 표면에 역방향의 분극을 갖는 분역의 싹(芽)이 발생하고, 계속하여 이 싹이 전계의 방향으로 늘어나 다른 면에 도달하면, 다음은 분극벽이 횡방향(橫方向)으로 넓어지는 순서로 분극 방향이 반전한다.

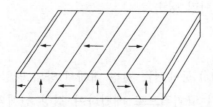

그림 1.51 티탄산바륨의 분역구조의 모식도

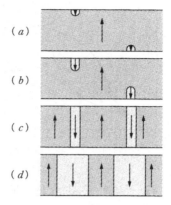

그림 1.52 전계에 의한 분극 방향의 반전

(2) 강유전체의 유전율

강유전체의 특징인 자발분극은 통상 퀴리점 온도 T_c 이상에서 없어진다. T_c 이하의 강유전성 영역에서는 유전율은 전계의 세기에 의해 변하기 때문에

$$\varepsilon = \varepsilon_0 + \frac{dP}{dE} \tag{1.72}$$

에 의해 미분 유전율을 정한다. 대부분의 경우, 전압이 0 부근에서의 값을 이용하지만, 보통의 유전체에 비해 아주 큰 값을 보인다. T_c 이상의 상유전성 영역에서는 유전율은 이른바 **퀴리-바이스의 법칙**(Curie-Weiss's law)에 따라 변화한다.

$$\varepsilon = \frac{c}{T - T_c} \tag{1.73}$$

여기서, $T > T_c$, c: 퀴리 상수

(3) 반강유전체

지르콘산연($PbZrO_3$) 등에서는 결정 내에서 양의 방향을 향한 쌍극자와 음의 방향을 향한 쌍극자가 규칙적으로 배열하여 결정 전체의 분극은 0이다. 이와 같은 물질은 **반강유전체**라고 불린다. 퀴리점에 도달하면 배열이 불규칙하게 되거나 혹은 쌍극자 모멘트가 소멸해 상유전체로 변화한다.

(4) 강유전체의 분류와 그 예

강유전체는 자발분극의 발생기구(發生機構)에 의해 변위형과 질서무질서형 (秩序無秩序形)으로 분류할 수 있다. **변위형**은 결정 내의 이온이 평형위치에서 조금 어긋나는 것에 의해 자발분극을 일으키는 것으로, 예를 들어 티탄산바륨 (BaTiO$_3$)이 그 대표적인 예이다. **질서무질서형**은 결정 내에 회전 혹은 반전할 수 있는 쌍극자가 있어 이것들이 정렬하여 자발분극을 일으킨다. 예를 들면, 인산이수소칼륨(KH$_2$PO$_4$), 로셀염(KNaC$_4$H$_4$O$_6$·4H$_2$O) 등이 이에 속한다.

티탄산바륨(BaTiO$_3$)은 소위 강유전체 산소팔면체 그룹의 대표적인 예로 퀴리점은 약 120℃이며, 상유전성 온도영역에서는 그림 1.53과 같은 입방격자를 이루고, Ba 을 정점으로 O 를 면심으로 두고, Ti 이 체심에 있다. 즉, 6개의 산소에 의해 만들어진 팔면체의 중심에 비교적 작은 Ti 이 있어 움직이기 쉬운 상태에 있고, 게다가 이것이 4가 이온으로 큰 전하를 갖고 있는 것이 BaTiO$_3$에 있어서 자발분극의 출현에 큰 역할을 하고 있다. 이 계통에 속하는 강유전체는 PbTiO$_3$, KNbO$_3$, KTaO$_3$이나 이들 상호간 혹은 다른 티탄산염과의 고용체 등 종류가 굉장히 많다.

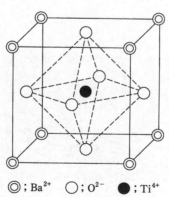

◎ ; Ba^{2+} ○ ; O^{2-} ● ; Ti^{4+}
그림 1.53 BaTiO$_3$ 의 결정구조

(5) 압전성(壓電性)과 초전성(焦電性)

앞에서 설명한 것과 같이, 강유전체는 자발분극, 즉 결정 전체로서 특정한 방향을 향한 쌍극자 모멘트를 갖고 있다. 자발분극을 갖고 있으면 결정면에는

$-\text{div}\boldsymbol{P}(\boldsymbol{P}$는 자발분극 벡터)에 근거한 표면전하가 나타난다. 단, 실제로는 이와 같은 물질에서도 일반적으로는 자발분극에 의한 표면전하는 나타나지 않는다. 물질 자체의 도전성 때문에 역극성의 전하가 이동해 오거나, 공기 중의 이온이 부착하기 때문이다.

하지만, 이 물질에 압력을 가하거나 물질의 온도를 높이면, 어떤 일이 일어날까? 쌍극자 모멘트의 크기 p는 쌍극자 끝의 양과 음전하의 전하량 q와 두 전하 사이의 거리 d에 따라 곱 $p = qd$로 나타낸다. 따라서 이와 같은 결정에 압력이나 장력을 가해, d의 증감에 따라 p가 증감해 결정에 전위차가 발생한다. 결정의 양단을 잇는 도선이 있으면 전류가 흐른다. 이것을 **압전효과**(壓電效果) 또는 **피에조 효과**(Piezo effect)라고 부른다. 반대로 이 결정에 전계를 인가하면 전계의 방향에 따라 결정은 늘어나거나 수축되거나 한다. 이것을 **압전역효과**(壓電逆效果)라 부른다.

사실 압전성은 강유전체에서만 일어나지는 않는다. 대칭중심이 없는 구조, 예를 들면 그림 1.54에 나와 있는 정사면체의 각 정점에 같은 양의 음전하, 그 중심에 4개의 음전하를 정확히 제거할 수 있는 양의 양전하를 갖는 구조에 대해 상하방향으로 압력을 걸면 정사면체가 뒤틀리고 쌍극자, 즉 분극이 유기된다. 이것도 압전효과이다.

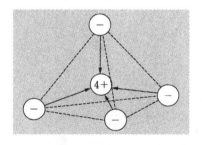

그림 1.54 압전성이 생기는 이유의 설명도

자발분극을 보이는 물질의 온도가 올라가면, 자발분극의 크기가 변화하기 때문에 표면에 전하가 나타난다. 이 현상을 **초전효과**(焦電效果)라 한다. 예를 들면, 그림 1.55처럼 상온에서 표면에 부유전하가 부착해 표면전하가 제거되어 있는 강유전체 결정의 온도가 퀴리점 온도를 넘으면 상유전상(常誘電相)으로

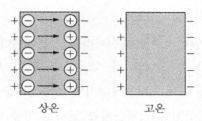

그림 1.55 초전성의 설명도

전이하여 결정 내의 영구쌍극자는 제각각의 방향이 된다. 따라서 영구쌍극자에 속박되어 있던 부유전하(浮遊電荷)는 해방되어 결정의 양단을 잇는 도선에 전류가 흐른다.

강유전체란 자발분극을 가지며, 초전성을 나타내는 물질 중에서 절연파괴를 일으키지 않는 낮은 전계를 인가하는 것에 의해 자발분극 방향을 반전할 수 있는 물질이다. 즉, 압전체의 일부가 초전체가 되거나 그 일부가 강유전체가 된다. 반대로 강유전체는 압전성과 초전성 둘 다 나타낸다.

시계의 진동자로서 넓게 이용되고 있는 수정(SiO_2의 결정, 석영)은 보통의 유전체(상유전체)이지만, 니오븀산리튬($LiNbO_3$) 등 그 외의 양호한 압전체의 대다수는 강유전체이다. 압전소자는 압전 착화장치, 압전 부저, 음향 스피커, 초음파 진동자, 초음파 진단 프로브 등 다방면에 이용되고 있다. 한편, 초전체는 열선 및 적외선 검출기, 비접촉 온도계 등으로서 동물 등의 위치검출 및 화재나 화산활동의 감시 등에 사용된다.

1.8.5 절연파괴

(1) 파괴전압

절연체에 높은 전압을 가한 경우, 순간 큰 전류가 흘러 절연성이 상실되는 현상을 **절연파괴**라고 한다. 파괴가 일어나는 한계전압 V_b를 **파괴전압**이라 부른다. 절연체 시편의 두께를 d로 하고, 이것에 가해지는 전계 E_b가 균일한 경우에는

$$E_b = \frac{V_b}{d} \tag{1.74}$$

이며, E_b를 **절연파괴의 강도**(또는 **파괴전계**, **파괴전계강도**, **절연내력**)라고 한다.

(2) 기체 절연체의 파괴

기체의 절연파괴는 일반적으로 **방전**이라고 부른다. 이 방전을 유도하는 주요한 기구는 전자에 의한 충돌전리이다. 즉, 기체 내에 있는 전자는 전계에 의해 가속되어 운동에너지를 얻지만, 이 에너지가 기체분자를 전리하는 데 충분한 값이 되면 충돌전리가 이루어져 기체분자는 전자를 방출하고 자신은 양이온이 된다. 이렇게 하여 수가 증가한 전자는 가속되고, 게다가 다른 기체분자를 전리하며 또 전자와 양이온으로 나뉜다. 이렇게 충돌전리가 차례로 산사태와 같이 일어나는 것을 **전자사태**라고 부른다. 이 전자사태가 발생하면 전극 사이의 하전입자 수와 그들이 운반하는 전류는 급격하게 증가하여 결국 절연파괴(방전)에 이른다.

여기서, 거리가 δ인 한 쌍의 평형평판 전극을 생각해 보자. 음극으로부터 n_0개의 전자가 출발해 양극으로 향하고 있다고 하자. 전자가 단위거리를 이동하는 사이에 충돌전리가 이루어지는 평균 횟수(전리계수)를 α라고 하면, 전자가 음극에서 x의 지점에서 $x + dx$의 지점으로 이동하는 동안 전자 수의 증가분 dn은 x에서의 전자 수 $n(x)$와 dx에 비례하기 때문에

$$dn = \alpha n(x) dx \tag{1.75}$$

로 표현할 수 있다. 여기서

$$n(x) = n_0 e^{\alpha x} \tag{1.76}$$

을 얻는다. 따라서 양극에 도달했을 때의 전자 수는 $n_0 e^{\alpha \delta}$개이다. 또 전자와 쌍을 이루어 발생한 양이온의 수는 $n_0(e^{\alpha \delta} - 1)$개이다. 이 양이온은 전계의 작용으로 음극에 도달하지만, 이때 음극에서 2차 전자를 방출한다. 이 방사율을 γ라고 하면, 음극에서 방출된 전자 수는 $n_0 \gamma (e^{\alpha \delta} - 1)$개가 된다. 이 전자도 충돌전리에 의해 새로운 전자와 양이온을 생성하면서 양극으로 이동한다. 이 제2단계의 전자가 양극에 도달했을 때의 전자 수는 $n_0 \gamma (e^{\alpha \delta} - 1) e^{\alpha \delta}$이며, 쌍으로 되어 생성된 양이온의 수는 $n_0 \gamma (e^{\alpha \delta} - 1)^2$이다. 이 양이온이 다시 음극에서, 1개당 γ의 비율로 2차 전자를 방출해 생긴 전자가 음극으로 향한다. 이 과정이 끝없이 계속되면 양극으로 도달하는 전자의 총 수 N은

$$N = n_0 \, e^{\alpha\delta} + n_0 \, e^{\alpha\delta} \gamma \left(e^{\alpha\delta} - 1 \right) + n_0 \, e^{\alpha\delta} \gamma^2 \left(e^{\alpha\delta} - 1 \right)^2 + \cdots \qquad (1.77)$$

이란 무한급수로 표현된다. $\gamma(e^{\alpha\delta} - 1) < 1$ 일 때 이 급수는

$$N = \frac{n_0 \, e^{\alpha\delta}}{1 - \gamma(e^{\alpha\delta} - 1)} \qquad (1.78)$$

로 표현되지만, $\gamma(e^{\alpha\delta} - 1) \geq 1$ 이면 N은 무한대로 발산한다. 즉, 전류가 무한대로 되어 버리기 때문에 방전이 발생하는 임계(臨界)는

$$\gamma \left(e^{\alpha\delta} - 1 \right) = 1 \qquad (1.79)$$

또는

$$\alpha\delta = \ln\left(1 + \frac{1}{\gamma}\right) \qquad (1.80)$$

로 표현된다. $\ln(x)$는 자연대수 $\log_e(x)$를 나타낸다.

계수 α는 기체의 압력 p에 의존하며 A, B를 상수로 해서

$$\alpha = pA \exp\left(-\frac{B}{E/p}\right) \qquad (1.81)$$

로 표현된다. 이 식과 식 (1.80)을 연립시켜 방전전압 V_d와 그때의 전계 E_d와의 관계

$$E_d = \frac{V_d}{\delta} \qquad (1.82)$$

에 주의하면

$$V_d = \frac{Bp\delta}{\ln A - \ln\left\{\ln\left(1 + \dfrac{1}{\gamma}\right)\right\} + \ln p\delta} \qquad (1.83)$$

의 관계를 얻는다. γ는 원래 이온의 에너지에는 크게 상관하지 않고, 2회 대수(對數)를 취한 경우의 변화는 작다고 간주해, 상수로 하여 정리하면

$$C = \ln A - \ln \left\{ \ln\left(1 + \frac{1}{\gamma}\right) \right\}$$

이 되고

$$V_d = \frac{Bp\delta}{C + \ln p\delta} \tag{1.84}$$

가 된다. 즉, 기체의 방전전압 V_d는 기체의 압력 p와 전극 간격 δ의 곱에 의존한다. 이 관계를 **파센의 법칙**이라 부른다. V_d는 방전에 의해 불꽃을 발생하는 전압이기 때문에 **불꽃전압**이라고도 불린다.

식 (1.84)의 관계를 공기의 경우로 나타내면 그림 1.56과 같이 된다. 압력 p가 커지면 기체 중 전기의 평균 자유행정이 작아지기 때문에 전자가 전리에 필요한 에너지를 얻기 위해서는 높은 전계를 필요로 한다. 따라서 V_d는 p와 함께 커진다. 기체에 압력을 가해 절연물로 사용하는 이유는 여기에 있다. 반대로 p가 작아지면, 평균 자유행정이 커지기 때문에 V_d는 작아진다. 하지만, p가 계속 작아져 그림 1.56의 극솟값보다 왼쪽으로 치우친 상태가 되면, 전자의 평균자유행정이 전극간격 이상으로 길어지기 때문에 전극 사이에서 기체분자와 충돌하는 확률이 줄어 V_d는 상승한다. p를 변화시키지 않고 δ를 변화시킨 경우도 같으며, 극솟값의 오른쪽에서는 δ가 커지면 V_d도 커진다. 하지만, δ가 극히 작고, 기체 중 전자의 자유행정보다 작으면 V_d는 오히려 커지게 된다. 20℃, 1기압의 공기 중에서 전극간격이 상당히 크고 전계가 평등한 경우에는, E_d는 약 30 kV/cm이다.

실제 기체의 방전현상에서는 전리에 의해 전극 사이에 하전입자가 증가하는 것이 야기하는 전계의 뒤틀림도 발생한다. 또 전자와 양이온의 재결합에 의해

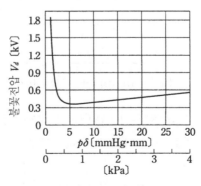

그림 1.56 공기의 불꽃전압

방사된 빛에 의한 광전리(光電離)도 일어나고 있다. 전계가 불평등할 때는 전계가 강한 부분만이 파괴되는 **부분방전**이 일어난다. 이 경우, 계속 인가전압을 올리면 전극 사이를 잇는 방전로를 따라 불꽃이 발생하여 완전한 절연파괴가 된다.

고체 혹은 액체와 접하고 있는 부분에서 기체의 파괴, 즉 **연면방전**(沿面放電)에서는, 파괴전계는 전극 배치가 같은 기체 중의 방전에서의 값보다 작고 그 값은 전극의 형태, 거리, 주파수, 유전체 표면의 성질, 기체의 압력 및 습도 등에 영향을 받는다.

기압이 극히 낮아져 진공으로 간주할 수 있을 만한 상태에서는 충돌전리는 거의 일어나지 않으며, 파괴를 일으키기 위해서는 전계의 작용으로 전자를 전극에서 방출시켜야만 한다. 이를 위해서는 10^6 V/cm 정도의 전계의 세기가 필요하게 된다. 따라서 진공은 상당히 우수한 절연매체이다.

(3) 고체 절연체의 파괴

고체의 절연파괴는 복잡한 현상이다. 이 때문에 반드시 이론대로 발생하지는 않는다. 여기서는 전기적 파괴기구와 열적 파괴기구의 두 가지를 소개한다.

전기적 파괴기구에서는 기체의 파괴기구와 마찬가지로 전자에 의한 충돌전리에 의해 결정 내에 전자사태가 일어나 전도로가 형성된다. 단, 이 경우의 전리는 결정 내의 전도전자가 전계에 의해 가속되어 충분한 에너지를 얻어 결정격자의 진동을 여기(勵起)하며 전자를 격자의 속박으로부터 떼어 놓는 것을 의미하고 있다. 이를 전자의 에너지대 구조를 이용해 표현하면, 충분히 큰 에너지를 얻은 전도대(공핍대)의 전자가, 가전자대(충만대)로부터 새로운 전자를 전도대로 끌어 올린다고 표현할 수 있다. 이와 같은 현상은 온도에 의존하지 않기 때문에 파괴전계의 세기는 온도에 무관하게 된다. 또 시료의 두께가 아주 얇으면 전자사태가 충분히 발생할 수 없기 때문에, 파괴전압을 시료두께로 나눈 파괴전계는 시료가 얇을수록 높아지는 경우가 있다.

유기고분자나 자기 혹은 유리판에, 예를 들어 상용 주파수의 교류전압을 인가해 절연파괴를 시험하면, 그림 1.57과 같이 어느 온도 이상에서 절연파괴의 세기(파괴전계)가 현저하게 감소한다. 이것은 높은 온도에서 위에서 서술한 전기적

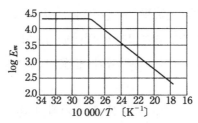

그림 1.57 유리의 절연파괴의 세기와 온도와의 관계(50 Hz)

파괴기구와는 다른 파괴기구인 열적 파괴기구가 나타났기 때문이다.

열적 파괴기구란 절연체 내에서 열의 발생에 대해 열의 산일(散逸)을 따라잡을 수 없고, 절연체의 온도가 상승해 열적으로 파괴되는 현상을 말한다. 전계 E 속에 있는 절연체에는 극히 미소하지만 전류가 흐른다. 이 전류에 의해 발생하는 열(줄열)은 주위로 방열과 절연체 자신의 온도상승에 의해 소비된다. 이 삼자 간에는 다음과 같은 관계가 있다.

$$\sigma E^2 = c\,\frac{\mathrm{d}T}{\mathrm{d}t} - \mathrm{div}(\kappa\,\mathrm{grad}\,T) \tag{1.85}$$

여기서, T: 온도

　　　c: 비열

　　　κ: 열전도율

　　　σ: 도전율

전압이 천천히 상승하는 경우에서 발열과 방열의 균형이 서서히 붕괴될 때에는 우변 제1항은 무시할 수 있으며 **정상열파괴**라고 부르는 형식이 된다. 이때, 식 (1.85)는

$$\sigma E^2 = -\mathrm{div}(\kappa\,\mathrm{grad}\,T) \tag{1.86}$$

가 된다. 한편, 전압이 급격하게 상승할 때에는 우변 제2항의 방열을 무시할 수 있어

$$\sigma E^2 = c\,\frac{\mathrm{d}T}{\mathrm{d}t} \tag{1.87}$$

에 의해 온도가 상승한다.

또 전계의 작용에 의해 유기고분자 등의 고체절연체 표면에 탄화, 침식을 일으키는 현상을 **트래킹**이라고 부른다. 더욱이 전계의 작용으로 유기고분자 고체절연체 내부에서 수지상(樹枝狀)의 부분파괴를 일으키는 현상을 **트리잉**이라고 부르며, 발생한 수지상 열화흔(劣化痕)을 **전기트리** 또는 단순히 **트리**라고 부른다. 또한 물을 함유하고 있거나 높은 습도에 놓인 유기고분자에 전계가 인가되면 **수트리**(water tree)라고 불리는 수지상이나 부채형상의 열화흔이 발생한다. 즉, 전기트리나 수트리의 예를 3장의 그림 3.2에 나타낸다. 이러한 트래킹이나 트리잉이 진행하고 있는 상태가 장시간 계속되면 열화영역이 넓어져 전극 사이가 단락되어 전로파괴(全路破壞)가 생긴다. 또, 트래킹은 화재의 원인이 되기도 한다. 따라서 트래킹과 트리잉 모두 전기절연에 있어서는 다루기 어려운 현상이다.

1.9 　 자성체

1.9.1 　 자성체의 종류

어떤 물질의 작은 조각을 강한 자석에 가깝게 하면, 이것들이 작은 자석이 되어 그 자극에 흡인된다. 이러한 성질이 있는 것을 **강자성체**라고 하며, 이들 중 Fe, Co, Ni 등을 **페로자성체**, 자성산화철 등을 **페리자성체**라고 한다.

Al, Pt 등은 자세히 살펴보면, Fe 등과 같은 극성이 극히 약한 자석으로 되어 있다. 이것들을 **상자성체**라고 말한다. 자세하게 살펴보면, 강자성체와 상자성체는 특성에서 분명한 차이가 있다.

또 Bi, Sb 등을 정밀하게 측정하면 Fe과 반대의 극성을 갖는 약한 자석으로 되어 있다. 이것을 **반자성체**라고 한다. He, Ne, Ar, Cu, Ag, Au 등의 물질은 반자성의 성질을 나타낸다.

원소를 자성에 의해 분류하면 표 1.11과 같이 된다. 대부분의 화합물, 합금 등도 분류할 수 있다. 실용상 중요한 것은 강자성체이고, Fe, Co, Ni을 주성분으로 하는 여러 가지 재료가 만들어져 있다.

표 1.11 원소의 자성

자성	원소의 예
강자성체	Fe, Co, Ni
상자성체	Al, O, Sn, Pt, Mn
반자성체	Zn, Sb, Au, Hg, H, S, Cl, Bi, Cu, Pb, He

1.9.2 원자의 자기모멘트

강자성체를 자계 속에 두면 자화된다. 이 자화 상태가 영구히 유지되는지 아닌지는 재료의 종류에 따르지만, 자화된 원인은 전자가 갖고 있는 자기모멘트 μ_s 에 기인한다. 앞에서 설명한 자성체의 분류도 자기모멘트 배열의 모습에 따라 분류할 수 있다.

Fe은 원자번호 $Z = 26$인 원소이고, 26개의 핵외전자는 표 1.12와 같이 분포하고 있다. K, L 각은 전자에 의해 완전히 채워져 있기 때문에 각(殼) 내의 스핀은 +, − 가 상쇄된다. M, N 각은 아직 완전히 채워져 있지 않지만, 그 중에 $3s$, $3p$, $4s$ 등의 부각(副殼)은 전자가 충만해 있어 자기모멘트는 상쇄되고 있다. 남은 $3d$ 전자가 문제로, 스핀의 분배에 $5 - 1 = 4$ 만큼 불평형이 있어 원자 1개당 $4\mu_s$ 의 모멘트를 갖는다. 이와 같이 M 각에서 불평형 스핀을 갖는 원소는 표 1.13과 같고, 표 1.11에 예로 든 강자성체 원소 외에 Mn이 들어가 있다. Mn은 일단 별도로 생각하는 것으로 하고 이 표에 있듯이 커다란 합성 스핀이 있는 것이 페로자성 원소의 조건이라는 것을 알 수 있다.

표 1.12 Fe의 전자분포

전자각 기호	K	L		M			N
전자 수	2	8		14			2
전자기호	$1s$	$2s$	$2p$	$3s$	$3p$	$3d$	$4s$
스핀 분배	+1 −1	+1 −1	+3 −3	+1 −1	+3 −3	+5 −1	+1 −1

표 1.13 원소의 자기모멘트

원 소		M 각의 스핀 불평형		원자의 자기모멘트
원자번호	기호			
25	Mn	+5	0	+5
26	Fe	+5	−1	+4
27	Co	+5	−2	+3
28	Ni	+5	−3	+2

1.9.3 페로자성체

Fe, Co 및 Ni에서는 이웃한 원자의 스핀은 교환상호작용에 의해 평행화되어 있다. 따라서 페로자성체인 영역은 일정한 자화의 세기를 갖고 자발적으로 자화되는 이른바 **자발자화**를 갖는다.

이 자화는 온도 상승과 함께 감소해 어느 온도에서는 자화를 잃고 상자성체로 된다. 그림 1.58에 철의 자화의 온도 변화를 나타낸다. 이 자기적 한계점을 **퀴리온도**라고 한다. 스핀의 평행화의 작용을 하는 분자자계를 가정해, 이 자화의 온도 변화를 설명한 것이 **바이스의 이론**(Weiss' theory)이다.

페로자성체에서는 어떤 영역 내의 자기모멘트 방향이 모아져 포화자화 상태에 있다. 이 영역을 **자구**(磁區)라고 한다.

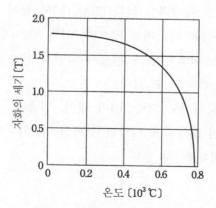

그림 1.58 철의 자화의 온도 변화

1.9.4 페리자성체

(1) 스핀의 배열

1.9.3항에서 페로자성체에서는 자구(磁區) 내의 스핀이 모두 평행하게 배열한다는 것을 설명했다. 양자역학에서는 인접 스핀 간에 교환상호작용을 생각해, 스핀을 갖는 1원자당 교환에너지 E를 다음 식과 같이 나타낸다.

$$E = -2J_{12}S_iS_j \cos \theta \qquad (1.88)$$

S_i, S_j는 인접한 두 개의 스핀이며, 그 사이의 각도는 θ이다. $\theta = 0$이라면 두 개의 스핀은 평행이고, $\theta = \pi$라면 역평행이다. J_{12}의 인자는 교환적분이다.

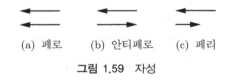

(a) 페로   (b) 안티페로   (c) 페리

그림 1.59 자성

식 (1.88)의 에너지가 최소의 상태가 안정하기 때문에, J_{12}가 양이라면 $\theta = 0$, 음이라면 $\theta = \pi$가 되도록 스핀이 나열한다. 즉, $J_{12} > 0$인 경우는 인접 스핀이 평행하게 나열하기 때문에 **페로자성**이 나타나며[그림 1.59(a)], $J_{12} < 0$인 경우는 인접 스핀이 역평행이 되어 이들의 외부에 대한 자기작용의 일부 또는 전부를 서로 제거하게 된다. 그림 (b)와 같이 인접 스핀의 크기가 같으면 외부에 전혀 자성을 나타내지 않으며, 이와 같은 현상을 **반강자성(안티페로자성)**이라 부른다. Mn 원자가 큰 스핀을 가지면서 강자성체가 아닌 것은 이 현상에 의한 것이라고 생각할 수 있다.

인접 스핀이 역평행이라도 그림 (c)와 같이, 이들의 크기가 같지 않다면, 그 차이와 동등한 스핀이 평행하게 나열한 것과 같아, 외부에 대해 큰 자성을 나타낸다. 이 현상을 **페리자성**이라 한다.

(2) 페라이트

페라이트는 Fe^{3+}을 포함하며 페리자성을 나타내는 물질로 그 명칭도 여기에서 유래한다. 현재 실용화되어 있는 페라이트의 결정구조에는 몇 가지 종류가

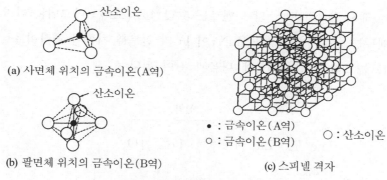

(a) 사면체 위치의 금속이온(A역)

(b) 팔면체 위치의 금속이온(B역)

● : 금속이온(A역)
○ : 금속이온(B역)
○ : 산소이온

(c) 스피넬 격자

그림 1.60 스피넬형 결정

있지만 가장 대표적인 스피넬형에 대해 설명한다.

스피넬형 결정이란 $(MgO \cdot Al_2O_3)$과 같은 결정구조를 말하며, 천연의 강자성체인 자성산화철$(FeO \cdot Fe_2O_3)$은 이 형태이고 또한 일반적으로 2가인 금속을 X, 3가인 금속을 Y로 나타낸 산화물(XY_2O_3) 중에 동형구조인 것이 있다. 스피넬형 결정은 그림 1.60(a), (b)와 같은 부분구조인 것이 4개씩 모여 그림 (c)와 같은 결정구조를 나타내는 것으로, 이 안에는 앞에서 기술한 산화물의 분자 8개가 포함되어 있다. A역(域)에서는 금속원자 M_1이 O가 만든 사면체의 중심에 있고, B역(域)에서는 마찬가지로 M_2가 O가 만드는 팔면체의 중심에 있다.

M_1에 2가인 금속이 M_2에 3가인 금속이 들어가 있는 것은 **정(正)스피넬형 결정**이라 불리며 일반적으로 비자성이다. 강자성체가 되는 것은 **역(逆)스피넬형 결정**이라 불리는 것으로 2가와 3가의 금속원자가 들어가 섞여 있다. 예를 들어 자성산화철에서는 원자가 다음과 같은 배열이 되어 AB 양역(兩域)의 Fe원자의 스핀은 상호작용이 강하기 때문에 역평행으로 나열한다. A역 혹은 B역 내의 서로 이웃하는 스핀은 역평형으로 배열되어야 하지만, AB 상호간의 작용이 강하기 때문에 다음과 같이 된다.

$$\overset{\text{A역}}{\overbrace{Fe^{3+}}} \quad \overset{\text{B역}}{\overbrace{[Fe^{2+} \cdot Fe^{3+}]}} O_4$$

$$스핀 \begin{cases} \overrightarrow{\quad} \overleftarrow{\quad} \overleftarrow{\quad} \\ (-5+4+5)\mu_B = 4\mu_B \end{cases}$$

이렇게 해서 Fe^{3+}, Fe^{2+}의 모멘트는 5 및 $4\mu_B$(보어·마그네톤)이기 때문에 합성모멘트는 $4\mu_B$가 된다. 또 ZnNi이 Fe의 일부를 치환한 페라이트로, Ni^{2+}의 모멘트는 $2.3\mu_B$이기 때문에 다음과 같이 된다.

$$\overbrace{Fe_{1-x}^{3+} \cdot Zn_x^{2+}}^{\text{A역}} \overbrace{[Ni_{1-x}^{2+} \cdot Fe_{1+x}^{3+}]O_4}^{\text{B역}}$$

$$\text{스핀} \left\{ \{\overset{\rightarrow}{-5(1-x)} + 0 + \overset{\leftarrow}{2.3(1-x)} + \overset{\leftarrow}{5(1+x)}\}\mu_B = (2.3+7.7x)\mu_B \right.$$

이 관계는 x가 작은 값일 때 성립하지만, x가 커짐에 따라 A역의 강자성이 온 Fe^{3+}의 수가 적어져 AB 사이의 상호작용이 점차 약해진다. 이것과는 달리 B역 내에서 스핀 간의 상호작용은 강해져, $x=1$, 즉 $Zn^{2+}Fe_2^{3+}O_4$가 되면 B역 내의 인접 스핀이 역평행이 되기 때문에 합성모멘트는 0이 된다.

1.9.5 강자성체의 자화

(1) 자화특성

균일하게 자화된 강자성체의 자화의 세기를 $I[T]$, 유효한 자계의 세기를 $H'[A/m]$이라 하면 자속밀도 B는 다음과 같이 나타낸다.

$$B = I + \mu_0 H' \ [T] \tag{1.89}$$

여기서, μ_0: 진공의 투자율($4\pi \times 10^{-7}[H/m]$)

I : 단위체적의 자기모멘트와 동일

H': 외부에서 가해진 자계의 세기 H와 강자성체의 자화에 의한 반자계와의 합

자성체의 반자계 계수를 N이라 하면 반자계는 $-NI/\mu_0$이기 때문에

$$B = I + \mu_0 \left(H - \frac{N}{\mu_0} I \right) = I + \mu_0 H - NI \tag{1.90}$$

가 된다. N은 자성체의 형상에 따라 다른 값을 갖기 때문에 식 (1.90)은 자기

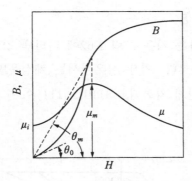

그림 1.61 자화곡선

재료의 특성을 측정한 경우 자기량(磁氣量)의 관계를 나타내는 것이 용이하고, N과 관계없는 식 (1.89)는 자성체의 형상에는 관계가 없으므로 물질의 자기특성을 생각하기에 좋다.

식 (1.89)에 나타낸 $B-H'$의 관계를 강자성체에 대해 구하면, 그림 1.61의 곡선 B가 되며, 이것을 **자화곡선**이라 한다. 투자율 $\mu = B/H'$를 계산해 H'과의 관계를 나타내면 같은 그림의 곡선 μ가 된다. 극댓값을 갖는 곡선 μ는 강자성체에서 고유의 것이다. $H' = 0$에서 μ의 값 μ_i를 **초투자율**, μ의 최댓값 μ_m을 **최대투자율**이라고 한다. 또 재료의 투자율과 진공의 투자율과의 비가 **비투자율**이다.

즉, 식 (1.91)에 나타낸 자화의 세기와 자계의 세기와의 비를 **자화율**이라 한다.

$$x = \frac{1}{H'} \tag{1.91}$$

표 1.14는 철, 니켈, 코발트의 자성을 비교한 것이다.

표 1.14 강자성 금속의 성질

성질 금속	비초투자율 μ_{si}	최대 비투자율 μ_{sm}	포화자속밀도 B_∞ [T]	자기변태점 [℃]
상용 순철	300	7,000	2.2	775
니켈	250	400	0.65	358
코발트	50	150	1.7	1,120

(2) 철의 단결정 자화 특성

철의 단결정을 자화하는 경우 그림 1.62에 나타낸 것과 같이 방향에 따라 자화 특성이 현저하게 다르다. 철은 상온에서는 체심육방격자의 구조를 갖지만, 그 [100] 방향이 가장 쉽게 자화되고 [110], [111] 이 순차적으로 용이한 방향임을 나타내고 있다.

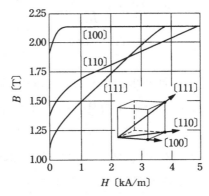

그림 1.62 철의 단결정 자화 특성

철의 단결정을 [100] 방향으로 자화하는 데 필요한 에너지는 적고 [111] 방향으로 자화하는 데 필요한 에너지는 많다. 이 에너지는 **결정자기이방성 에너지**라고 부르고 E_a로 표기하며, 입방정계 및 육방정계의 단결정에 관해서는 식 (1.92) 및 식 (1.93)으로 표현한다.

$$\text{입방정계: } E_a = K_1\left(\alpha_1{}^2\alpha_2{}^2 + \alpha_2{}^2\alpha_3{}^2 + \alpha_3{}^2\alpha_1{}^2\right) + K_2\alpha_1{}^2\alpha_2{}^2\alpha_3{}^2 \cdots \quad (1.92)$$

여기서, α_1, α_2, α_3: 주축에 대한 자화 방향의 방향여현

　　　　K: 결정자기이방성 상수

$$\text{육방정계: } E_a = K_1\sin^2\varphi + K_2\sin^4\varphi \cdots \quad\quad\quad\quad (1.93)$$

여기서, φ: 자화용이축(C축)과 자화 방향이 이루는 각

이와 같이 강자성체의 내부에서 자발자화가 향하는 방향에 따라 내부 에너지가 변화하는 현상을 일반적으로 **결정자기이방성**이라 한다. 또 재료가 등방적 형

상이 아닌 경우에 자화가 되기 쉬운 방향과 자화가 되기 어려운 방향이 발생한다. 이것은 방향에 따라 반자계 계수가 다르기 때문에 발생하며, 이것을 **형상자기이방성**이라 한다.

(3) 자기변형

자성 재료가 자화에 따라 형상이 변화하는 현상을 **자기변형(뒤틀림)작용**이라 한다. 그림 1.63에 강자성체 금속의 자기변형을 나타낸다.

강자성체의 자기변형량은 극히 작아 $\delta l/l$ 은 통상 10^{-6} 을 단위로서 표현한다. 자기변형이 일어나는 것은 자화에 있어서 이것에 해당하는 일이 요구되는 것을 의미한다. 따라서 자기변형은 자기에너지를 탄성에너지로 변환하는 진동자 등에 사용된다. 또한 변압기 등에서는 소음 원인의 하나이기도 하다.

자기변형에 의한 변형량은 결정축 방향에 크게 의존한다. 입방정에서 자화 방향의 방향여현을 $(\alpha_1, \alpha_2, \alpha_3)$, 자기변형 관측 방향의 방향여현을 $(\beta_1, \beta_2, \beta_3)$ 라 하면 자기변형은

$$\delta l/l = \frac{3}{2}\lambda_{100}\left(\alpha_1^2\beta_1^2 + \alpha_2^2\beta_2^2 + \alpha_3^2\beta_3^2 - \frac{1}{3}\right)$$
$$+ 3\lambda_{111}\left(\alpha_1\alpha_2\beta_1\beta_2 + \alpha_2\alpha_3\beta_2\beta_3 + \alpha_3\alpha_1\beta_3\beta_1\right) \qquad (1.94)$$

으로 구해진다. 여기서, λ_{100}, λ_{111} 은 각각 [100]축 방향, [111]축 방향의 자기

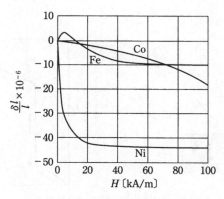

그림 1.63 강자성체 금속의 자기변형

변형량[이상적 소자상태(消磁狀態)와 포화자화상태와의 치수(크기) 차]이며 **자기변형상수**라고 불린다.

(4) 자화 과정

자성체는 많은 자구로 되어 있다. 자화되어 있지 않은 소위 소자상태에서는 각 자구의 자화는 여러 방향을 향하고, 전체적으로 서로 상쇄되어 자화는 외부에 나타나지 않는다. 자화되면 그림 1.64와 같이 자구와 자구를 사이에 두고 있는 자벽이 이동하고 자화는 외부로 나타난다. 이 경우, 자구는 배열상태, 이른바 자구구조는 변환에너지, 자기이방성, 자기변형, 반자계 등에 기인하는 에너지의 총합이 극소가 되도록 결정된다.

그리고, H로 표시한 방향으로 자화자계를 가해, 그 세기를 0에서 서서히 강하게 한다. 이 경우, 자계가 아직 약한 상태에는 A자구에 접한 B자구의 녹색 부분에 해당하는 원자모멘트는 차례로 A자구의 방향과 같은 방향으로 향한다. 다시 말해, H방향에 가한 자계에 의해 B자구의 경계 부분이 A자구의 영역으로 이동한다. 이것에 의해 H방향의 자기모멘트는 증가하기 때문에 자화가 이루어진다. 이때 가한 자화자계가 약할 때는 그림 1.65의 0a로 표시된 가역적 변화로, 이 동안의 투자율은 일정하다.

자화자계를 강하게 하면 자구의 경계, 이른바 자벽의 이동에 의한 자화가 어느 정도까지 커졌을 때 돌연 B자구 내 전역의 모멘트가 A와 같은 방향으로 향한다. 이 자화는 ab로 표시된 비가역적 변화이다. 즉, 자화가 b에 도달한 후 자

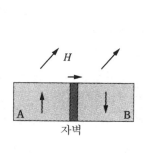

그림 1.64 인접자구의 자화

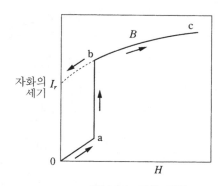

그림 1.65 자화 과정

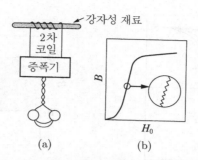

강자성 재료

2차
코일

증폭기

그림 1.66 불연속 자화의 검출법

계를 0으로 되돌려도 자화의 세기는 원래대로 돌아가지 않고 파선을 거슬러 잔류자화 I_r 을 발생한다.

자화곡선이 갑자기 올라가는 부근의 자화에서는 그림에 나타낸 것처럼 자구 전체의 모멘트가 한 번에 방향을 바꾸려는 변화가 순차적으로 일어난다. 즉, 자화자계의 변화에 대해 자속밀도가 충격적(衝擊的)으로 급증한다. 그림 1.66(a) 와 같이, 강자성 재료의 일부에 2차코일을 감아, 이것에 증폭기 및 수화기를 접속하고 자계를 증가시키면 수화기에 일종의 잡음이 들린다. 이러한 현상은 **바르 크하우젠 효과**(Barkhausen effect)라고 알려져 있다. 그 이유는 자화곡선의 일부를 확대하면 그림 (b)의 확대도에 나타난 것처럼 계단적인 변화를 하고 있기 때문이다.

다음으로 그림 1.65에 나타낸 b의 상태에 있는 결정에 더 큰 자화자계를 가하면 bc에서 나타낸 것처럼 서서히 또한 가역적으로 자화가 증가한다. 이것은 그림 1.64에서 A와 방향을 바꾼 B영역의 모멘트가 자계가 강해짐에 따라 그 방향이 H의 방향에 가까워지도록 회전하는 것과 대응한다. 이렇게 해서 H가 더 커지면 모멘트 방향은 결국 H와 동일한 방향이 되어 포화특성을 나타낸다. 그림 1.65의 0abc는 두 개의 자구에 대해서 구한 자화곡선이지만, 실제 강자성체에서는 이렇게 굴절한 곡선이 무수하게 겹치기 때문에 둥그스름한 자화곡선이 된다.

(5) 철손

1) 자기히스테리시스

강자성체를 자화하는 경우 재료의 자기적 이력에 의해 $B-H$ 관계가 변한다.

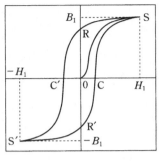

그림 1.67 히스테리시스 곡선

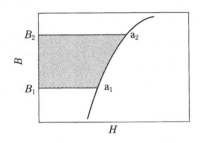

그림 1.68 자화에 필요한 일

그림 1.67에서 0S는 그림 1.61에서 나타낸 자화곡선이며, S부터 자화를 감소시켜 가면 B-H 관계는 SR의 H가 영으로 돌아가도 0R의 자속이 남는다. 다음으로, H의 부호를 반대로 하고 0C′의 자계를 가함으로써 B는 0이 된다. 또 H를 $-H_1$까지 변화한 후 $-H_1 \rightarrow 0 \rightarrow +H_1$과 같이 변화하면 B-H관계는 C′S′R′CS가 되는 경로의 닫힌곡선이 된다. 이 폐곡선을 **히스테리시스 곡선**이라고 하며 0R을 **잔류자기**라고 한다. 또 0C′은 0R을 없애기 위해서 필요한 반대의 자계이며, 잔류자기의 안정도의 척도가 되는 것으로 이것을 **보자력**이라한다.

강자성체를 자화하는 것은 자기모멘트를 자계의 방향으로 움직이는 것이기 때문에 자화할 때 일이 행해진다. 그림 1.68에서 보이는 것과 같이, 포화곡선에 따라 a_1에서 a_2까지 자화하는 경우의 일은 그물 모양으로 그려진 부분으로 나타낸 면적이며 다음 식으로 나타낼 수 있다.

$$W_h = \int_{a_1}^{a_2} H dB \tag{1.95}$$

따라서 히스테리시스 곡선을 일주하는 자화를 행하였을 경우에는 이 곡선으로 둘러싸인 면적에 상당하는 일이 강자성체에 대해 행해진다. 이 일은 열이 되어 강자성체 내에서 상실되는 것으로 이것을 **히스테리시스손**이라 한다. 이 에너지 손(損)은 교류권선을 넣은 철심이 가열되는 한 가지 원인이 된다. 이 손실은 강자성 재료에 따라 다르며, 또 제법(製法)에 따라서도 다르다. 전기기기 철심 등에 사용되는 경우는 이 손실이 적은 것이 요구된다.

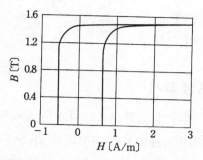

그림 1.69 각형 히스테리시스 곡선

자심으로서 사용하는 경우, 용도에 따라서는 히스테리시스 곡선의 면적뿐만 아니라 그 형상이 문제가 되는 경우가 있다. 스위칭 전원의 리액터에 이용되는 자심에는 그림 1.69에 보이는 각형 히스테리시스 곡선 특성이 요구된다.

2) **와전류손** 도체에 교번자계가 가해지면 전자기유도에 의해 도체 내에 전계 E가 발생해 그 전계에 의해 **와전류**라고 불리는 전류가 흘러 줄손(joule損)이 발생한다. 강자성체의 경우는 동일한 자계에서도 자속이 커지기 때문에 유도기전력이 커져 손실도 커진다.

주파수가 낮고 게다가 자구를 무시한 경우, 시료 내의 자계분포가 균일하게 되기 때문에 와전류손은 다음과 같이 주어진다.

$$W_e = \frac{\pi^2 t^2 f^2 B_m^2}{6\rho} \quad [\text{W/m}^3] \tag{1.96}$$

여기서, ρ: 재료의 저항률$[\Omega \cdot \text{m}]$
      t: 자성체의 두께$[\text{m}]$
      B_m: 최대 자속밀도$[\text{T}]$

강자성체의 자구가 자화에 의해 이동할 경우, 자벽의 이동에 의해 자속이 변화하고 자벽의 주변에 와전류가 발생해 와전류손이 발생한다. 이것을 고려한 와전류손은 다음과 같은 근사식으로 주어진다.

$$W_e = \frac{8.4d(2L)B_m^2 f^2}{\pi\rho} \quad [\text{W/m}^3] \tag{1.97}$$

여기서, d: 자성체의 두께[m]

L: 평균 자구의 폭[m]

1.9.6 영구자석의 특성 표시

우수한 자석으로는 자극이 강하고 그 세기가 오랫동안 변화하지 않는 것이 필요하다. 그림 1.67 의 히스테리시스 곡선에서 자극이 강하다는 것은 0 R이 크다는 것이며, 이것이 오랫동안 약해지지 않으려면 0 C′이 커야만 한다. 즉 잔류자기 및 보자력이 큰 것이 좋다. 그리고 자석의 사용 상태에서는 자화했을 때의 자계와는 반대 방향의 자계가 작용하기 때문에 그림 1.70 에서와 같이 히스테리시스 곡선의 제2상한이 자석의 특성을 결정한다.

감자곡선상의 점 $P(-H_d, B_d)$에서 보이는 자석에서는 자극 사이의 공극(空隙)의 에너지는 $B_d \cdot H_d$에 비례한다. 이 값을 감자곡선상의 각 점에 대해 구하면, 그림 1.70 오른쪽 절반의 $B_r P_0' 0$과 같이 된다. 이 경우, $B_d \cdot H_d$의 값이 최대가 되도록 자석을 만드는 것이 가장 경제적이다.

$B_d \cdot H_d$의 최댓값은 $(B_d H_d)_{\max}$으로 나타내며, 이것을 **최대 에너지적**(積)이라 하며 영구자석 재료의 자기적 성질을 나타내는 중요한 수치이다. $(B_d H_d)_{\max}$에 대한 감자곡선상의 점은 그림에서 점 $P_0''(B_r, -H_c)$을 좌표 원점으로 잇는

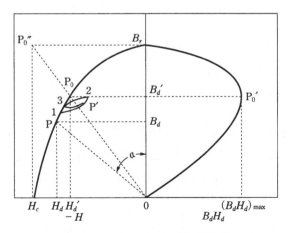

그림 1.70 감자곡선과 에너지적(積)의 관계

직선상에 있다는 것이 증명되었지만, 이 점을 구하는 것은 실험에 의해서만 가능하다. 따라서 $(B_d H_d)_{max}$을 아는 것은 어렵기 때문에 이 값과 $(B_r H_c)$와의 관계를 음미(吟味)하고, 그 결과를 이용해 $(B_d H_d)_{max}$을 구하는 것이 일반적이다.

예를 들면, 자석의 $B_d \cdot H_d$가 최대가 되도록 만들어졌다고 가정하고 이 자석에 외부로부터 자계가 작용했다고 하면, H값이 증감되어 변화하기 때문에 이것에 따라 B의 값은 감자곡선에 따라 변화한다. 하지만, 점 P_0에서는 감자곡선의 기울기가 크기 때문에 H가 변하면 B도 많이 변화한다. 여기서, P_0의 상태에 있는 자석에 외부에서 천천히 감쇠하는 교번자계를 가하면, 자석의 $B-H$ 곡선은 P_0-1-2-3-P'과 같이 변하고 직선 $0P_0''$상의 점 P'에 자리잡게 된다. 이러한 자기적 처리를 해두면, 그 후에 외부자계의 영향을 받는 것이 적어진다.

1.10   초전도체

1.10.1   초전도

2장의 표 2.1에 나타낸 것처럼 우리들이 생활하고 있는 온도(상온)에서 가장 도전성이 좋은 재료는 금속이고, 그 중에서도 은이 최소의 체적저항률(20℃에서 1.62×10^{-8} Ω·m)을 갖는다. 그러나 저온에서는 은보다도 훨씬 작은 제로 (0) 또는 사실상 제로로 간주할 수 있는 체적저항률을 나타내는 **초전도체**가 되는 물질이 존재한다.

초전도 현상은 1911년에 저온하에서 수은의 저항값을 측정하고 있던 온네스 (Onnes)에 의해 발견되었다. 즉, 그는 수은의 저항값이 절대온도 4.3 K 이하에서 소실된다는 것을 발견했다. 초전도는 그 발견 이래 물리학의 연구테마가 됨과 동시에 실용화를 목표로 하는 연구도 활발하게 이루어졌다. 그러나 실용화를 위해서는 상당히 낮은 온도가 난관이었다. 따라서 초전도체가 다방면으로 넓게 일반적으로 도움이 된다는 시각은 그다지 많지 않았다. 하지만, 2.6.2항에 서술한 것처럼 100 K만큼(실온보다는 아주 저온이지만) 높은 온도에서 초전도를 보이는 세라믹 초전도체가 발견된 1980대 후반 이후 급속히 몇 개의 분야에서 실용화가 진행되어 더욱 많은 분야에서 실용화를 위한 단계로 접어들었다.

1.10.2 초전도성의 원인

초전도체가 되는 물질에는 금속원소, 합금, 금속 간 화합물, 금속산화물(세라믹스), 유기물 등이 있다. 여기서는 그 구조가 비교적 확실히 알려져 있는 금속을 예로 들어 초전도가 일어나는 원인에 대해 설명한다. 초전도성의 원인은 일반적으로 금속에서의 도전성의 원인과는 다르다. 그러므로 상온에서의 저항값이 큰 금속원소인 니오브(Nb)나 납(Pb)이 초전도체가 되는 것에 대하여 양호한 도체인 은이나 구리는 초전도체가 되지 않는다. 일반적으로 금속에서는 전도대를 움직이는 전자가 전기전도를 담당하고 있다. 이때, 전자 하나하나가 불순물이나 격자진동에 의해 산란을 받아 운동량을 잃어버리는 것이 전기저항의 원인이었다. 하지만, 초전도체에서는 두 개의 전자가 **쿠퍼쌍**이라는 일종의 속박상태를 만들고 있으며, 한쪽의 전자가 운동량을 잃어도 쌍으로 되어 있어 다른 쪽의 전자가 그 손실을 보충하여 쿠퍼쌍 전체로서는 운동량의 변화는 발생하지 않는다.

음전하를 갖는 두 개의 전자 사이에는 쿨롱 반발력이 작용하는데 쿠퍼쌍이 만들어지는 형태는 다음의 전자-격자 상호작용에 의해 설명된다. 전자는 금속 내의 양으로 전리된 원자(양이온) 주위를 운동하고 있다. 전자는 음의 전하를 갖고 있기 때문에 양이온을 원래의 정위치보다도 자신에게 근접하게 끌어당겨 버린다. 전자가 너무 많이 통과해 버리면, 이 격자구조(즉, 양이온이 확실히 나열되어 있는 구조)의 변형은 통상 바로 소멸한다. 하지만, 충분히 낮은 온도에서는 전자가 지나간 후에도 이 격자의 변형이 남아 그 부분만이 다른 것보다도 강하게 양으로 대전하는 것이 된다. 이 여분의 양의 대전이 2번째 전자를 끌어당긴다. 결국, 최초의 전자와 두 번째 전자는 이 상태를 통과하여 서로 당기고 있는 것이 되어 쿠퍼쌍이 만들어진다.

하지만 전자는 페르미 통계라고 불리는 양자통계에 따른 **페르미입자**이며 1.3.2항에서 서술한 파울리의 배타율에 따라 복수의 전자가 완전히 동일한 에너지(혹은 완전히 동일한 양자상태)를 가질 수는 없다. 하지만, 전자 두 개가 쌍으로 된 쿠퍼쌍은 **보스입자**가 되며, 동일한 에너지를 가질 수 있는 쌍의 수에 제약은 없다. 따라서 초전도체 속에서 많은 전자가 쿠퍼쌍으로서 "완전히 갖추어졌다"(이것을 **코히런트**라고 부른다)는 상태를 취할 수 있으며, 예를 들어 한 방향의 운동을 저항을 받지 않고 언제까지라도 계속할 수 있다. 이것이 초전도성의 원인이다.

1.10.3 초전도체가 나타내는 여러 가지 성질

앞의 항에서 많은 전자가 쿠퍼쌍으로서 한 방향으로 운동을 계속할 수 있다고 말했다. 마찬가지로, 어떤 한 양자상태를 차지하는 원자 수에 제한이 없기 때문에 그 수가 거시적인(결국 육안으로 인정할 수 있는 정도의) 값이 되는 것이 원인이 되고, 어떤 종(種)의 액체헬륨은 완전히 점성이 없는 흐름을 보인다. 즉 무한소의 압력 차에서 유한속도의 흐름이 생긴다. 이것을 **초유동**(超流動)이라 부른다.

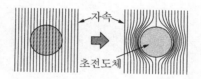

(a) 상전도상태 (b) 초전도상태

그림 1.71 마이스너 효과

초전도에는 완전도전성, 즉 전기저항이 제로가 되는 것 이외에, 또 하나의 중요한 성질이 있다. 그것은 그림 1.71(b)에서 보듯이, 초전도체 내에는 자속이 들어가지 못하는, 즉 초전도체는 완전 반자성을 보인다는 성질이며 **마이스너 효과**(Meissner effect)라 부른다. 초전도체의 표면에 흐르는 초전도 전류가 외부 자계를 없애기 때문에 이 현상이 일어난다.

게다가, 초전도체는 **조셉슨 효과**(Josephson effect)라고 불리는 중요한 현상을 나타낸다. 두 개의 초전도체를 한 쌍의 전극으로 하여 그 사이에 두께가 10 nm 이하인 매우 얇은 막을 끼웠다고 하자. 이때, 막이 절연체라도 초전도 전류가 흐른다. 즉, 전극 간에 전위차(전압)를 인가하지 않을 때에도 전류가 흐른다. 극히 얇은 절연막을 전자가 마치 터널을 빠져 나가듯이 통과하는 **터널효과**에 의해 전극 간에 전류가 흐른다는 현상은 통상의 금속에서도 높은 전계가 인가되었을 때에는 발생한다. 하지만, 쿠퍼쌍을 형성하는 두 개의 전자의 터널에 의해 생기는 조셉슨 효과에서는 전압을 인가하고 있지 않은 상태에서 접합의 물성과 구조로 정해지는 최댓값까지의 범위의 전류가 흐른다는 점에서 일반적인 터널효과와는 다르다.

즉, 조셉슨 효과에는 교류 조셉슨 효과라 불리는 예를 들어 '전압표준'으로서도 사용되는 중요한 효과도 있지만 그 원리에 대한 설명은 이 책의 범위를 넘기 때문에 여기서는 다루지 않는다.

문제

1. 보어의 원자모형을 수소원자를 예를 들어 설명하여라.

2. 다음의 용어를 설명하여라.
   (a) 이온결합 (b) 공유결합 (c) 결합반경 (d) 비정질 (e) 유기고분자

3. 온도가 상승하면 전해액의 저항은 감소한다. 그 이유를 기술하여라.

4. 금속도체 내에 자유전자가 존재하고 절연물에는 존재하지 않는 이유를 설명하여라.

5. 금속도체의 저항온도계수가 양으로 되는 이유를 설명하여라.

6. 페르미의 분포함수에 대해 설명하여라.

7. 금속을 상온가공하면 전기저항이 증가하는 원인을 설명하여라.

8. 접촉저항이 발생하는 이유를 설명하고 이것을 저감시킬 수 있는 방법에 대해 기술하여라.

9. 반도체의 특징을 절연체 및 금속과의 관계로 설명하여라.

10. 실리콘 결정에 인(P)을 $1.5 \times 10^{21}\,\mathrm{m}^{-3}$만큼 첨가했을 경우의 전도형, 실온에서의 전도전자농도, 정공농도를 구하여라. 단, 진성 캐리어 농도의 값은 $1.5 \times 10^{16}\,\mathrm{m}^{-3}$라고 한다.

11. 실리콘 속의 전자와 정공에 대해 실온에서 드리프트 이동도의 값을 각각 $0.15\,\mathrm{m}^2/(\mathrm{V \cdot s})$, $0.05\,\mathrm{m}^2/(\mathrm{V \cdot s})$라고 하고 확산상수를 구하여라.

12. 문제 **10**의 실리콘 결정의 저항률을 문제 **11**의 드리프트 이동도의 값을 사용해 구하여라.

13. 반도체 저항률의 온도의존성을 설명하여라.

14. 소수 캐리어의 라이프타임과 그 제어방법에 대해 설명하여라.

15. 실리콘이 흡수하는 빛의 파장범위를 구하고, 그 결과를 바탕으로 실리콘의 외관이 금속적으로 보이는 이유를 설명하여라.

16. 반도체의 밴드구조와 발광의 관계에 대해 설명하여라.

17. 도너를 $1.5 \times 10^{24}\,\mathrm{m}^{-3}$만큼 포함하는 n형 반도체와 억셉터를 $1.5 \times 10^{21}\,\mathrm{m}^{-3}$만큼 포함하는 p형 반도체로 된 pn접합의 실온에서의 확산전위를 구하여라.

18. 헤테로접합이란 무엇인가? 또 그 특징을 설명하여라.

19. 문제 **17**의 조건과 같은 pn접합의 단면이 $1\,mm \times 1\,mm$일 때, 역바이어스를 $5\,V$ 걸었을 때의 교류용량을 구하여라. 단, 실리콘의 비유전율의 값은 11.9라고 한다.

20. pn접합 다이오드에 정류성이 나타나는 이유를 설명하여라.

21. 반도체에 있어서 주요한 광전효과에 대해 기술하여라.

22. 바이폴라 트랜지스터의 증폭작용에 대해 기술하여라.

23. MOSFET에 있어서 표면의 전도형의 반전과 채널에 대해 기술하여라.

24. 다음 용어에 대해 설명하여라.
(a) 제벡 효과   (b) 펠티에 효과   (c) 톰슨 효과

25. 반도체가 자계 내로 들어갔을 때 생기는 효과를 설명하여라.

26. 유전체의 전기전도가 금속 등 도체의 전기전도와 상이한 점에 대해 기술하여라.

27. 유전체에서의 분극의 종류를 들고 각각을 설명하여라.

28. 유전손의 발생기구(發生機構)를 설명하여라.

29. 강유전체의 분극의 기구를 설명하여라.

30. 기체가 방전하는 기구를 설명하여라.

31. 고체의 절연파괴와 열화 기구를 설명하여라.

32. 물질이 페로자성을 나타내기 위해서는 원자 및 원자의 집합에 대해 어떤 상태가 필요한가를 설명하여라.

33. 페로자성, 반강자성, 페리자성의 차이에 대해 설명하여라.

34. 강자성체의 자화 과정에 대해 설명하여라.

35. 다음 용어의 의미를 설명하여라.
(a) 철손   (b) 보자력   (c) 잔류자기   (d) 반자계계수   (e) 최대 에너지적
(f) 바크하우젠 효과

36. 초전도성의 원인과 초전도체가 나타내는 대표적인 성질을 설명하여라.

제 2 장

전기전자재료 개론

2.1 도전재료

2.1.1 도전재료 개론

(1) 도전재료의 정의

도체는 그 사용 목적에 따라 도전재료와 저항재료로 크게 나눌 수 있다. 도전재료는 최대한 전압강하 또는 전력손실이 적은 상태에서 전류를 흐르게 하는 것을 목적으로 한 것으로, 그 대표적인 것이 전선이다. 그러므로 도전재료로서는 되도록 저항이 작은 것이 바람직하다. 초전도재료가 모든 도전재료에 사용할 수 있다면 이상적이겠지만, 초전도재료는 취급의 어려움 때문에 현 시점에서는 한정되어 사용되고 있다.

도전재료의 선택에 있어서는 2차적인 조건, 예를 들어 기계적 강도, 가공성, 내식성, 경제성 등의 조건을 만족시키기 위해 어느 정도 저항률이 큰 것을 사용하지 않으면 안 되는 경우도 있다.

(2) 도전재료의 전기적 성질

1) 저항 및 저항률

도체의 저항 $R[\Omega]$은 길이 $l[\mathrm{m}]$에 정비례하고 단면적 $A[\mathrm{m}^2]$에 반비례하며 다음과 같은 식으로 표현된다.

$$R = \frac{\rho l}{A}\ [\Omega],\ \rho = \frac{RA}{l}\ [\Omega \cdot \mathrm{m}^2/\mathrm{m}]\ (= [\Omega \cdot \mathrm{m}]) \tag{2.1}$$

여기서, ρ는 물체 고유의 계수로, **저항률**(또는 **체적저항률**)이라고 불리며, 균일한 단면을 갖는 금속선에 대하여 그 저항과 단면적의 곱을 길이로 나눈 것으로 단위는 $[\Omega \cdot \mathrm{m}]$이다.

표 2.1은 각종 순금속 중에서 일반적으로 봉, 선, 판 등으로 가공할 수 있는 것의 특성을 저항률이 작은 것부터 순차적으로 나타낸 것이다. 즉, 저항률을 균일한 단면을 갖는 금속선에 대하여 그 단위길이의 저항과 단위길이의 질량과의 곱으로 나타내고, 이것을 **질량저항률**이라고 부르지만, 보통 저항률에는 체적저항률(단순히 저항률이라고 한다)이 사용되고 있다.

표 2.1 각종 순금속의 특성

순금속	저항률 $[10^{-2}\mu\Omega\cdot m]$ (20℃)	퍼센트 도전율 (20℃)	저항 온도계수 $[10^{-5}\,K^{-1}]$ (20℃ 기준)	비중 (20℃에 있어 0℃ 물에 대비)	비열	선팽창 계수 $[10^{-6}\,K^{-1}]$ (20℃)	융점 [℃]	탄성 계수 [GPa]	인장 강도 [MPa]	브리넬 경도
은	1.62	106	380	10.5	0.056	18.9	960.5	80	150	30
구리	1.72	100	393	8.9	0.092	16.6	1,083	120	200	30
금	2.40	71.6	340	19.3	0.032	14.2	1,063	80	100	25
알루미늄	2.82	61.0	390	2.7	0.0212	23.0	660	—	80	15~26
마그네슘	4.34	39.6	440	1.74	—	24.3	650	—	120	30
몰리브덴	4.76	36.1	470	10.2	—	5.1	2,600	—	—	—
텅스텐	5.48	31.4	450	19.3	—	4	3,370	—	1,100	—
아연	6.1	28.2	370	7.14	0.095	33	419.4	80	150	20~60
코발트	6.86	25.0	660	8.8	—	11	1,490	—	—	—
니켈	6.9	24.9	600	8.9	0.109	12.8	1,452	200	400	80
카드뮴	7.5	22.9	380	8.65	—	29.8	321	—	60	—
철	10.0	17.2	500	7.86	0.114	11.7	1,535	200	250	60
백금	10.5	16.4	300	21.45	0.032	8.9	1,771	150	150	50
주석	11.4	15.1	420	7.35	0.056	20	232	55	25	12
동	20.6	8.4	—	7.86	0.116	11.0	—	55	—	—
납	21.9	7.9	390	11.37	0.031	29.1	327.5	—	—	—
수은	95.8	1.8	89	13.55	0.2	—	-38.9	—	—	—

2) 저항온도계수

도체의 저항률은 온도에 따라 변화하지만, 일반적으로 금속도체의 저항률은 온도의 상승과 함께 증가하고, 탄소·전해액의 저항률은 감소한다. 온도 $t[℃]$ 에 있어서의 저항 R_t 는 다음 식으로 표현된다.

$$R_t = R_{t1}\{1 + \alpha_{t1}(t - t_1)\} \tag{2.2}$$

여기서, R_{t1}: 기준온도 $t_1[℃]$ 에 있어서의 저항

　　　　α_{t1}: 온도 $t_1[℃]$ 를 기준으로 하는 온도계수

α 는 정질량(定質量) 온도계수라고 불리며, 일정 질량의 도체에서 고정된 두 점 사이의 저항 변화에 대한 온도계수로, 온도에 따른 도체의 팽창수축은 고려하지 않는다. 표 2.1 에 도체금속의 온도계수를 나타낸다.

표준연동(軟銅)의 저항의 정질량 온도계수는 20℃에서 1 K당 1/254.5 = 0.00393으로, $t[℃]$에 있어서 계수 α_t는

$$\alpha_t = \frac{1}{254.5 + (t - 20)} \tag{2.3}$$

로 주어진다. 이 온도계수는 도전율의 증감에 따라 다소 변화하지만, 실용상에서 위의 값을 이용해도 큰 차이는 없다.

3) 도전율 및 퍼센트 도전율

저항률의 역수를 도전율이라고 부르며, 상대(相對)의 도전도(導電度)를 나타내는 데 사용한다. 이 도전율과 표준연동 도전율의 비에 대한 백분율을 퍼센트 도전율(또는 간단히 도전율)이라고 한다. 표 2.1에 순금속의 퍼센트 도전율을 나타내었다.

4) 표준연동

각종 도체의 도전율의 기준인 표준연동에 관한 특성은 국제전기표준회의(IEC, International Electrotechnical Commission)의 결정에 근거하여, JIS C 3001로 다음과 같이 정해져 있다.

① 각부(各部)의 절단 면적이 균등하고, 그 면적 1 mm^{2}의 표준연동의 저항은 20℃에 있어서 길이 1 m당 1/58 Ω, 다시 말해 0.017241 Ω이다.
② 표준연동의 밀도는 20℃에 있어서 8.89 g/cm^{3}이다.
③ 표준연동의 저항의 정질량 온도계수는 20℃에 있어서 1K당 1/254.5 = 0.00393이다. 이 온도계수는 도전율이 100%인 경우의 값으로, 다른 도전율일 때의 값은 다소 다르지만 여기서는 설명을 생략한다.

5) 전기저항값을 좌우하는 많은 요소

일반적으로 순금속의 도전율은 그 합금값보다 높고, 합금값은 합금의 형식에 따라 달라진다. 예를 들면, 두 가지 성분으로 되어 있는 합금에서 성분금속이 혼재하는 경우, 도전율은 성분비율로부터 계산한 것과 거의 일치한다. 두 가지 성분이 서로 용해되어 고용체가 만들어진 것은 각 성분 금속에 다른 금속이 조금 첨가되면, 도전율은 급격하게 감소한다. 두 가지 성분이 화합물을 만드는

경우에는 도전율과 관계가 복잡하게 된다.

금속을 상온에서 가공하여 탄성한계를 초과하여 변형시키면 저항이 변화한다. 예를 들어, 금속을 상온에서 길게 늘이면, 저항률은 증가한다. 구리·알루미늄 등의 경우에서는 그 증가율은 2 ~ 4%이지만, 황동에서는 10 ~ 20% 또는 그 이상에 달하는 것도 있다.

상온에서 가공하였기 때문에 전기저항이 증가한 것을 열처리하면, 열처리온도 및 시간에 따라서 전기저항은 감소하지만, 다시 열처리를 하면 일단 최솟값에 도달한 후 저항은 다시 증가한다(상세한 내용은 1.6.2항 참조).

(3) 도전재료로서 구비해야 할 조건

순금속의 물리적 성질은 표 2.1에 나타낸 것과 같지만, 그 중 도전재료로서 가장 많이 사용되는 것은 구리이며 그 다음은 알루미늄, 철이다.

도전재료로서 필요한 조건은

① 도전율이 클 것
② 접속이 용이할 것
③ 비교적 인장강도가 클 것
④ 변형이 쉬울 것
⑤ 선, 판 등으로의 가공이 용이할 것
⑥ 내식성이 클 것
⑦ 자원량이 풍부할 것
⑧ 가격이 저렴할 것

등을 들 수 있지만, 구리는 위와 같은 조건들을 가장 잘 만족한다. 그러나 순금속은 대부분 인장강도가 비교적 낮기 때문에, 높은 인장강도를 필요로 할 때에는 상온 가공 혹은 합금으로 사용된다.

2.1.2 구리

구리는 주로 연동선 또는 경동선으로 사용된다. 도전재료로서 사용되는 구리는 전기분해에 의해 얻어진 이른바 전기동(electrolytic copper)이다. 이것은 순도가 높고 구리의 양은 99.90% 이상이며(통상 99.97 ~ 99.98%), 불순물로서는 극소량의 금·은·납·안티몬·유황·산소 등이 포함된다.

구리선의 밀도는 20℃에서 8.89 g/cm³이다. 이 경우 질량은 1 km당 6.9822d^2[kg] (d는 mm로 표현한 구리선의 지름)이 된다.

순동(純銅)은 주조된 후 가공과 열처리가 이루어져 제품이 된다. 상온에서 압연(壓延) 또는 신연(伸延)하면 경질(硬質)이 된다. 이런 가공 정도에 따라 **반경동**(半硬銅) 혹은 **경동**(硬銅)이라 불린다. 이것을 450 ~ 600℃에서 열처리한 것이 **연동**(軟銅)이다.

일반적으로 경동은 연동에 비해 인장강도 및 경도는 크지만, 도전율 및 변형은 작다. 표 2.2에 가공 정도가 다른 구리선의 특성을 나타낸다.

표 2.2 가공 정도가 다른 구리선

특성	주조동	연동선	반경동선	경동선
융점 [℃]	1,083	1,083	1,083	1,083
비중	8.9	8.89	8.89	8.89
선팽창계수 [$10^{-6}K^{-1}$]	17	17	17	17
저항률 [$10^{-2}\mu\Omega\cdot m$]	1.7100 ~ 1.7593	1.7070 ~ 1.7774	−	1.7593 ~ 1.7958
도전율 [%]		97 ~ 101		96 ~ 98
인장강도 [MPa]	150 ~ 200	230 ~ 280	300 ~ 400	350 ~ 470
탄성계수 [GPa]		120	−	120
신장률[%], $l = 250$ mm	15 ~ 20	20 ~ 40	1.5 ~ 10	0.5 ~ 4
경도	약 50(브리넬)	8 ~ 10(쇼어)	−	−
비열(물을 1로 표시)	0.0939	−	−	−
열전도율 [W/(m·℃)]	400	−	−	−

상온 가공을 한 구리는 열처리를 하면 물리적, 기계적 성질이 변화한다. 저항률은 450℃ 정도까지 열처리 온도가 상승함과 동시에 급격히 감소하여 그 이상의 온도에서는 거의 변화하지 않는다. 한편, 인장강도는 200℃까지 열처리 온도와 함께 급격히 감소하고, 그 이상에서는 거의 변화가 없다. 신장(늘어남)은 200℃까지 일어나지 않고, 200 ~ 300℃ 사이에서 급격히 증가하며, 그 이상의 온도에서는 서서히 감소하는 경향이 있다(그림 2.1).

불순물은 거의 대부분 도전율을 저하시킨다. 단, 극소량의 산소는 시판되고 있는 구리 안에 포함되어 있는 불순물을 산화시켜 정련(精鍊, refining)하는 효과가 있고, 도전율이 다소 개선되는 경우가 있다(그림 2.2).

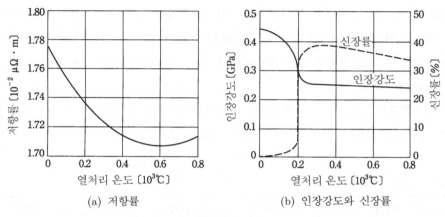

(a) 저항률   (b) 인장강도와 신장률

그림 2.1 구리 특성의 열처리 온도에 의한 변화

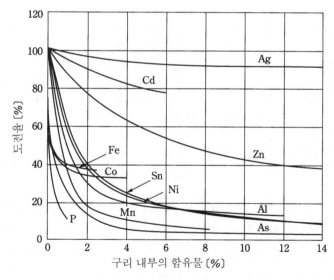

그림 2.2 구리에 포함된 불순물과 도전율

보통의 전기동을 도시가스 등으로 사용하여 고온으로 가열하면 약해진다. 이것은 시판되고 있는 구리는 약 0.5% 이하의 미량이긴 하지만 산화구리 등의 형태로 산소를 함유하기 때문에 가스 안에 포함되어 있는 수소가 구리 안으로 확산하여, 내부에 존재하는 산화구리를 환원시켜 내부에 균열을 발생시키기 때문이다. 이것을 **수소화**(水素禍)라고 부른다. 따라서 구리의 열처리, 납땜 등의 경우에는 가능한 한 산소가 풍부한 산화염을 사용하도록 주의해야 한다. 특히, 구리에 포함된 산소량을 적게 하여 0.01% 이하로 한 것을 **탈산구리**(脫酸銅)라고 부르며, 이것은 수소화를 일으키지 않는다. 이 구리는 화학적으로 안정적이고 내식성이 커서, 그 특성을 살려 이용되고 있다.

2.1.3 구리합금

순동(純銅)보다 기계적 성질을 좋게 하기 위해서 만들어진 것이 구리합금이며, 도전율은 순동보다 낮다. 구리는 다른 종류의 금속을 소량 첨가하였을 경우, 그것이 구리 안에 전부 고용되어 고용체 1상이 되는 경우와 일부는 고용되고 나머지는 기계적 혼합물의 상태로 분산되는 경우가 있다. 일반적으로는 후자의 경우를 이용한 것으로, 예를 들면, 구리-니켈-규소합금(코르손 합금) 및 구리-베릴륨합금이 이 계통이다. 고온에서는 높은 용해도를 갖고 있지만 상온에서는

표 2.3 대표적인 구리합금 도전재료의 특성

명 칭		순수한 구리에 대한 도전율 [%]	저항률 $[10^{-2}\mu\Omega\cdot m]$ (20℃)	저항온도계수 $[10^{-5}K^{-1}]$ (20℃)	인장강도 [MPa]
카드뮴 구리선		88	1.959	346	450
		85	2.028	334	650
규소 구리선		50	3.448	197	450
		45	3.831	177	–
		40	4.310	157	700
C합금	C_1H	25	6.896	98	945
	C_2H	35	4.926	138	898
	C_2S	40	4.310	157	833
	C_3S	45	3.831	177	750
베릴륨 합금		35	4.926	–	1,350

용해도가 작기 때문에 경도를 증가시키지만, 도전율의 저하는 적다. 하지만, 구리합금 중에 가장 도전율이 높고 기계적 특성이 우수하다. 이 현상을 **시효경화성**(時效硬化性) 또는 **석출경화성**(析出硬化性)이라고 부른다.

표 2.3에 대표적인 구리합금 도전재료의 특성을 나타냈다.

(1) 구리-카드뮴 합금선(카드뮴 구리선)

카드뮴은 은 다음으로 구리의 도전율을 크게 저하시키지 않으며, 인장강도를 증가시키는 합금이다. 이 합금선은 일반적으로 카드뮴을 1.2 ~ 1.4% 정도 함유한 것으로 도전율은 90 ~ 85%로 인장강도가 비교적 크고, 부식 저항도 커 마찰에 강하다. 따라서 트롤리선(trolley선, 전차선) 또는 경간(徑間)이 큰 가공선(架空線) 등에 사용되는 경우가 있다.

(2) 구리-주석 합금선

구리는 주석의 첨가에 따라 도전율이 급격히 줄어들지만 인장강도는 커진다. 규소-구리선은 규소 0.02 ~ 0.52%, 주석 1.5% 이하를 포함하는 합금으로, 도전율은 50 ~ 40%이다. 트롤리선 또는 경간이 큰 가공선 등에 사용되는 경우가 있다.

인-청동은 주석 10% 이하에 극소량의 인을 첨가한 것으로, 계기의 전류를 흘리는 용수철과 같이, 비교적 기계적 성질이 양호한 것을 필요로 하는 장소에서 사용된다. 인장강도는 800 ~ 1,100 MPa이다.

(3) 구리-니켈-규소 합금선

이 합금은 미국의 코손(M. G. Corson)에 의해 발견된 것으로 규화니켈(NiSi)의 구리에 대한 용해도가 1000℃에서 약 8%, 상온에서 0.7%로 온도에 따라 현저하게 변화하는 것을 이용하고, 담금질·뜨임에 의해 경화시켜서 사용한다. 이 합금 계에 속하는 것에는 템플러시(Templacy, 미국), 쿠프로더(Kouprodur, 독일), C합금(일본) 등이 있지만, 이들은 Ni_2Si을 3 ~ 4% 포함한 것으로, 담금질 온도 900 ~ 950℃, 뜨임 온도 520 ~ 580℃이다. 이 합금은 도전율 및 인장강도가 크며, 내식성이 좋고, 특히 해수에 대해서 강할 뿐만 아니라

고온에서 인장강도가 크기 때문에 도전용 각종 스프링 · 바인드선 · 고장력 가공 통신선 · 트롤리선 등에 사용된다.

(4) 구리-베릴륨 합금선

이것은 높은 도전율을 갖는 시효경화성 합금으로, 구리에 대한 베릴륨의 고용 한계는 850℃에서 약 3%, 상온에서 약 0.5%이다.

2.1.4 알루미늄

순 알루미늄의 도전율은 약 62%로, 인장강도는 구리의 약 1/2, 비중이 2.7 로 구리의 약 1/3이다. 따라서 알루미늄선이 구리선과 같은 도체저항을 갖도록 하기 위해서는 직경이 1.27배가 되어야 하지만, 중량은 50%가 된다. 직경이 커지기 때문에 송전선으로서 사용하는 경우에는 바람과 눈에 대한 저항이 크게 되지만, 코로나 손실(Corona loss)이 작아지는 이점이 있다. 또 전기기기의 권선으로서 사용된 경우는 경량화가 요구된다.

일반적으로 알루미늄의 내식성은 구리보다 떨어지지만, 가공선(架空線)으로서 사용되는 경우는 부식이 잘 되지 않기 때문에 송전선으로서 장력을 증가시키기 위해서 중심에 강선(鋼線)이 있는 것이 사용되고 있다(3.1절 참조).

알루미늄의 물리적 성질은 순도에 따라서 매우 다르며, 일반적으로 순도가 높으면 높을수록 도전율과 저항온도계수가 높고, 인장강도와 경도는 작으며, 내식성은 커진다.

표 2.4에 구리선과 알루미늄선과의 특성을 비교하였다. 잘 열처리한 알루미늄을 상온에서 압연(壓延) 또는 선인(線引)하면, 가공도의 증가와 함께 도전율은 서서히 저하되고, 인장강도는 급격하게 증가하며, 신장(伸張)은 반대로 감소

표 2.4 구리선과 알루미늄선의 비교

재료명	도전율 [%]	열전도율 [W/(m·℃)]	선팽창계수 [$10^{-6}K^{-1}$]	탄성계수 [GPa]	인장강도 [MPa]
경동선	97	322	17	123	440
경알루미늄선	61	181	24	72	170

한다. 이런 상태의 선이 **경인선(硬引線)**이다. 도전재료로서 사용되는 알루미늄선은 일반적으로 경인선이다. 알루미늄에 불순물을 첨가하면, 도전율은 직선적으로 감소하지만 인장강도는 증가한다.

2.2　저항재료

2.2.1　저항재료 개론

저항재료에는 금속 저항재료와 비금속 저항재료가 있다. 금속 저항재료로서는 구리(Cu), 니켈(Ni), 철(Fe) 등 어느 것인가를 주성분으로 하고, 이들 성분과 망간(Mn) 또는 크롬(Cr)과 같이 고용체를 만들 수 있는 금속과의 합금이 이용된다.

비금속 저항재료로서는 탄소, 탄화규소, 금속산화물 등이 이용된다. 저항 용도로서는 회로소자용, 측정기용, 전류조정용, 전열용 또는 금속산화물에 의한 고저항체용 등 매우 다양하다.

저항재료에 요구되는 성질로서는

① 사용목적에 따라 그 저항값이 적당할 것
② 저항온도계수가 작을 것
③ 부식에 대한 저항력이 클 것
④ 고온에서 산화하지 않을 것
⑤ 고체재료는 적당한 기계적 강도를 가질 것

등이 있다.

2.2.2　금속 저항재료

(1) 구리를 주성분으로 하는 저항재료

1) 구리-니켈 합금

구리와 니켈은 일정 배합비율로도 고용체를 만들 수 있고, 그 성분에 대한 저항률, 저항온도계수 및 열기전력의 관계를 그림 2.3에 나타낸다.

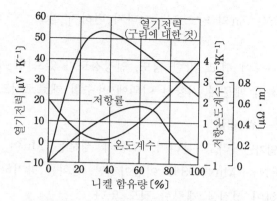

그림 2.3 구리-니켈 합금의 성질

그 대표적인 합금인 **콘스탄탄**(constantan)은 저항률이 높고, 동시에 저항온도계수가 매우 낮기 때문에 저항기 등에 사용된다. 또 열기전력이 높기 때문에 구리선과 조합하여 열전대로서 온도 측정에 사용된다.

구리-니켈 합금에 소량의 철을 첨가하면, 저항온도계수가 더욱 더 작아지며, 열기전력이 감소한다. 표 2.5는 구리-니켈 합금의 조성과 특성을 나타낸 것이다.

표 2.5 구리-니켈 합금의 조성과 특성

| 합금명 | 화학성분[%] | | | | | | 저항률 $[\mu\Omega\cdot cm]$ | 저항온도계수 $[/℃]$ | 인장강도 $[kg/mm^2]$ |
	Cu	Ni	Mn	Fe	Si	Zn			
콘스탄탄	55.0	45.0					49.0	1.5×10^{-5}	45
모넬메탈	28.0	67.0	5.0	–	–		42.15	1.9×10^{-3}	50
어드반스	54.5	44.68	0.54	0.11			47.56		60
코펠	54.18	45.44		0.15			46.34	1.1×10^{-4}	
아이디얼	53.65	44.84	0.38	0.60	0.05		47.23	5×10^{-6}	42
양은	50~70	10~30				5~30	20~40	3×10^{-4}	

2) 구리-니켈-아연 합금

이 합금은 **양은**으로 알려진 은회색으로, Cu가 50~70%, Ni이 10~30%, Zn이 5~30%의 고용체를 만들 수 있는 범위의 합금이 사용된다.

저항률은 0.2~0.4 $\mu\Omega\cdot$m이고 저항온도계수는 3×10^{-4} K^{-1} 정도이다.

다시 말해, 저항은 Zn의 양으로는 그다지 변하지 않고, Ni의 양에 의해 증가한다.

양은은 상온가공이 쉽고, 강한 경도, 인장강도가 있으며, 게다가 내식성도 있고, 탄성이 강하기 때문에 저항선 이외에 용수철 재료로서도 이용된다.

3) 구리-망간-니켈 합금

이 합금은 **망가닌**이라고 불리며, 보통의 성분은 Mn이 $10 \sim 13\%$, Ni이 $1 \sim 4\%$, Cu+Ni+Mn이 98% 이상이지만, 산화를 방지하기 위해서 Al, Fe, Sn 등을 첨가하여 성질을 개량한 것도 있다.

망가닌의 저항률은 $0.440 \pm 0.030 \ \mu\Omega \cdot m$이다. 상온 부근의 온도계수는 $(1 \sim 3) \times 10^{-5} \ K^{-1}$으로 매우 작을 뿐만 아니라, Cu에 대한 열기전력은 상온에서 $2 \ \mu V \cdot K^{-1}$ 이하이기 때문에 표준저항으로서 사용된다. 그림 2.4는 상온 부근에서의 저항온도계수로, 매우 작은 것을 나타내고 있다. 망가닌은 상온에서도 서서히 산화하기 때문에 표면을 도료 등으로 보호하든지, 기름에 담가서 사용하는 것이 바람직하다.

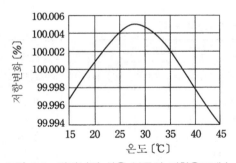

그림 2.4 망가닌의 상온 부근의 저항온도계수

(2) 니켈을 주성분으로 하는 저항재료

1) 니켈-크롬 합금

니크롬은 Ni에 Cr 혹은 Cr과 Fe을 첨가한 합금으로 저항률이 높고 고온에서도 산화하기 어렵고, 큰 인장력을 갖고 있으며, 내열성이 높기 때문에 전열용의 저항재료로서 사용된다. 니크롬의 저항온도계수를 그림 2.5에 나타낸다.

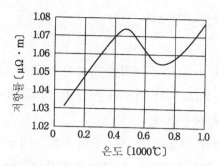

그림 2.5 니크롬(Ni 80%, Cr 20%)의 저항온도계수

이 합금의 성질은, Cr의 양을 증가시키면 저항률은 증가하고 온도계수는 감소한다. 그러나 Cr의 양이 아주 많아지면 가공하기 곤란해진다. 또 Fe을 첨가하면, 가공은 쉽지만 산화되기 쉽다.

전열선으로서 사용되는 니켈크롬 제1종과 니켈크롬 제2종의 성분 및 성질을 표 2.6에 나타냈다.

니켈크롬 제1종은 1,100℃까지 사용할 수 있으며, 고온에서도 산화하는 일이 적고, 강도가 크며 가공도 용이하다. 고온 가열 후에도 약화되지 않고, 유화성(硫化性) 가스 이외에는 부식되지 않는다. 이 때문에 공업용 고온전기로의 발열체로서 사용된다. 니켈크롬 제2종은 900℃ 이하에서 사용된다. 니켈크롬 제1종에 비하여 내열성, 내가스성은 다소 떨어지지만, 가공성은 양호하여 800~900℃ 부근에서 사용된 전기로, 전열기 및 저항선에 사용된다.

표 2.6 니크롬선의 성분과 성질

| 품종 | 성분 [%] | | | | | | 저항률 $[10^{-2}\ \mu\Omega\cdot m]$ | 저항온도계수 $[10^{-5}K^{-1}]$ | 인장 강도 [MPa] | 신장률 [%] |
	Ni	Cr	Mn	C	Si 기타	Fe				
니켈크롬 제1종	75 ~ 79	18 ~ 20	2.5 이하	0.15 이하	0.5 ~ 1.5	0.15 이하	108±7	20 이하 (20~400℃) 15 이하 (20~900℃)	650 이상	20 이상
니켈크롬 제2종	57 이상	15 ~ 18	3.0 이하	0.20 이하	0.5 ~ 1.5	남은 부분	112±7	25 이하 (20~400℃) 20 이하 (20~800℃)	600 이상	20 이상

(3) 철을 주성분으로 하는 저항재료

1) 철-탄소 합금

이 합금은 주철(cast iron)로서 저항률이 높고 고열에 잘 견디며, 가격도 저렴하기 때문에 그리드 저항으로서 전동기 시동용, 속도 제어용, 전기화학 공업용 등 대전류의 제어용에 사용된다.

C가 3.5%, Si가 2%, Mn이 0.5%, P이 0.3% 정도 포함되는 것은 저항률이 $0.9 \sim 1\,\mu\Omega \cdot m$이지만, 특히 Si가 증가하면 $2\,\mu\Omega \cdot m$ 정도의 저항률을, 또 Al을 넣으면 $1.7\,\mu\Omega \cdot m$ 정도의 높은 저항률을 얻을 수 있다. 주철은 녹슬기 쉽기 때문에 인산아연법, 아연도금 등에 의해 방식가공을 하여 보호할 필요가 있다.

또 Ni을 약 5% 첨가하면 고항절력(高抗折力)인 것을 얻을 수 있다. Ni이 14%, Cr이 4%, Cu가 6%, C가 2.8%, Mn이 0.6%, Si가 2.0% 첨가한 것은 내산성을 갖는다.

2) 철-니켈 합금

Fe과 Ni은 어떤 비율로도 고용체를 만들 수 있고, 그 성분에 따라 저항률이 변화한다. Ni이 $25 \sim 30\%$ 부근의 것은 저항률이 최대가 되기 때문에, 600℃ 이하의 전열용 저항체로 사용된다.

철-니켈 합금에는 표 2.7에 나타낸 것과 같은 특성이 있다. 인바는 선팽창계수가 아주 작고, $20 \sim 100$℃에서 $(8 \sim 11) \times 10^{-7} \mathrm{K}^{-1}$로, 전기 이외의 물리 측정기기용 재료 등 특수한 용도로 사용되며, 황동판과 조합하여 **바이메탈**로서도 사용된다.

표 2.7 철-니켈 합금의 성질

명 칭	성 분 [%]		저항률 $[10^{-2}\mu\Omega \cdot m]$	저항온도계수 $[10^{-5}\mathrm{K}^{-1}]$	밀도 $[\mathrm{g/cm}^3]$	인장강도 $[\mathrm{MPa}]$
	Ni	Fe				
클라이맥스	25	75	83.1	98	8.14	–
피닉스	25	75	83.1	110	8.10	490
크루핀	28	72	85.1	–	8.10	490
인바	36	64	$75 \sim 85$	120	8.12	480

3) 철-크롬-알루미늄 합금

니크롬은 약 1,400℃에서 녹는다. 또 Ni 및 Cr의 산화물은 규산 및 알칼리에 쉽게 영향을 받는다. 따라서 니크롬은 1,100℃ 이상의 온도에서는 장시간 사용할 수 없다. 그러나 철-크롬-알루미늄 합금은 저항률이 크고 내열도(耐熱度)도 높다. 융점은 1,500℃ 정도이고 1,200℃까지 사용 가능하며, 또 니크롬보다 수명이 길지만 그러나 이러한 합금은 점성이 없고 단단하기 때문에 니크롬보다 인선이 곤란하며, 고온에서는 결정화가 일어나 깨지기 쉬운 단점이 있다.

전열선으로서 사용되는 철-크롬 제1종 및 철-크롬 제2종의 성분을 표 2.8에 나타내었다.

철-크롬 제1종은 1,200℃와 같은 고온에서의 사용에 적합한 것으로, 산화성 내성은 매우 강하지만, 가공은 조금 곤란하여 복잡한 가공을 할 경우에는 고온에서 가공하는 열간(熱間)가공을 할 필요가 있다. 고온 사용 후는 부서지기 쉽기 때문에 재가공은 곤란하다. 니크롬과 비교해서 고온강도가 약하다.

철-크롬 제2종은 최고 사용온도가 1,100℃이지만, 철-크롬 제1종에 비교해 가공이 쉬울 뿐만 아니라 상온에서의 냉간가공이 가능하여 전열기, 전기로 및 저항체용으로서 적당하다. 그러나 고온 사용 후의 가공은 철-크롬 제1종과 마찬가지로 곤란하며, 고온에서의 연화(軟化)에는 사용상 주의가 필요하다.

표 2.8 철-크롬 전열선의 성분과 성질

품종	성 분 [%]					저항률 $[10^{-2}\mu\Omega\cdot m]$	저항온도계수 $[10^{-5}K^{-1}]$	인장강도 [MPa]	신장률 [%]
	Cr	Al	Mn	C	Fe				
철-크롬 제1종	23 ~ 27	3.5 ~ 5.5	1.0 이하	0.15 이하	남은 부분	140±8	10 이하 (20 ~ 400℃) 10이하 (20 ~ 1,000℃)	700 이하	7 이상
철-크롬 제2종	17 ~ 21	2 ~ 4	1.0 이하	0.15 이하	남은 부분	122±7	25이하 (20 ~ 400℃) 25 이하 (20 ~ 900℃)	600 이상	10 이상

(4) 그 외의 금속 저항재료

Ni, Mo, W, Pt, Ir 등의 금속재료도 저항체로서 사용되며, 그 성질을 표 2.9에 나타낸다.

표 2.9 순금속재료의 성질

종별	밀도 $[\text{g/cm}^3]$	융점 $[\text{℃}]$	저항률 $[10^{-2}\mu\Omega\cdot\text{m}]$	저항온도계수 $[10^{-4}\text{K}^{-1}]$
Ni	8.9	1,452	6.9	60
Mo	10.2	2,620	4.77	33
W	19.0	3,370	5.48	45
Pt	21.4	1,771	10.5	30
Ir	22.4	2,350	2.29	–

2.2.3 비금속 저항재료

(1) 물

물의 저항률은 수질, 온도 등에 따라 매우 다르다. 불순물로서 염분 등을 포함한 것은 저항률이 작다. 각종 물의 20℃에서의 저항률을 표 2.10에 나타냈다.

표 2.10 물의 저항률

물의 종류	저항률 $[\Omega\cdot\text{m}]$
증류수	10^5
수돗물	100
우물	20 ~ 70
해수	0.3
포화식염수	0.04

물의 저항률의 온도에 따른 변화는 20℃를 표준으로 하여 다음의 실험식으로 표현된다.

$$\rho_t = \frac{40}{(20+t)}\rho_{20} \tag{2.4}$$

여기서, ρ_t: $t[℃]$에서의 저항률

ρ_{20}: $20℃$에서의 저항률

물에 약간의 전해질(식염, 수산화나트륨 등)을 첨가하면, 도전성이 증가하기 때문에 전해질의 농도, 전극 간의 거리를 가감해서 교류의 대용량 저항체로서 이용할 수 있다.

(2) 탄소

1) 고체저항

① 세라믹계: 탄소로서는 카본 블랙 또는 흑연 분말을 이용하며, 결합제로서 도토(陶土, 카올린) 등을, 용제로서 식염, 소다재(灰), 편모래 등을 적당한 비율로 혼합한다. 건식 성형에서는 이것을 수압기로 필요한 형태로 만든다. 습식에서는 물을 적당량 더해 반죽하여 압출성형기로 다이스(dies)에서 봉 형태로 눌러내 성형하고 충분히 건조한다. 이것을 비산화성 분위기 내에서 1,200℃ 이상의 온도로 적절한 시간 소성시켜서 저항체를 만든다. 다음으로 단자를 붙여 수지 함침 등을 실시한다. 이 저항률은 재료의 혼합비율로 조절이 가능하고 수 Ω 정도의 낮은 것부터 수 MΩ의 것까지 얻을 수 있다. 이것은 무기물을 주성분으로 하기 때문에 비교적 안정하다.

② 수지계: 미축합(未縮合)의 수지(resin)와 카본 블랙과 충전제(도토)를 잘 혼합하고 가열분쇄 후에 금형에 넣고 가열하면서 가압 성형한다. 이때 단자도 동시에 넣는다. 일반적으로는 그 위에서 얇은 베이클라이트 피복을 하여 다른 것과의 접촉을 방지한다. 이것은 양산에 적합하다.

이상의 세라믹계 및 수지계의 고체 저항체는 탄소의 양이 약간씩 다르며 원료의 불균일이 제품의 저항률 차이를 크게 한다.

2) 분말 및 판상저항

불량한 접촉(接觸) 상태에 있는 탄소 분말 또는 탄소 판(板)에서는 접촉압력의 변화에 따라 접촉저항이 변화한다. 이 성질을 이용해서 저항 조정장치 등에 이용하고 있다. 판상(板狀)으로 쌓은 저항체는 보통 두께 1 mm 이하의 판을 수십 매~수백 매 쌓고, 압력을 가감(加減)하여 접촉저항을 변화시킴으로써 저항

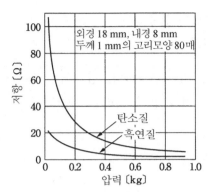

그림 2.6 탄소 및 흑연의 접촉저항과 압력의 관계

을 조정하는 것으로, 소형 발전기의 자동 전압조정기 등에도 이용된다.

그림 2.6은 탄소 및 흑연의 접촉저항과 압력의 관계를 나타내는 예이다.

(3) 탄화규소계

이것은 탄화규소(SiC)를 주성분으로 하는 저항체로, 봉 형태로 만든다. 고 저항용으로서도 사용되지만, 발열용으로서는 니크롬 등 합금에 비하여 훨씬 고온에 강하여 1,400 ℃ 정도까지 사용이 가능하다.

탄화규소계 저항체의 제조법은 우선 카보런덤(carborundum, SiC)과 C 와의 혼합물에 피치 또는 타르를 혼합시켜 봉 형태로 성형하고, 약 1,300 ℃에서 예비 소성한다. 그 다음으로 이것을 실리카(SiO_2) 분말 속에 넣은 상태에서 봉 자체에 전류를 흐르게 하면서 2,000 ℃로 가열하여 규소화시킨다. 이렇게 함으로써 전체가 카보란담이 되면서 저항체가 완성된다.

우선, 사용 상태에서 저항체 양단의 온도가 중간 부분보다 낮게 하기 위해 양단 부분에 금속 규소계를 침투시켜, 양단부의 저항률을 다른 부분의 1/10∼1/100으로 해둔다.

저항률은 여러 가지 값을 얻을 수 있고, 저항온도계수는 −0.001 K^{-1} 정도이다.

2.2.4 박막 저항재료

(1) 금속박막

백금, 금-크롬 등을 음극 스퍼터링(cathode sputtering) 또는 진공증착법 (vacuum evaporation method)에 의해 유리 등의 표면에 박막 형태로 부착시 켜 저항체로 만드는 것이 가능하다. 박막으로 만들어줌으로써 온도계수를 저하 시킬 수 있다[$(4 \sim 6) \times 10^{-4} \mathrm{K}^{-1}$ 정도]. 또 금속산화물의 박막을 이용하는 경 우도 있다.

(2) 탄소피막

1) 석출탄소저항체

박막을 이용하는 것은 금속박막의 경우와 같지만, 탄소의 저항률은 백금 등에 비교하여 상당히 높기 때문에, 막의 두께도 두꺼워 보통 1 μm 정도 된다. 이것 은 석영, 방형산유리, 자기 등 불활성의 것을 고온도($800 \sim 1,100\,^{\circ}\mathrm{C}$)로 가열해 두고, 그 면에 탄화수소를 접촉시켜 열분해를 일으키게 함으로써 탄소를 유리 (遊離) 석출(析出)시킨 것이다. 탄화수소로서는 가솔린이 사용되며, 그 밖에 사 염화탄소도 이 목적에 적당하다. 리켄 옴(Riken Ohm)은 그 한 예이다. 이러한 것들을 제조하기 위해서는 에이징이 필요하다.

① 자기관을 이용하는 저항체: 자기관(磁器管)을 이용하는 저항체에서는 그 표면 에 석출시킨 탄소피막에 나선상의 홈을 파서 제작한다. 소형으로 높은 저항을 얻을 수 있고, 또 고주파 성능이 좋기 때문에 많이 사용되고 있다. 관의 내면에 석출된 탄소막을 제거하면 고주파 특성이 더욱 더 개선된다.

② 저항온도계수: 수 $\Omega \sim 10\,\mathrm{k}\Omega$ 정도인 것의 저항온도계수는 평균 $-2.6 \times 10^{-4}\,\mathrm{K}^{-1}$ 정도다. 저항온도계수는 석출 탄소 피막의 두께에 의해 결정되지만, 이것은 열 분해시키는 탄화수소 화합물의 종류, 열분해온도, 자기 표면의 물리 적 상태와 연관이 있다.

먼저, 탄소 피막 저항체의 전기저항은 시간의 경과와 함께 조금씩 증가하고 그 온도계수는 감소하지만, 전자회로에 사용하는 경우 잡음의 변화는 거의 없 다.

2) 탄화형 저항체

이것은 석출탄소저항체와 같은 형태로 탄소막을 이용하는 것이지만, 자기 또는 내열성 특수 유리 등의 면에 미리 유기물도료, 예를 들면 베이클라이트수지 등을 엷게 적당량 도포하고, 건조 후에 탄화로에 넣고 진공 또는 비산화성 수소 혹은 질소 등의 분위기에서 서서히 가열하고, 마지막에 $700 \sim 800\,℃$까지 상승 시킨다. 도료로서는 증기압이 낮은 것이 좋다.

3) 소부형 저항체

자기 표면에 콜로이드 상태의 흑연을 도포하고, 불활성가스 안에서 약 $700\,℃$ 까지 가열하여 구워 만든 것이다.

높은 저항을 만드는 경우에는 수산화알루미늄 등을 적당량 혼합한 도포액을 이용하여, 인화하는 동안에 산화물에 변화시켜, 비교적 두꺼운 막을 얻을 수 있다. 또, 글립탈수지와 같은 알키드계 수지용액에 콜로이드 상태의 흑연을 적당량 혼합한 것을 도포하여 건조한 것은 $200\,℃$ 이하의 저온에서 수지를 중축합하여 고착시키면, 저항체를 얻을 수 있다. 하지만 이 경우에는 유기물이 혼합되어 있기 때문에 경년변화나 잡음면에서는 그다지 좋지 않다.

2.3 반도체재료

2.3.1 반도체재료 개론

(1) 반도체재료 종류

1.7.1항에서 설명한 것과 같이, 절연체 또는 진성반도체에서는 내부의 전자가 가질 수 있는 에너지대의 구조는 금지대를 사이에 두고 전자가 충만되어 있는 가전자대와 전자가 거의 존재하지 않는 전도대로 나누어져 있다. 따라서 전기전도와 같은 현상은 주로 열이나 빛 등의 효과에 의해서 전도대로 올라간 전자 또는 가전자대에 만들어진 정공에 의해 발생된다. 게다가, 도너나 억셉터로서 행동하는 불순물 원자를 도펀트(Dopant)로서 첨가함에 따라 특정 영역의 전기전도 특성을 제어하여 목적에 맞는 반도체 디바이스의 기본구조를 구축하고 있다.

이와 같은 에너지대 구조를 갖고 도핑에 의한 전도특성 제어가 가능한 반도체재료는 지금까지 많이 알려져 있다. 반도체재료를 그림 2.7과 같이 분류해 보자. 우선, 무기재료와 유기재료로 크게 구별된다. 또한 무기반도체를 구성 원소에 의해 분류할 수 있다. 이 기초 물성값을 표 2.11에 나타냈다. 현재 사용되고 있는 거의 모든 반도체 디바이스는 무기반도체로 만들어지고 있다. 또 원자배열의 규칙성에 따라 단결정 반도체와 다결정 반도체 그리고 아모퍼스(amorphous, 비정질) 반도체로 분류할 수 있다.

아모퍼스 반도체에서는 어떤 원자를 중심으로 주위를 보았을 때 인접 원자와의 사이에 규칙성은 있지만(예를 들면, 아모퍼스 실리콘에서는 이 근거리 질서는 정사면체 배위), 몇 개의 원자(분자) 이상 멀어지면 결정과 같은 원거리 질서는 잃게 된다. 광흡수 등의 기본적인 성질은 근거리 질서와 화학결합에 의해 크게 의존하지만, 원거리 질서의 영향을 받기 쉬운 캐리어 이동도는 크게 떨어진다. 또 다결정 반도체는 수 100 nm ~ 수 10 μm 사이즈의 결정립 집합체이기 때문에, 기초물성은 단결정과 다르지 않지만, 복수의 결정립을 포함하는 매크로(macro)한 계에서는 결정립계의 영향이 크게 나타난다.

π 결합을 갖는 벤젠환, C＝C를 주쇄(主鎖)로 하는 고분자 중에는 반도체로서의 성질을 나타내는 것이 있고 이것들은 유기반도체로서 분류되고 있다. 박막트랜지스터(TFT, Thin Film Transistor), 전계발광(EL, Electroluminescent) 소자용의 플렉시블(flexible)한 재료로서 주목을 모으고 있다.

(2) 원소반도체

무기반도체는 원소반도체와 화합물반도체로 크게 나눌 수 있다. Ⅳ (14)족 원소인 실리콘(Si)은 원소반도체를 대표하는 물질이고, 그 화합물인 이산화규소(SiO_2)가 $10^{16}\,\Omega \cdot$m의 높은 저항률을 나타낼 뿐만 아니라 실리콘 결정과의 계면 특성도 좋다. 이런 이유로 이상(理想)에 가까운 금속-산화물-반도체(MOS, Metal-Oxide Semiconductor) 구조를 실현할 수 있고, 마이크로프로세서, 메모리 등으로 대표되는 대규모 집적회로(LSI, Large Scale Integrated Circuit) 등 정보통신기술을 지탱하는 일렉트로닉스의 기반재료로서 부동의 위치를 차지하기에 이르렀다. 실리콘은 세계에서 존재하는 물질 중 가장 고순도(99.999999999%＝11 N)로 결정 결함이 적고 완전성이 높은 단결정 실리콘의 금지대폭은 1.12 eV

이고 이것을 파장으로 환산하면 약 1.1 μm의 근적외선에 상응한다. 1.7.2항의 (1)에서 본 것과 같이, 반도체의 광흡수는 이 파장보다도 짧은 빛에서 일어나기 때문에 실리콘은 인간의 눈에 보이는 가시광선 전역에 걸쳐서 광전효과를 얻을 수 있다. 또 태양에서의 6,000 K의 흑체복사 스펙트럼과의 정합도 비교적 좋다 [그림 1.34(b)]. 그렇기 때문에, 실리콘은 전하결합 디바이스(CCD, Charge Coupled Device), CMOS(Complementary MOS)형의 이미지 센서 등 촬영 디바이스나 태양전지 등에도 사용되고 있으며, 현재 반도체 제품의 90% 이상을 실리콘이 차지하고 있다. 실리콘 단결정의 대형화가 활발해져 그 직경은 양산 레벨로 200 ~ 300 mm에 달하고 있다.

구성원소에 따른 분류			(대표적인 재료)	(용도·특성)
	원소반도체	IV족	Si, Ge	LSI, 전자 디바이스
			C(다이아몬드)	장래 디바이스
		VI족	Se	초기의 정류기
무기반도체		IV-IV족	SiC	파워 디바이스
		III-V족	GaAs, InP 등	빛·고주파 디바이스
		II-VI족	ZnS, CdTe 등	발광 디바이스, 형광체
		III-VI족	GaTe, InSe 등	층상 반도체
	화합물반도체	IV-VI족	PbTe, PbS 등	적외선 검출 디바이스
반도체		V-VI족	Bi_2Te_3, Sb_2Te_3 등	열전변환
		(질소물)	GaN 등	청색·적외선 발광
		(산화물)	ZnO 등	투명적극, 형광체
		(카르코파이라이트)	$CuInSe_2$ 등	태양전지
		혼정(混晶)	AlGaAs, SiGe 등	헤테로접합 디바이스
유기반도체(CH 골격을 기본)			펜타센, 안트라센 등	EL, TFT(플렉시블)

원자배열에 따른 분류			
	단결정 반도체	Si, GaAs 등	LSI, 고성능 디바이스
반도체	다결정 반도체	Si, Bi_2Te_3 등	TFT, 열전변환소자
	아모퍼스(비결정질) 반도체	Si, 칼고겐 등	태양전지, TFT, 촬상소자

그림 2.7 반도체의 분류

실리콘 이외의 원소반도체에는 실리콘과 같은 Ⅳ(14)족 원소인 게르마늄 (Ge) 및 탄소 결정의 한 형태인 다이아몬드(C)가 있다. 게르마늄은 1947년에 미국의 벨연구소에서 트랜지스터가 발명되었을 때 사용되었지만, 금지대폭이 작고 온도 특성이 나쁜 점과 산화물(GeO_2)과의 상성(相性)이 좋지 않다는 이유로 약 반세기에 걸쳐서 포토다이오드 등의 특수 용도 이외에는 딱히 용도가 없었다. 그러나 최근 Si과 합금(SiGe혼정)이나 변형을 이용한 고이동도의 LSI용 재료로서 다시 주목받고 있다. 실리콘이나 게르마늄의 결정구조가 다이아몬드 구조(그림 1.20 참조)로 분류되고 있는 점에서 쉽게 짐작할 수 있듯이, 다이아몬드는 반도체가 된다. 반도체 다이아몬드의 큰 장점은 열전도율의 크기와 가시영역 빛에 대한 투명성이다. 다이아몬드 열전도율의 크기는 약 $2,000\ W/(m \cdot K)$으로 되어 있어, 금속의 구리 $380\ W/(m \cdot K)$이나 Si의 $130\ W/(m \cdot K)$과 비교해도 크기 때문에 고밀도·하이 파워의 전자 디바이스 재료로서 전망이 좋다.

(3) 화합물반도체

그림 2.7 및 표 2.11에 나타낸 것과 같이, 화합물반도체의 종류는 매우 많고 현재 다양한 분야에서 응용되고 있다. 특히, 발광이나 수광(受光)에 있어서 고효율의 광전기 변환 디바이스, 높은 캐리어 이동도와 높은 절연파괴 전계를 살린 고속·고주파 디바이스, 파워디바이스 등의 분야에 실리콘으로는 실현하기 어려운 응용분야를 담당하고 있다. 특히, GaAs, InP을 중심으로 한 Ⅲ-Ⅴ족 화합물은 CD(Compact Disk), DVD(Digital Video Disk)의 광 픽업에 이용되고 있는 반도체 레이저, 위성방송, 휴대전화 등의 마이크로파대의 저잡음 및 고출력의 고주파 디바이스에 필수적인 재료이다.

화합물은 2종류 이상의 원소에 의해 구성되고 그 구성비율이 정수비이고 각각의 구성원소와는 다른 성질을 나타내는 것을 가리킨다. 예를 들면, 가장 대표적인 갈륨비소(GaAs)는 금속원소인 Ⅲ족 원소인 갈륨(Ga)과 비금속의 Ⅴ족 원소인 비소(As)가 1 대 1의 비율로(이상상태에서는 Ga원자 옆에는 반드시 4개의 As, As원자 옆에는 반드시 4개의 Ga) 결합한 화합물로 가전자 수의 합이 8이 되는 관계를 가지고 있다. 이것을 **화학양론성**이라고 한다. 따라서 예를 들면, $Ga_{0.364}As_{0.636}$이라는 조성비의 결정은 존재하지 않는다. 열역학적인(엔트로피)

표 2.11 무기반도체의 기초 물성특성

분류	족	재료의 화학기호	금지대폭[eV] @온도(@극저온)	광학 천이형	결정구조	격자상수[nm] a 또는 a/c	융점[K]	비유전율 ε_r @직류	밀도 [10^3 kg/m^3]
원소반도체	IV	C	5.41(5.50)	간접	다이아몬드	0.3567	4100(@125 kbar)	5.7	3.515
		Si	1.124(1.170)	간접	다이아몬드	0.5431	1687	11.9	2.329
		Ge	0.664(0.785)	간접	다이아몬드	0.5658	1210	6.2	5.353
화합물반도체	III-V	AlP	2.41(2.45)	간접	섬아연광	0.5464	2823	9.8	2.401
		AlAs	2.15(2.23)	간접	섬아연광	0.5661	2013	10.1	4.598
		AlSb	1.62(1.69)	간접	섬아연광	0.6136	1327	12.0	4.26
		GaP	2.272(2.350)	간접	섬아연광	0.5451	1749	11.1	4.136
		GaAs	1.424(1.519)	직접	섬아연광	0.5654	1511	12.8	5.316
		GaSb	0.726(0.822)	직접	섬아연광	0.6096	991	15.7	5.614
		InP	1.344(1.424)	직접	섬아연광	0.5869	1327	12.6	4.787
		InAs	0.354(0.418)	직접	섬아연광	0.6058	1221	15.2	5.667
		InSb	0.180(0.235)	직접	섬아연광	0.6479	800	15.8	5.775
	질화물	AlN	6.13(6.19)	직접	우르츠광	0.3111/0.4979	3025	9.1	3.255
		GaN	3.39(3.50)	직접	우르츠광	0.3190/0.5189	2791	9.0(//c)	3.74
		InN	0.7~0.8	직접	우르츠광	0.3545/0.5703	1900(@60 kbar)	15.3(//c)	6.78
	II-VI	ZnS	3.58(3.91)	직접	섬아연광**	0.5405	1991	8.3	4.088
		ZnSe	2.64(2.82)	직접	섬아연광**	0.5667	1799	8.6	5.266
		ZnTe	2.35(2.39)	직접	섬아연광	0.6088	1563	10.3	5.636
		CdS	2.48(2.58)	직접	우르츠광	0.4135/0.6749	1750	8.73(//c)	4.82
		CdSe	1.74(1.84)	직접	우르츠광	0.4299/0.7011	1537	10.2(//c)	5.684
		CdTe	1.475(1.606)	직접	섬아연광	0.6481	1367	10.4	5.854
		HgTe	−0.141(−0.304)#	직접	섬아연광	0.6453	943	21.0	8.21
	산화물	ZnO	3.2(3.44)	직접	우르츠광	0.3249/0.5204	2242	7.8(//c)	5.675
	IV-IV	SiC(3C)	2.2(2.42)	간접	섬아연광	0.4360	3103	9.5	3.166
		SiC(6H)	2.86(3.02)	간접	육방정	0.3081/1.512	>483(3C→6H)	9.6(//c)	3.211
	IV-VI	PbS	0.42(0.286)	간접	암염광(NaCl)	0.594	1383	169	7.597
		PbSe	0.278(0.145)	간접	암염광(NaCl)	0.612	1355	210	8.26
		PbTe	0.311(0.171)	간접	암염광(NaCl)	0.646	1197	414	8.242
		SnTe	0.6(0.36)	간접	정방	0.633		200~1200	6.445
	산화물	SnO$_2$	3.54(3.7)	직접	루틸	0.4737/0.3186	>2200	9.58(//c)	6.994
	V-VI	Bi$_2$Se$_3$	0.16	간접	능면	0.9841/2.864	979	113	7.68
		Bi$_2$Te$_3$	0.13	간접	능면	1.047/3.049	858	290	7.86
		Sb$_2$Te$_3$	0.28	간접	능면	0.1043/3.035	894	168	6.505

#: 반금속, **: 주요한 결정상

면에서 실제의 결정은 완전하게는 화학양론성을 만족하고 있지는 않지만, 그 차이의 크기는 겨우 100만 분의 1 정도이다. 정수비로부터 약간의 차이는 결정속의 공격자점이나 자기(自己) 격자 간 원자 혹은 역치환형 결함(안티사이트)이라는 점 결함으로 관측되기 때문에 반도체 결정의 전기적·광학적 성질에 크게 영향을 미친다.

(4) 혼정반도체

앞에서의 화합물과 유사하지만 다른 개념의 합금이어서 혼동하기 쉽기 때문에 주의가 필요하다. 니크롬선이라는 상품명으로서 알려져 있는 전열선은 니켈(Ni)을 베이스로 하는 합금이며, Ni에 크롬이나 철을 '임의'의 조성으로 혼합시킴으로써 목적에 맞는 특성을 갖추고 있다. 반도체의 금지대폭, 비유전율(이 값의 평방근이 광학적 굴절률에 상응한다)이 표 2.11의 물성표 안에 있는 특정 재료를 이용하는 한 불연속적인 값밖에 얻을 수 없다. 이것으로는 1.7.2항과 식 (1.17)에서 기술한 금지대폭에서 결정되는 발광파장이나 광흡수파장을 설계할 때 곤란하다. 그래서 2종류 이상의 재료를 '임의'의 조성으로 혼합시켜(합금화함), 목적에 맞는 성질의 반도체를 만든다는 개념이 생겨났다. 이러한 합금반도체를 **혼정반도체**(混晶半導体)라고 부른다. 최근 반도체 디바이스의 중요한 개념의 하나인 헤테로접합[1.7.3항의 (4) 참조]의 전위장벽의 설계도 이러한 개념의 연장선에 있다.

예를 들어, III-V족 화합물인 GaAs와 AlAs을 구성 요소로 하는 혼정반도체를 가정하여 그 원자배열 모습을 대략적으로 그림 2.8에 나타냈다. 여기에서 중요한 것은 혼정반도체를 구성하는 원소가 3종류라 하여도, 바꿀 수 있는 조성의 자유도는 1이라는 것이다. 이것은 앞에서 기술한 화학양론성의 제약으로 인해 III족 원소의 원자 수의 합(이 예에서는 Ga원자와 Al원자)과 V족 원소의 원자 수의 비가 1 대 1이다. 다시 말해, Al의 조성비를 x로 하면,

$$A_x Ga_{1-x} As = x \cdot AlAs + (1-x) \cdot GaAs \tag{2.5}$$

라고 하는 것이다. III족과 V족 어느 쪽의 원소도 공유하지 않는 경우, 예를 들면, InP과 GaAs의 조합에서는 $Ga_x In_{1-x} As_y P_{1-y}$로 표현되며 조성의 자유도는 III족 원소 간의 x 및 V족 원소 y가 된다.

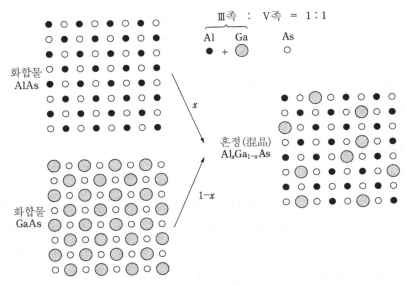

화합물인 한 화학양론성을 만족하지 않으면 안 되는 혼정(합금)에 있어서도 Ⅲ족 원소의 합계와 Ⅴ족 원소의 합계 사이에는 정수비의 관계가 성립한다.

그림 2.8 화합물과 혼정반도체

그림 2.9에 가장 많이 응용되고 있는 $Al_xGa_{1-x}As$ 혼정에 대해서 금지대폭 및 굴절률의 Al 조성 의존성 데이터를 나타낸다. Al 조성이 $x < 0.41$의 영역

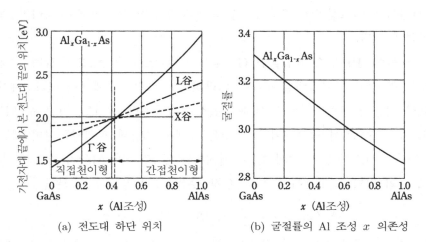

(a) 전도대 하단 위치   (b) 굴절률의 Al 조성 x 의존성

전도대 하단은 가전자대 상단을 기준으로 하여 표시하고 있기 때문에, 값은 금지대폭과 비슷하다. $x = 0.41$을 경계로 광학천이가 직접천이형에서 간접천이형으로 이행

그림 2.9 $Al_xGa_{1-x}As$ 혼정의 성질 예

(GaAs 측)에서는 1.7.2 항의 (2) 및 그림 1.26 에서 설명한 직접천이형 밴드구조를 가진다. 따라서 이 혼정계를 이용함으로써 이 범위 내에서 발광파장을 연속적으로 선택하는 것이 가능하다. 또 동시에 굴절률은 금지대폭은 넓고 Al 조성 측에서 작게 되어 발광층을 Al 조성이 큰 영역에 놓음으로써 광섬유와 같은 모양의 광 도파로 구조가 실현될 수 있다.

2.3.2 결정제작기술

(1) 원재료의 정제

1.7.1 항의 (3), 2)에서 기술한 것과 같이, 반도체의 전기특성을 결정하는 캐리어는 주로 도펀트로서 의도적으로 첨가한 불순물의 종류와 양에 의해 결정된다. 따라서 반도체 디바이스를 제작할 때에는 우선 잔류 불순물을 최대한 제거하여 순수에 가까운 소재를 만드는 것에서 시작된다.

실리콘은 지각 중에서 산소 다음으로 많이(27.7 %) 존재하는 원소이지만, 보통 이산화물 SiO_2(규소)의 형태를 취하고 있다. 그렇기 때문에, 우선 아크 전기로를 이용하여, 탄소와 그라파이트를 함께 가열해서 아래와 같은 환원반응에 근거하여 단체(單體) 실리콘을 얻는다.

$$SiO_2 + SiC \quad \rightarrow \quad Si + CO\uparrow + SiO\uparrow \tag{2.6}$$

이 상태의 단체(單體) Si 의 순도는 아직 그다지 높지 않기(98 %) 때문에, 금속실리콘(MGS)이라고 불린다. 여기서, MGS를 염화수소(HCl)에 녹인 3염화실란($SiHCl_3$, 비점은 32 ℃)으로 하여

$$Si + 3HCl \rightarrow SiHCl_3 + H_2\uparrow \tag{2.7}$$

이것을 증류·정제하는 것으로 순도를 높여 간다. 게다가, 이 3염화실란을 나중에 기술하는 화학기상 성장법(CVD, Chemical Vapor Deposition)과 같은 반응에 의해 석출시켜, 고순도의 다결정 실리콘을 얻는다.

$$SiHCl_3 + H_2 \rightarrow Si + 3HCl\uparrow \tag{2.8}$$

이 밖에 반도체재료의 정제방법으로서 널리 사용되고 있는 방법에는 편석현상을 이용하는 것이 있다. 이 방법은 열평형의 상태에서 용매 안에 녹아 있는

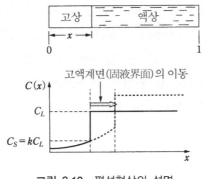

그림 2.10 편석현상의 설명

용질의 농도가 액상과 고상에서 다르다는 원리를 응용한 것이다. 예를 들어, 그림 2.10과 같이 단면적이 일정한 용기 속에 원소 A 중에 원소 B가 C_0의 농도로 녹아 있는 것이라 가정하자. 이 상태에서 왼쪽 끝이 조금 굳어지면, 굳어진 부분 B의 표면농도 C_S는, 고액계면(固液界面)의 액상 측의 농도 C_L과 다른 것이 일반적이다. 열평형의 상태에서

$$k = \frac{C_S}{C_L} \tag{2.9}$$

이 비 k를 **분배계수** 또는 **편석계수**라고 한다. 따라서 왼쪽 끝 처음에 고화(固化)한 부분의 불순물 농도는 kC_0로, k가 1보다 작다고 하면, 순차적으로 우측을 향해서 굳어짐으로써, 액상 속에서의 불순물 농도는 증가하기 때문에, 굳어진 부분의 불순물 농도도 증가한다. 전부 고화된 상태일 경우, 용기 안에서의 불순물 농도분포는 다음 식으로 표현된다.

$$C(x) = k\,C_0(1-x)^{k-1} \tag{2.10}$$

여기서, x는 왼쪽 끝을 기점으로서 위치를 표시한다. k를 파라미터로서 곡선을 그리면 그림 2.11과 같이 된다.

이러한 조작에 의해 불순물은 한쪽 방향으로 집적된다는 것을 알았지만, 공업적으로는 이러한 조작을 반복하고, 효율을 높이기 위해 **존 정제**(zone refining method)라고 하는 기술이 이용되고 있다. 봉 형태의 다결정 실리콘을 띠 형태의 히터, 고주파 가열코일을 이용해서 부분적으로 용융하고 그 용융영역을

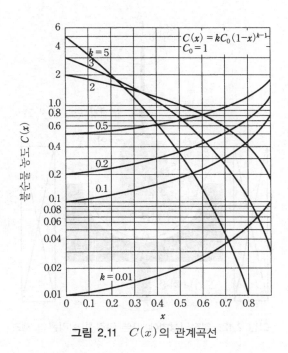

그림 2.11 $C(x)$의 관계곡선

한 방향으로 반복해서 이동하면 재료의 순도를 높이는 것이 가능하다. 또 초기의 용융부분에 작은 단결정(종결정)을 접촉시키고 나서 이 조작을 하면 고순도의 단결정을 얻을 수 있다. 이것을 **부유대법**(FZ, Floating Zone)이라고 부른다.

(2) 단결정의 제작

반도체재료 중 현재 대량으로 사용되고 있는 LSI기판은 단결정 상태의 실리콘이다. 그 이유는 다결정이나 비정질(아모퍼스)의 상태이면 원자배열의 흐트러짐, 결정립계에 있어서 캐리어 운동이 방해되거나 재결합하는 등 전기적인 기능이 저하되기 때문이다.

실리콘 단결정의 제조법으로서는 앞에서 기술할 부유대법과 회전인상법이 있다. 이 방법은 개발자의 이름을 인용하여 **초크랄스키**(CZ, Czochralski)법이라고 불린다. **회전인상법**에 의한 실리콘 단결정의 제조장치를 그림 2.12에 대략적으로 나타냈다. 고순도 다결정 실리콘을 원료로서 석영도가니에 넣고, 진공 또는 아르곤 등의 불활성가스 안에서 가열한다. 가열에는 고주파 유도를 이용하는 경우와 주위에서 저항로로 가열하는 경우가 있다.

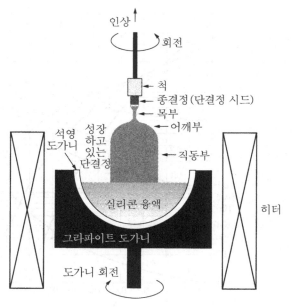

그림 2.12 회전인상법에 따른 단결정 실리콘의 제조

이렇게 해서, Si의 온도를 융점 이상 일정한 값으로 유지한 채, 위에서부터 **종**(시드)이 되는 단결정의 작은 조각 **종결정**(種結晶)을 내려서 녹은 부분(융액)에 담그고 천천히 끌어올리면, 종결정의 아랫부분부터 결정이 성장한다. 이때 종결정 및 융액을 매 분 몇 회 내지 수십 회의 비율로 회전시키는 것이 좋은 질의 단결정을 만드는 데 효과적이다. 또 종결정으로부터 성장결정으로의 전위(轉位)의 전반(轉搬)을 피하고, 전위 없는 결정을 제작하기 위해서 성장 초기에 인상속도 등을 조정하여 잘록한 부분(목 부분)을 만든다. 계속해서 직경을 확대하면서 어깨부분을 지나 직동부에 이른다. 직동부의 직경은 성장결정의 중량이나 카메라에 의한 실시간 모니터 결과 등을 인상속도에 피드백(feedback)하여 일정하게 유지한다. 실리콘 단결정의 직경은 클 경우 300 mm에 달한다.

GaAS, InP 등의 화합물반도체에도 기본적으로 같은 방법이 적용되고 있지만, V족 원소의 증기압이 높기 때문에 이들의 경우에는 융액에서 성분원소가 휘발하지 않도록 특별한 조치가 필요하다. 대표적인 방법으로서는 성장온도에서 액체가 되고 비중이 가벼운 물질, 예를 들면 B_2O_3을 이용해서 원료 융액표면을 덮어 휘발을 방지하는 액봉지(液封止) 초크랄스키(LEC, Liquid Encapsulated Czochralski)법이 알려져 있다. 또 석영 등으로 만든 봉관 안에서 휘발성 성분의 증기압을 제어하여 결정성장을 실시하는 브리지만법 등도 널리 이용되고 있다.

(3) 에피택시얼 성장기술

다이오드나 트랜지스터 등의 반도체 소자에서 실제로 동작하는 부분은 결정의 아주 작은 표층, 수 nm~수십 μm 의 영역에 제한된다. 또 레이저다이오드나 마이크로파 트랜지스터 등에 이용되는 화합물반도체에서는 nm 단위로 제어된 초박막을 수층부터 수십층 적층한 구조를 어떻게 설계하고, 그것을 실현하는가가 실용화의 열쇠가 된다. 그래서 기판이 되는 결정 표면에 얇은 결정층을 성장시켜 그 부분을 사용하는 것이 반도체공업에서는 아주 중요한 기술이 되고 있다. 이 기술은 **에피택시얼 성장법**(epitaxial growth method)이라고 불린다. 에피택시얼이라는 것은 기판이 되는 결정의 원자배열을 반영하여 특정의 결정축 방향에 얇은 결정층을 성장시키는 것이다.

에피택시얼 성장에는 원재료의 상태에 따라 **기상 에피택시얼 성장**(VPE, Vapor Phase Epitaxy), **액상 에피택시얼 성장**(LPE, Liquid Phase Epitaxy), **고상 에피택시얼 성장**(SPE, Solid Phase Epitaxy) 등 3종류가 있다.

Si 의 기상 에피택시얼 성장에서는 원료가스인 4염화실리콘($SiCl_4$)을 수소 환원하는 다음의 화학반응을 이용한다.

$$SiCl_4(기체)+2H_2(기체) \rightarrow Si(고체)+4HCl(기체) \ @1,200\,℃ \qquad (2.11)$$

여기서, $SiCl_4$의 증기와 H_2 가스를 혼합하여 1,200℃ 정도의 고온에서 가열되어 있는 Si 단결정기판상으로 보내면, 위와 같은 상기의 반응에서 생긴 Si 가 기판 표면에 부착되어 기판과 같은 결정축을 가진 단결정이 성장한다. 이때, 동시에 포스핀(PH_3), 아르신(AsH_3) 등을 첨가하면 n형, 디보란(B_2H_6)을 공급하면 p형의 에피택시얼 성장층을 얻을 수 있다. 원료가스의 기상 중에는 반응을 이용하고 있기 때문에 **화학기상 성장법**(CVD)이라고도 불린다.

화합물반도체의 에피택시얼 성장에는 유기금속을 원료가스로 하는 **유기금속 화학성장법**(MOCVD, Metalorganic CVD) 및 **분자선 에피택시얼 성장법**(MBE,

Molecular Beam Epitaxy)이 자주 이용되어 단원자·단분자층을 제어한 극박막의 에피택시얼 성장도 가능해졌다. 예를 들면, AlGaAs/GaAs의 조합으로 이루어지는 헤테로접합[1.7.3항의 (4)]과 초격자 구조를 만드는 경우는 MOCVD에서는 III족 원료로서 트리메틸갈륨($Ga(CH_3)_3$) 및 트리메틸알루미늄($Al(CH_3)_3$), V족 원료로서 아르신(AsH_3)을 사용한다. 한편, 진공증착법의 일종인 MBE에 있어서는 **크누센셀**이라고 불리는 가열용기를 이용하여 원료의 단체(單體) 금속을 빔 형태로 하여 적당한 온도로 가열된 기판결정 표면에 조사하여 박막을 성장시킨다.

액상 에피택시얼 성장은 적당한 용매에 원료원소를 녹여서 포화시켜 두고, 이 용액을 기판결정에 접촉시켜 서서히 냉각했을 때 과포화된 용질원소가 기판 표면에 석출되는 현상을 이용한다. 화합물반도체 디바이스 개발의 초기 단계에 많이 이용되었다. 또 결정층에 비정질층이 접하고 있는 경우 그 물질이 융해하지 않는 저온에서도 가열에 의해 계면에서부터 비정질층이 결정화해 가는 현상을 이용하여 박막결정을 제작하는 방법이 **고상 에피택시얼 성장**이다.

2.3.3 전자 디바이스 재료

(1) 저전계이동도와 포화 드리프트 속도

전자디바이스가 목표로 하는 것은 보다 고속으로 고주파영역에서까지 동작하는 것, 전력 소비가 적은 것, 내압이 높고 큰 전력을 다룰 수 있는 것, 그리고 낮은 잡음성이다. 이미 2.3.1항에서 기술한 바와 같이, 실리콘은 단체(單體) 원소로 반도체가 되는 물질이며 초 LSI의 응용에 있어서 종합적으로 우수한 물성을 갖기 때문에 반도체재료로서 확고부동한 위치를 구축하고 있다. 물론, 다이오드, 트랜지스터, 사이리스터 등의 단체(單體)의 전자 디바이스에도 주로 실리콘이 사용되고 있다.

이에 비해, 화합물반도체에는 실리콘에는 없는 성질을 갖는 것, 또는 실리콘과 비교해서 매우 우수한 물성을 갖는 것이 있어 재료마다 독자(獨自)적으로 응용분야가 개척되고 있다. 표 2.12에 전자 디바이스의 특성에 관련하는 물성값을 대표적인 반도체에 대해서 정리하였다. 또, 그림 2.13에는 대표적인 반도체

표 2.12 대표적인 반도체의 파라미터 중 전자 디바이스에 관련된 것을 실리콘과 비교하여 명시

물성값(실온)	단위	GaAs	InP	InAs	GaSb	GaN	6H–SiC	Si
금지대폭	eV	1.424	1.344	0.354	0.726	3.39	2.82	1.12
저항률의 최댓값	$\Omega \cdot m$	3.3×10^6	8.6×10^5	0.0016	$\sim 10^2$	$> 10^{11}$	$> 10^{13}$	3.2×10^3
비유전율(직류)	없음	12.8	12.6	15.2	15.7	9.0	9.6	11.9
저전계이동도(전자)	$m^2/(V \cdot s)$	0.85	0.54	4	0.3	0.15	0.07	0.15
저전계이동도(정공)	$m^2/(V \cdot s)$	0.04	0.02	0.05	0.1	0.001	0.006	0.045
포화 드리프트 속도 (전자$\times 10^5$)	m/s	1×10^5	$\sim 1 \times 10^5$	$\sim 0.8 \times 10^5$	$\sim 0.8 \times 10^5$	$\sim 2 \times 10^5$	$\sim 2 \times 10^5$	1×10^5
절연파괴 전계강도	MV/m	~ 40	~ 50	~ 4	~ 5	~ 500	~ 300	~ 30
열전도율	$W/(m \cdot K)$	55	68	27	32	130	490	130

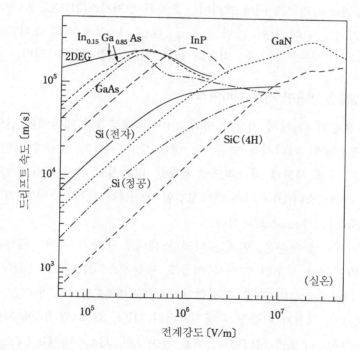

저전계영역에서는 GaAS나 InGaAs의 이동도가 크다. 특히, HEMT구조 등의 이차원 전자계일 경우, 저전계 드리프트 속도는 더욱 더 크게 된다. 고전계영역에서는 GaN과 SiC 등의 와이드 갭 반도체의 드리프트 속도가 크다.

그림 2.13 대표적인 반도체 속 전자의 드리프트 속도–전계 특성(실온)

속에서의 전자의 드리프트 속도와 전계강도 의존성을 나타내었다. 이미 그림 1.23에 실리콘에 대해서 나타낸 바와 같은 관계를 보다 넓은 전계 범위에서 나타냈기 때문에 로그눈금으로 표시한 것이다. 디바이스의 고속·고주파 동작에는 캐리어의 이동도나 포화 드리프트 속도가 큰 것이 바람직하다. 드리프트 속도 그 자체가 크면 고속으로 동작한다는 것은 쉽게 이해할 수 있다.

전류의 크기는 드리프트 속도에 비례하고, 인가전압은 전계강도에 비례한다. 따라서 저전계 이동도가 큰 재료에서는 작은 구동전압이라도 큰 드리프트 속도를 얻을 수 있기 때문에, 저소비 전력이면서 고속의 전자 디바이스가 실현 가능하다. 이러한 관점에서 표 2.12 및 그림 2.13을 보면, 저전계 이동도는 GaAs, InP, InAs 등의 III-V족 화합물반도체가 Si보다 크다는 것을 알 수 있다. 다음 항에서 기술하는 헤테로접합 전계 트랜지스터(HFET, Heterojunction Field Effect Transistor)의 채널에서 캐리어는 2차원 전자가스(2DEG, 2-Dimensional Electron Gas)로 되어 있고, 그림 중 $In_{0.15}Ga_{0.85}As$의 2DEG 데이터에서 보듯이, 저전계의 드리프트 속도는 더욱더 크게 되는 것을 알 수 있다.

(2) 헤테로접합을 이용한 전자 디바이스

이미 1.7.3항의 (4)에서 기술한 바와 같이, 헤테로접합 계면에는 전도대나 가전자대에 불연속인 에너지를 넘어, 즉 밴드 오프 세트가 생긴다(그림 1.30 참조). 이 밴드 오프 세트를 적극적으로 활용한 대표적인 전자 디바이스가 헤테로접합 전계 트랜지스터(HFET)와 헤테로접합 바이폴라 트랜지스터(HBT, Heterojunction Bipolar Transistor)이다.

HFET의 게이트 부분은, 현재는 다양한 헤테로 구조가 제안·채용되고 있지만, 이 디바이스의 시초인 고전자 이동도 트랜지스터(HEMT, High Electron Mobility Transistor)의 가장 본질적인 특징은 **변조도핑**이라 불리는 개념이다. 그림 2.14(a)에, 고전자 이동도 트랜지스터의 기본구조, 그림 (b)에 게이트 바로 밑의 에너지밴드 구조를 나타냈다. 예를 들어, $Al_{0.3}Ga_{0.7}As/GaAs$으로 구성되는 헤테로접합에 있어서는 금지대폭이 큰 반도체층($Al_{0.3}Ga_{0.7}As$)에만 도너를 첨가한다. 여기서 공급된 전자는 고품질로 전자친화력이 큰 반도체층(GaAs) 쪽으로 이동하고, 헤테로접합에 형성된 전도대 오프셋에 의해, 삼각형상의 퍼텐셜 우물(2차원 전자 채널) 안에 쌓인다. 이 부분에는 이온화된 도너가 존재하지 않기 때문에, 전자는 산란되기 어렵고 이동도가 높다. 따라서 고속동작과 저잡음성에 우수한 디바이스를 만들 수 있다. 또 $Al_xGa_{1-x}N/GaN$의 헤테로 계면을 이용하는 재료계에서는 자발분극 및 변형에 의한 피에조 효과에 의해서, 도핑이 없어도 밀집도 $10^{17}\ cm^{-2}$ 정도의 2차원 전자 채널을 쉽게 형성할 수 있다. 게다가, 그림 2.13 및 표 2.12에서 알 수 있듯이, GaN은 고전계의 운송특성이 우수하고 절연파괴전계도 높기 때문에, 고출력·고주파 디바이스로서 유망한 재료이다.

바이폴라 트랜지스터의 고속화에는, 베이스 영역을 얇게 하는 것이 가장 효과적이다[1.7.3항의 (3) 참조]. 하지만, 베이스의 박층화(薄層化)에 의한 입력저항의 증가를 억제하려고 베이스의 도핑 농도를 높이면 오히려 전류 증폭률이 떨어진다. 실리콘 바이폴라 트랜지스터에서는 이러한 트레이드오프 관계가 있지만,

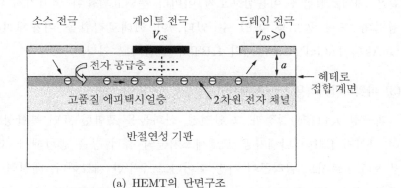

(a) HEMT의 단면구조

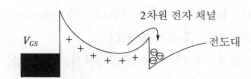

(b) 게이트 바로 아래의 전자에너지 분포

그림 2.14 헤테로접합 전계효과 트랜지스터(HFET)의 시초인 HEMT

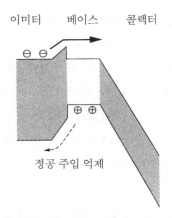

이미터   베이스   콜렉터

정공 주입 억제

그림 2.15 헤테로접합 바이폴라 트랜지스터의 에너지밴드 그림

헤테로접합 바이폴라 트랜지스터(HBT)로 이것을 해결할 수 있다. 그림 2.15에 나타낸 것과 같이, 이미터와 베이스 간의 접합에 그림 1.29(b) 및 그림 1.30(a)와 같은 헤테로접합을 이용함으로써 이미터 주입효과율이 떨어지지 않게, 베이스 영역의 도핑 농도를 높일 수 있다. 이 헤테로접합을 이용해서 Al-GaAs/GaAs나 InGaP/GaAs계의 HBT가 실현되고 있다.

(3) 파워디바이스용 반도체재료

대구경(大口徑) 결정과 그 완전성, 산화물을 포함한 표면 불활성화막의 품질, 더 나아가 LSI의 미세가공 프로세스기술의 축적 등을 종합해서, 파워디바이스용 반도체로서도 실리콘이 가장 뛰어나고 우수한 재료이다. 대전력 제어용의 스위칭 다이오드, 트랜지스터, 사이리스터, 파워 MOSFET, 절연 게이트 바이폴라 트랜지스터(IGBT, Insulated Gate Bipolar Transistor) 등 실용 디바이스의 많은 것이 실리콘으로 만들어지고 있다.

파워디바이스의 성능은 역내압 ON 상태에서의 잔류저항, 방열성, 스위칭 속도 등 다양한 파라미터에 의해서 평가된다. 더욱이 이들의 파라미터는 본질적인 것으로, 보다 기본적인 물성상수와 관련되어 있다. 이들의 물성상수를 조합시켜 파워디바이스용 재료에 대한 성능지수가 몇 가지 제안되고 있다. 표 2.13은 Si를 1로 하여, 배리커, 존슨 및 키즈가 각각 제안한 성능지수를 비교한 것이다. 각각 주목되고 있는 특성은 조금씩 달라 예를 들어 파워디바이스의 ON 저항,

고속성, 고집적성을 중시해서 성능지수를 평가하고 있다. 표 2.12와 비교하면, 파워디바이스용 재료로서는 SiC, GaN, 다이아몬드와 같은 금지대폭이 크고 (따라서 절연파괴전계가 크며), 포화전자 드리프트 속도 v_s 가 큰 와이드갭 반도체재료가 적당하다고 할 수 있다.

표 2.13 파워디바이스용 재료의 성능지수

반도체	배리커의 성능지수 $\propto \varepsilon_s \mu E_B^3$	존슨의 성능지수 $\propto (v_s E_B)^2$	키즈의 성능지수 $\propto \kappa (v_s/\varepsilon_s)^{1/2}$
Si	1	1	1
다이아몬드	4,110	1,100	21
SiC(3C)	33.4	65	1.6
SiC(6H)	110	260	4.68
GaAs	15.6	7.1	0.45
GaN	650	760	1.6
AlN	3,170	5,120	21
특 징	ON 저항에 주목	스위칭 속도에 주목	고집적화에 주목

ε_s: 비유전율, μ: 이동도, v_s: 포화 드리프트 속도, E_s: 절연파괴전계, κ: 열전도율

2.3.4 광디바이스 재료

(1) 발광 디바이스

발광 다이오드(LED, Light Emitting Diode), 레이저 다이오드(LD, Laser Diode) 등의 발광 디바이스는 화합물반도체가 독차지하고 있다고 해도 과언이 아니다. 이것은 1.7.2항의 (2)에서 설명한 것과 같이, 밴드구조가 직접 천이형 구조와 같기 때문이다. 표 2.11에는 밴드구조의 광학천이에 있어서 직접/간접 별로 나타내고 있다. 게다가, 발광파장은 혼정(混晶)반도체[2.3.1항의 (4) 참조]의 조성을 선택함으로써 어느 파장 범위 내에서 연속적으로 설계가 가능하다. 또 1.7.3항의 (4)에서 기술한 양자우물구조의 이산준위를 이용함으로써 발광파장의 제어범위를 넓히는 것도 가능하다. 그림 2.16은 대표적인 화합물반도체의 격자상수와 금지대폭의 관계를 나타낸 것으로, III-V족 화합물반도체 혼정(混晶)에 의해서 얻을 수 있는 에너지 범위도 아울러 표시하고 있다. 현재, 화합물

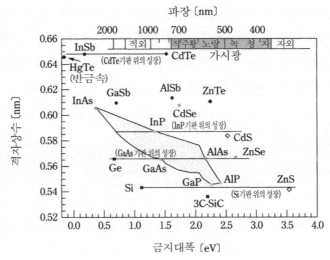

(a) 섬아연광 결정구조

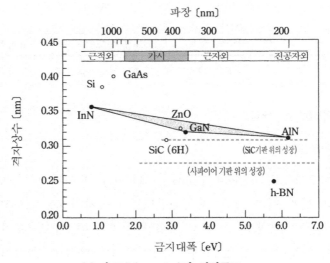

(b) 우르츠(wurtzite)광 결정구조

에피택시얼 성장을 하는 경우에는 입수 가능한 벌크 단결정의 격자
상수(그림 안의 수평인 직선)에 따라 혼정(混晶) 조성을 선택하면
격자 비틀림이 없는 박막을 얻을 수 있다.

그림 2.16 화합물반도체 혼정(混晶)의 격자상수와 금지대폭의 관계

반도체에 의해 발광 가능한 파장범위는 적외선의 $10 \mu m$ 영역에서 $300 nm$ 대의
자외선 영역에까지 이른다. 특히, 가시광을 중심으로 하여 근적외의 광통신영역

(1.3 μm, 1.55 μm 대)에서는 InGaAsP계, 광섬유 증폭기의 여기용 레이저다이오드(980 nm)로서 격자가 변형시킨 InGaAs계, CD의 광픽업용(780 nm)에는 AlGaAs계, DVD용으로는 InAlGaP계(650 nm, 적색)와 GaInN계(405 nm, 청자색)의 혼정(混晶)반도체를 이용한 LED나 LD가 실용화되고 있다. 게다가, 액정 표시장치의 배면광원용과 조명용도에 백색발광 다이오드로서 GaInN계 LED와 형광체의 조합, ZnSeTe계의 LED가 개발되고 있다.

그림 2.17에 레이저 다이오드의 동작원리와 구조 예를 나타낸다. 그림 (a)에 있듯이 이중헤테로접합(DH, Double Heterostructure)을 이용하고, 금지대폭이 작은 반도체를 넓은 금지대를 갖는 p형과 n형의 영역에 삽입한 구조를 하고 있다. 이 pn접합 다이오드를 순방향으로 바이어스하면, 전자와 정공은 중앙의 발광영역에 주입되고, 고밀도 상태에 갇혀서(캐리어 가둠), 레이저 발진 조건인 반전분포 상태가 실현되기 쉽게 된다. 이때 강한 발광이 일어나지만, 굴절률의 관계가 그림 (b)와 같이 되어 있기 때문에 발생한 광도 중앙 영역에 갇힌다. 그 결과, 광은 지면에 수직 방향에 전파하고 만약 단면에 벽개면(劈開面), 브래그

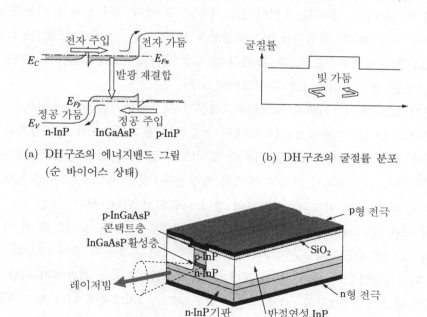

(a) DH구조의 에너지밴드 그림
(순 바이어스 상태)

(b) DH구조의 굴절률 분포

(c) 단면 발광형 레이저 다이오드의 구조 예(매립 스트라이프형)

그림 2.17 레이저 다이오드의 동작원리

회절 구조 등을 설치하면 광파에 대해 귀환경로가 만들어지는 레이저 발진이 일어난다. 그림 (c)에 광통신용 레이저 다이오드의 구조 예를 나타냈다.

(2) 포토다이오드와 태양전지

광을 이용한 정보의 전송이나 처리에 있어 발광 다이오드와 더불어 중요한 것이 수광(受光) 디바이스이다. pin 포토다이오드나 애벌런치 포토다이오드(APD, Avalanche Photodiode)가 실용화되고 있지만, 이용되는 반도체의 금지대폭에 따라서 그 수광 범위의 장파장측이 제한된다[1.7.2항의 (1) 및 표 2.11 참조]. APD에서는 광흡수층에서 발생한 캐리어가 역바이어스된 공핍층 영역을 주행하는 사이에 충돌전이를 반복하는 눈사태 증배를 이용함으로써 고감도화를 도모하고 있다. 충돌전이는 본질적으로 확률과정이기 때문에 과잉 잡음발생의 원인이 되지만, 이것을 되도록 억제하는 것으로, 전자와 정공에 대한 전이계수(α, β: 이온화율이라고도 불린다)의 차가 큰 재료를 선택할 필요가 있다. 실리콘은 $\beta/\alpha = 1/50 \sim 1/100$ 정도로, APD에 적합한 재료이지만 금지대폭의 제약에서 $1.1 \, \mu m$ 보다 장파장 영역에서는 사용할 수 없다. 광통신에서 이용되고 있는 1.3, $1.55 \, \mu m$ 의 파장역에서는 수광층을 InGaAs, 증배층(增倍層)을 InP로 한 APD가 실용화되고 있다. InP의 β/α의 값은 $2 \sim 2.5$이며, 같은 파장영역에 감도를 갖는 Ge의 1.5 와 비교하여 크다.

앞서 1.7.4항의 (2)에서 보았듯이, 태양전지는 에너지변환을 목적으로 하는 디바이스이지만, 본질적으로는 앞에서 기술한 포토다이오드와 마찬가지로 pn 접합에 있어 광기전력 효과를 이용한 것이다. 그림 1.34(b)에 있듯이, 태양광의 스펙트럼과 금지대폭의 관계로 재료가 결정된다. 일반 용도로서는 실리콘의 단결정과 다결정 및 아모퍼스실리콘의 셀이 보급되고 있다. 한편, 그림 1.25 에서 밝힌 것과 같이, GaAs 등의 화합물반도체는 $1.5 \sim 3 \, eV$ 를 중심으로 한 가시영역에서는 큰 광흡수계수를 갖기 때문에, 박층에서 고효율의 셀이 가능하다. 또한, 헤테로접합을 이용함으로써 표면재결합에 의한 손실을 저감하기 위한 창층(窓層)의 도입[1.7.3항의 (4) 및 식 (1.31) 참조], 금지대폭이 다른 반도체를 다층적층해서 파장범위를 분할하여 보다 효과적으로 광전 변환하는 것을 목적으로 하는 탠덤형의 셀 등도 있다.

2.3.5 열전효과 재료와 자전(磁電)효과 재료

(1) 열전효과 재료

1.7.5항에서 기술한 것과 같이, 일반적으로 열기전력이 큰 반도체는 열전대로서, 펠티에 효과를 이용하여 전자냉동기가 제작되고 있다. 이 용도에 사용되는 재료로서는 열전능(熱電能)이 크고, 열 그 자체가 없어지지 않도록 열전도도 κ [W·K^{-1}]이 작고, 또한 줄 발열을 작게 하기 위해 저항률 ρ [Ω·m]는 작은 것이 바람직하다. 반도체에서는 이러한 조건을 대체로 만족하는 것이 많다.

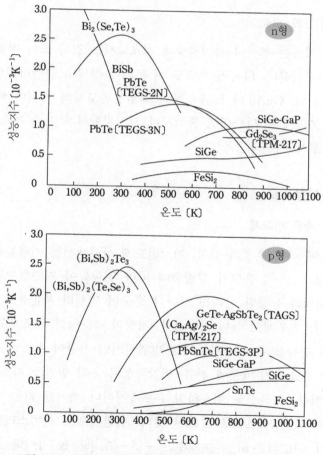

그림 2.18 각종 반도체재료의 열전성능지수의 온도의존성

현재 실용적인 재료로서 보고되고 있는 것은 금속 간 화합물로, 예를 들면, Bi_2Te_3계나 $PbTe$계 재료이다. 그림 2.18에 각종의 반도체재료의 열전성능지수의 온도의존성을 나타냈다. 여기서 열전성능지수는 다음 식으로 정의되는 양이다.

$$Z = \frac{\alpha^2}{\rho\kappa} \ [K^{-1}] \tag{2.12}$$

여기서, $\alpha \ [V \cdot K^{-1}]$는 열전능이다. 그림에서도 명확하게 알 수 있듯이, 온도영역에 따라 가장 최적인 재료가 다르다는 것을 알 수 있다.

(2) 자전(磁電)효과 재료

홀 효과를 이용한 센서나 자기저항체 재료로서는 전자 또는 정공의 이동도가 높은 것이 바람직하다. Ge, Si으로도 이 목적에 상당히 근접하지만, 표 2.12에서 알 수 있듯이, GaAs나 InAs 등의 화합물반도체의 캐리어 이동도는 특히 크기 때문에 이것들로 만들어진 홀소자나 자기저항체가 각종 계측이나 기기 제어용 모니터로서 이용되고 있다.

2.3.6 특수저항재료

(1) 서미스터 재료 반도체

그림 1.18에 나타낸 것과 같이, 진성반도체 상태에서는 저항률의 온도계수가 마이너스이고, 더욱이 온도가 상승함에 따라 저항률이 지수함수적으로 감소한다. 진성반도체와 동등한 상태는 도너 불순물이 억셉터 불순물로 보상되는 (혹은 그 반대의) 경우에도 실현 가능하다. 저항이 음($-$)의 온도계수를 갖는 재료에는 이것에 전류를 흘려서 반도체를 발열시키면 저항이 감소하고, 그곳에서의 전압 강하가 감소하기 때문에 전류-전압특성이 옴의 법칙을 따르지 않게 된다. 이 성질은 저항온도특성을 이용하여 온도측정이나 제어를 하는 경우에 이용되며, 제품으로서는 **서미스터**로 알려져 있다. 일반적으로 서미스터의 상온에서의 저항률은 $10 \sim 10^{13} \ \Omega \cdot m$, 온도계수는 $-(3 \sim 5) \ [\% \cdot K^{-1}]$이다. 서미스터 재료로서 잘 알려져 있는 것은 Mn, Co, Ni, Cr, Fe 및 그 밖의 천이금속 산화물

이 있고, 이들을 2종류 이상 혼합해서 성형하고 소결하여 만들어진다. 이것들의 산화물 소결체(세라믹)는 반도체적 성질을 갖는다. 범용 서미스터의 주재료는 Mn-Ni-Cr의 산화물이고, 자동차의 배기가스센서 등에 이용되는 고온용 서미스터 재료로서는 Cr_2O_3-Al_2O_3, $Mg(Al, Cr, Fe)_2O_3$ 등이 있다.

(2) 배리스터

저항체에 인가한 전압과 통과전류와의 사이에 비례성이 없는 비오믹(non ohmic)한 특성을 나타낸 것을 **배리스터**(varister)라고 부른다. 위에서 기술한 서미스터에서도 이러한 성질이 있지만, 이 경우 비오믹성을 나타내는 메커니즘은 통과전류에 따른 가열 효과에 의한 것으로 순간적인 전압인가에서는 이러한 성질을 나타내지 않는다. 배리스터는 본질적으로 전류-전압특성이 비직선적인 것으로, 보통 그림 2.16(a)에 나타낸 특성을 갖고 있다. 이 목적에 이용되고 있는 재료로서는 산화아연(ZnO)을 원료로 하여 몇 가지 종류의 분말상 첨가물을 혼입해서 원판 모형으로 압축성형하고, $1,200 \sim 1,400\,℃$의 고온에서 소결한 세라믹스이다. 이것에 양 단면에 은페이스트(silver paste)를 입혀서 전극으로 한다. ZnO의 결정립 자체의 저항은 작지만, 결정립계의 경계층이 고저항을 나타내고 배리스터에 인가된 전압의 대부분은 결정립계 근방에 가해진다[그림 (b) 참조]. 이때의 전류-전압특성은 경험적으로 다음 식으로 나타낼 수 있다.

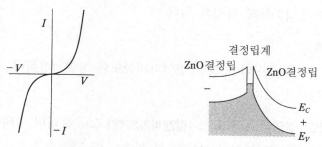

(a) 전류-전압특성   (b) 하나의 결정립계에 주목했을 때의 에너지밴드 그림

그림 2.19 배리스터 특성

$$I = kV^n \tag{2.13}$$

여기서, k는 소자의 길이, 재료, 입자, 압축응력 등에 의해서 결정되는 상수, n은 비선형성 정도를 나타내는 상수로 ZnO 배리스터의 경우 25 ~ 50 으로 매우 큰 점이 특징이다. 전력계통의 과전압제어를 비롯하여 다양한 분야에 그 용도를 넓히고 있다.

2.4 절연재료

2.4.1 절연재료 개론

어떠한 전기기계나 전자 디바이스에서도 전기절연 없이는 작동하지 않는다. 이런 의미에서 절연재료는 매우 중요하다.

(1) 절연재료의 분류

절연재료로 사용되는 물질은 기체, 액체, 고체의 3가지 상태이고 종류도 많다. 표 2.14에 이들의 조성상의 분류와 그 예를 나타낸다.

(2) 절연재료의 특성

절연재료로서 요구되는 주요 특성을 크게 나누면, 전기적 특성, 기계적 특성, 열적 특성 및 물리화학적 특성이 있다.

1) 전기적 특성

일반적으로 가장 중시되는 것은 절연파괴강도와 절연저항이며, 이 값은 가능한 한 높을 필요가 있다.

절연파괴 강도: 절연파괴 강도는 **(절연)파괴전계**라고도 불리며, 단위는 [kV/cm] 또는 [V/mm] 등으로 표시된다(1.8.5 항 참조). 이 값은

① 재료가 두꺼워지면 감소한다.
② 직류, 교류, 임펄스전압 등 시험전압의 종류에 따라 다르다. 교류의 경우는 주파수의 증가와 함께 감소한다.

③ 시험전압의 인가시간 증가와 함께 감소한다.

④ 온도, 습도, 함유된 수분에 의해 영향을 받는다.

표 2.14 절연재료 조성상의 분류와 그 예

분류			예
천연재료	무기재료	기체	공기, 질소, (진공)
		광물질	마이카(운모), 수정, 유황
	유기재료	섬유질	목재, 펄프, 종이, 천, 실
		동식물성 유지	아마인유, 채종유
		석유계 물질	광유, 파라핀, 아스팔트
		천연수지	천연고무
합성재료	무기재료	기체	SF_6, 이산화탄소
		자기	장석자기, 알루미나자기, 스테어타이트
		유리	납유리, 편규산 유리
	유기재료	기체	탄화불소
		합성유	알킬벤젠, 실리콘유
		합성수지	열경화성 수지(페놀수지, 에폭시수지) 열가소성 수지(폴리에틸렌, 폴리프로필렌) 합성고무(클로로프렌고무, 부틸고무, 나이트릴고무, 실리콘고무)

절연저항: 절연저항(1.8.1항 참조)은 체적저항률과 표면저항률의 두 가지로 표현된다. 또한 직류전압을 1분간 인가한 후의 값 등이 이용된다.

비유전율: 비유전율(1.8.2항 참조)은 절연설계에 중요한 값이며, 주파수, 온도, 습도 혹은 전계의 강도에 따라 변화한다. 축전기의 유전체에서는 큰 값이 요구된다.

유전정접: 유전정접(1.8.3항 참조)은 일반적으로 낮은 것이 요구된다. 이 값도 주파수, 온도, 습도 혹은 전계의 강도에 영향을 받는다.

내아크성: 아크에 접한 경우 내구성을 나타내는 값이다.

2) 기계적 특성

고체절연체는 구조재료를 겸하는 경우가 있으며, 또 시공 때나 장치, 소자 안에서는 변형 힘을 받을 때도 있어 기계적 강도가 중요하다. 인장강도, 압축강도, 휨강도와 더불어 충격값, 용도에 따라서는 경도, 굴곡성, 내마모성이 중요해진다.

3) 열적 특성

내열성, 열팽창계수, 열전도율, 비열 등이 있다.

내열성: 열적 특성으로서 가장 중시되는 것은 내열성이다. 일반적으로 온도 상승과 함께 전기적 특성, 기계적 특성은 저하한다. 이 때문에 안전하게 사용 가능한 한계온도를 갖는 내열성을 나타낸다.

열팽창계수: 절연재료가 열팽창하면 경우에 따라서는 장치나 디바이스가 변형되거나, 동작 불량과 측정 오차의 원인이 되기도 한다. 한편, 액체 또는 기체의 팽창은 대류의 효과를 높이는 이점도 있다.

열전도율: 절연재료는 일반적으로 열의 불량도체이고 열전도율은 작다. 따라서 열을 방출하지 않으면 안 될 때에는 고체절연재료에 열을 잘 전달하는 첨가제를 첨가하는 등의 방법을 모색한다.

비열: 액체와 함께 기체절연재료가 냉각매체로서 사용되는 경우, 중요한 의미를 갖는다.

연화점, 융점, 유리전이점, 유동점: 합성수지 안의 유기고분자고체 등에 있어서, 연화 등의 상태변화를 일으키는 온도도 중요하다. 이 중 유리전이라는 것은 저온에서는 딱딱하여 마치 유리와 같은 상태에 있던 고분자가 온도가 상승함에 따라 분자운동이 활발해져 마치 고무와 같이 부드러워지는 전이온도를 가리킨다.

4) 물리화학적 특성

그림 1.43에 나타낸 것과 같이, 고체절연체가 수분을 흡수하면 저항이 저하되기 때문에 흡습(吸濕) 및 흡수성은 중요하다. 그 밖에 고체재료에서는 내유성, 내용제성 또는 내산성, 내알칼리성 등이 고려해야 하는 성질로서 꼽을 수

있다. 또 액체절연재료에서는 냉각매체로서 요구 및 사용상의 안전면에서 점도, 인화점, 발화점, 응고점, 증발점 등의 물리적 성질이나 가열산화에 대한 화학적 안정성, 다른 금속 등을 부식시키지 않는 것이 중요하다.

(3) 습도와 전기적 특성

재료의 특성에 영구적 변화를 주지 않고 안전하게 사용할 수 있는 범위 내에는 습도의 변화에 따른 특성의 변화는 대체적으로 가역적이지만, 반드시 단순한 식으로 표현된다고는 할 수 없다.

1) 체적저항률

액체 및 고체절연체의 도전율 σ 는 1.8.1 항에서 기술한 것과 같이

$$\sigma = \sigma_0 e^{-\alpha/T} \ [\text{S/m}] \tag{2.14}$$

에 따른다. 따라서 체적저항률 ρ 는 다음 식으로 표현된다.

$$\rho = \frac{1}{\sigma} = \rho_0 e^{\alpha/T} \ [\Omega \cdot \text{m}] \ \text{또는} \ \log \rho = \alpha + \frac{\alpha}{T} \tag{2.15}$$

여기서, σ_0, ρ_0, α 및 a: 상수, T: 절대온도

다시 말해, 온도가 올라가면 도전율은 커지고 저항률은 작아진다.†

2) 비유전율과 유전정접

온도에 따라서 유극성 분자의 분극특성이 변하는 것은 1.8.2 항에서 기술하였다. 분자의 분극률이 온도에 의해 영향을 받지 않는 경우, 클라우지우스-모소티 (Clausius-Mosotti)의 식 (1.50)에서 비유전율의 변화는 온도에 의한 밀도변화에 비례한다. 또 유전정접 $\tan \delta$ 는 일반적으로 온도 상승과 함께 커진다.

3) 절연파괴

전기적 파괴에 있어서 파괴전압은 온도와 마이너스 관계이다.

4) 습도와 전기적 특성

일반적으로 절연재료가 습기를 흡수하면 그 특성은 크게 변화한다. 재료의

---

† 2.1절에서 기술한 바와 같이, 도체금속에 있어서는 온도 상승에 따라 저항률은 증가한다. 한편 절연체나 반도체의 저항률은 고온일수록 감소한다(1장의 그림 1.18 참조).

흡습량(吸濕量)은 바깥 공기의 상대습도에 따라 결정되지만 흡습량이 외부의 습도와 평형하기까지 오랜 시간이 걸리기 때문에 측정할 때는 주의가 필요하다. 흡습량을 광범위하게 걸쳐서 하나의 식으로 나타내는 것은 곤란하지만, 예를 들면, 고체 표면에 물의 분자가 부착된 경우의 흡습량을 나타내는 B.E.T. (Brunnauer, Emmett, Teller)의 식 등이 있다. 목재, 종이와 같이 보통의 상태에서는 10% 정도의 수분을 포함하는 것에서는 습도와 절연저항과의 관계는 거의 다음과 같은 식으로 표현된다.

$$\log R = a - bx \tag{2.16}$$

여기서, R: 절연저항

x: 상대습도

a, b: 상수

게다가 흡수한 물에 전해질이 녹으면 절연저항 혹은 표면저항이 현저하게 작아진다. 물분자는 비교적 큰 쌍극자모멘트를 갖고 있기 때문에 습기의 흡수에 의해서 $\tan \delta$, ε은 일반적으로 증가한다.

(5) 내열성과 수명

1) 내열성에 의한 절연 구분

전기기기에 있어서 기기의 최고 허용온도와 출력은 사용하는 절연재료의 내열성에 의해서 결정되는 것이 많다. 따라서 전기기기의 절연은 표 2.15와 같이 최고 허용온도에 의해 구분된다. 단, 최근에는 사용온도의 상승에 따라서 180℃를 넘어 더욱더 세분화한 구분(제4장 표 4.4)이 이용되고 있다. 또, 표 안에 나타낸 주요 절연재료는 어디까지나 대표적인 예이며 최근에는 같은 종류의 재료라도 종래보다 고온의 내열구분으로 사용할 수 있는 것도 개발되고 있다.

표 2.15 전기기기의 최고 허용온도에 의한 구분

최고 허용온도[℃] ( ) 안은 종래 관용되어 온 종별	주요 절연재료(대표 예)	용 도
90(Y)	목면, 비단, 종이 등	저전압기기
105(A)	위의 것을 바니시 등으로 함침하고, 또는 기름 안에 담근 것	일부의 회전기, 변압기
120(E)	폴리우레탄수지, 에폭시수지, 멜라민수지 등	통상 대용량 기기 (회전기, 변압기 등)
130(B)	마이카(운모), 유리섬유 등을 접착제와 함께 사용한 것	고전압기기
155(F)	위의 재료를 내열성이 좋은 접착제와 함께 사용한 것	고전압기기
180(H)	위의 재료를 실리콘수지 등의 접착제와 함께 사용한 것	건식 변압기 등
180초과(C)	마이카(운모), 유리, 자기 등을 단독, 또는 시멘트 등 무기접착제와 함께 사용한 것	특수한 기기

2) 절연재료의 수명

오랜 기간에 걸쳐서 기기를 사용하는 경우, 사용한 절연재료가 열화하여 점차 처음 상태의 성능이 떨어진다. 성능의 감퇴가 일정 비율이 되기까지 시간을 가지고 재료의 수명을 정의한다. 수명은 재료가 놓인 상태에 따라서 다르지만, 통상 가장 큰 영향을 주는 것은 온도이다. 화학반응 속도론에 기초를 두면 절연재료의 수명 Y와 절대온도 T와의 사이에 다음의 관계가 성립한다.[†]

$$\log Y = \frac{a}{T} - b \tag{2.17}$$

여기서, a, b: 상수

이 경우, $\log Y$와 $1/T$의 관계가 직선이 된다.[†]

[†] 절연재료의 수명과 습도의 관계에 대해서는 4.5절에서도 기술했다. 식 (2.17)과 식 (4.49)는 동일하다.

2.4.2 기체 절연재료

표 2.16에 절연성 기체의 주요 성질을 나타낸다.

표 2.16 절연성 기체의 주요 성질

기체 \ 성질	융점[℃]	비점[℃]	임계온도[℃]	임계압력[kPa]	상대절연내력
공기	—	—	—	—	1.00
N_2	-210	-196	-147	3,400	1.03
O_2	-219	-183	-119	5,000	0.91
H_2	-259	-253	-240	1,300	0.60
He	-272	-269	-268	200	0.11
SF_6	-51	—	46	3,700	3.00

(1) 진공

진공은 물론 기체재료는 아니지만, 편의상 여기서 해설한다. 1.8.5 항에서 기술한 것과 같이, 기체가 절연파괴 혹은 방전하기 위해서는 전자에 의한 기체분자의 전리(電離)가 필요하다. 따라서 기체분자가 전혀 존재하지 않는 완전진공 혹은 이에 가까운 고진공에서는 다른 기구에 의해 파괴되지 않는 한 절연은 유지된다. 이 의미에서 진공은 매우 양호한 절연체이다. 그림 2.20에 진공(고진공)의 절연특성을 다른 기체 절연재료와 비교하여 나타내지만, 진공이 절연유보다도 높은 파괴전압을 갖고 있는 것을 알 수 있다.

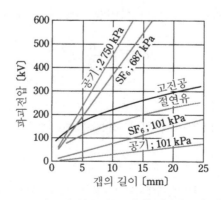

그림 2.20 진공(고진공)과 다른 기체 절연재료의 절연특성

단, 그림 1.56 에 나타낸 것과 같이 불완전한 진공, 바꿔 말하면 저기압 상태에서는 가속된 전자에 의해서 전리가 일어나기 쉽기 때문에, 방전은 매우 발생하기 쉬워진다. 따라서 진공에 의해 절연을 유지하기 위해서는 압력이 0.1 mPa (파스칼, 압력의 단위로 $1\,Pa = 1\,N/m^2$, $1\,기압 = 101\,kPa$) 이하인 고진공을 유지하는 것이 필요하다. 진공은 전자나 이온 가속기, 전자기기의 절연을 유지하는 목적으로 많이 이용되고 있다.

(2) 공기

절연파괴가 발생하지 않으면 공기의 절연저항은 매우 높아 전기기기나 전력설비의 절연에 많은 도움이 되고 있다. 진공 속에서의 전도는 공기 속에 존재하는 이온에 의해서 이루어진다. 이 이온의 발생은 자연계에 있는 방사성 물질, 우주선, 적외선 등에 의한 것으로 보통의 상태에서는 매우 소수의 이온만이 존재하여 공기의 전도는 매우 미약하다. 그러나 공기를 X 선, 자외선 등으로 조사하여 이온의 수를 증가시키면 도전성은 증가한다.

공기의 절연파괴 강도는 그다지 높지 않고, 그림 2.20 에서 보듯이 대기압, 즉 101 kPa 에서는 평등전계에서 대체로 10 mm 당 30 kV 이다. 그러나 그림에서 알 수 있듯이 기압이 높아지면 절연특성은 양호하게 된다. 따라서 고전압기기 등에 있어서는 오로지 가압기체가 이용되고 있다.

대기압 부근에서 공기의 절연특성은 양호하지 않기 때문에 절연내력이 큰 고체절연체 속이나 고체절연체에 접한 전극 주변에 공기층이 있으면, 그곳은 전기적으로 약점이 된다. 2개의 다른 매질로 구성되는 복합절연체에는 교류전압이나 임펄스전압과 같은 시간적으로 변동하는 전압이 인가되었을 때에 각 매질에 걸리는 전계의 강도는 매질의 비유전율에 반비례한다. 따라서 위와 같이 공기층이 약점이 되는 원인으로서 공기의 절연내력이 작은데다가 공기와 절연체 간의 비유전율의 차이에 의해 비유전율이 작은 공기 부분에서 전계가 강해진다는 것이다.

(3) 질소

질소는 활성이 적은 중성 기체로서 절연유 등의 절연체의 산화에 의한 열화

방지, 습기 침입의 방지 등을 겸한 절연기체로서 이용되고 있다.

(4) 6 불화유황

일반적으로 할로겐원소는 전자친화성이 있어 전자를 얻어 음이온을 형성하기 때문에 할로겐을 구성원소로 하는 기체는 절연성이 좋다. 표 2.17에 물리적 특성을 나타내는 6 불화유황(SF_6)은 안정하며 500℃ 정도까지는 분해하지 않고 무연, 무취로 불연성이다. 그림 2.20에 나타낸 바와 같이, 절연내력은 공기의 약 3배로 높다. 이와 같이 우수한 성질을 갖기 때문에 대형 전기기기의 절연에 널리 이용되고 있다. 하지만 최근에는 대기로 방출될 때 지구온난화를 일으키는 작용이 크다는 것이 문제되기 시작하면서 그 사용량을 줄이려는 노력이 이루어 지고 있다.

표 2.17 SF_6가스의 물리적 특성

특 성	값
분자량	146.06
밀도[kg/m³](대기압, 20℃)	6.14
비중(對공기)	5.10
승화점[℃]	−63.8
융점[℃](0.122 MPa)	−50.8

(5) 수소

수소는 분자의 확산계수가 산소, 질소 등에 비교해서 약 한 자릿수가 크다. 그래서 수소를 이용하면 효과적으로 냉각할 수 있다.

2.4.3 액체 절연재료

(1) 액체 절연체의 분류

주요 액체 절연체에는 광유 및 합성유가 있다. 이런 절연유는 단독으로 사용되는 경우와 절연지 등 다른 절연체에 합침되는 경우가 있다. 표 2.18에 절연유의 특성 예를 나타냈다.

표 2.18 절연유의 특성 예

특성 \ 절연유	광유	알킬벤젠	폴리브덴	실리콘유	인산 에스테르계 난연유
인화점 [℃]	134	132	170	300	158
유동점 [℃]	-32.5	<-50	-17.5	<-50	-37.5
비유전율 (80%)	2.18	2.18	2.15	2.53	4.50
유전정접 [%] (80℃)	<0.01	<0.01	<0.01	<0.01	0.8
저항률 [Ω·m] (80℃)	3×10^{13}	$>5\times10^{13}$	$>5\times10^{13}$	$>5\times10^{13}$	1×10^{11}
파괴전압 [kV] (2.5 mm)	75	80	65	65	65

1) 광유

광유는 파라핀계 혹은 나프텐계의 원유에서 정제된다. 비중, 점도, 인화점, 응고점 등의 성질은 원유의 종류, 산지 등에 따라 조금 다르다.

2) 합성절연유

광유는 인화점이 약 140℃로 낮아 화재의 위험성이 있다. 또 절연유의 사용목적에 따라 점도, 가스흡수성, 플라스틱에 대한 팽윤성(膨潤性) 등 여러 가지 특성값을 조정할 필요가 있다. 그래서 각종의 합성절연유가 개발된다. 대표적인 것은 알킬벤젠, 알킬나프탈렌, 알킬디페닐에테인, 폴리브덴 등이 있다. 액상의 실리콘계 수지인 실리콘유는 화학적으로 안정하고 내열성이 뛰어나며 온도에 의한 성질의 변화가 작다. 불에 타기 어렵다는 특징 때문에 철도차량용 변압기의 절연유로서 이용되는 한편, 진공펌프용유, 윤활용 등에 적합하다. 이 밖에 비유전율이 큰 축전기 합침제로서 설폰계 화합물이 있다.

3) 식물유

최근 환경보전에 대한 의식이 높아짐에 따라 환경으로의 부하가 적은 식물에스텔유를 절연유로서 사용하기 위한 검토가 이루어지고 있으며 그 중에서도 채종유는 양호한 특성을 갖고 있는 것으로 인식되고 있다.

(2) 절연유의 특성

절연유의 절연내력은 기름의 산화, 가스·수분의 흡수, 불순물의 혼입 등에 의해 저하된다. 절연유는 어느 정도의 기체나 물을 용해(흡수)한다. 전력기기 등에 있어서는 절연유 속의 부분방전에 의해 기체가 발생하기 때문에 절연유가 적당하게 기체를 흡수하는 것은 절연상 유리하게 작용한다. 하지만 물의 용해는 절연내력을 저하시킨다. 게다가 기름 속에 탄소가루·섬유류 등을 혼입(混入) 했을 때는 현저하게 파괴전압이 내려간다.

절연유를 장시간 사용하여 침지(浸漬)되어 있는 금속·절연체 등을 침투 시 적갈색의 탁한 것이 발생한다. 이것을 슬러지라고 한다. 슬러지는 기름의 절연 성을 저하시킨다.

(3) 용도

절연유는 주로 변압기, 유입차단기, 유입축전기, 케이블 등에 이용된다. 변압 기에서는 절연과 냉각이 절연유에 요구되는 기능이다. 따라서 기름으로서는 절 연성이 좋고 점도가 낮은 것이 좋다. 그러나 축전기용은 비유전율이 크고, 점도 는 오히려 높은 것이 좋다. 이와 같이 용도에 따라서 요구되는 성질의 차이는 있지만, 공통으로 요구되는 특성은 절연내력, 저항률이 클 것, 인화가 어렵고 증 발량이 적을 것, 비열, 열전도도가 클 것, 화학적으로 안정하며 열화(劣化)하기 어려울 것 등이 있다.

2.4.4 무기고체 절연재료

(1) 천연 무기고체 절연체

1) 마이카(운모)

마이카(운모)는 천연에서 산출되어 단결정 그대로 사용되는 절연체이다. 천연 물이기 때문에 조성은 일정하지 않지만, 대표적인 조성은 $H_2KAl_3(SiO_4)_3$로 표 현된다. 운모에는 많은 종류가 있지만 절연성에 우수한 것은 백운모(muscovite) 와 금운모(phlogopite)이며, 인도, 브라질, 마다가스카르, 캐나다, 한국 등지에서 산출된다.

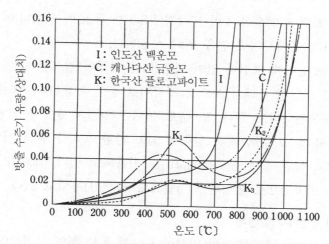

그림 2.21 마이카(운모)의 결정수의 방출

표 2.19 운모의 성질

성질 \ 종류	백운모	금운모
비중	2.7 ~ 3.1	2.8 ~ 3.0
경도[모스]	2.8 ~ 3.2	2.5 ~ 2.7
분해온도 [℃]	750	750
작열(灼熱)감량 [%]	4.5	< 1
사용온도 [℃]	550	700
분열성	매우 양호	양호
내약품성	양호	조금 떨어짐
저항률 [Ω·m] (20℃)	10^{12} ~ 10^{13}	10^{11} ~ 10^{13}
비유전율	6 ~ 8	5 ~ 6
유전정접 [%](0.1 ~ 1 kHz)	0.01 ~ 0.5	0.5 ~ 5
절연파괴의 강도 [MV/m] (0.05 ~ 0.1 mm)	90 ~ 120	80 ~ 100

운모는 내열성이 매우 우수하지만 가열하면 그림 2.21과 같이 750℃에서 점점 결정수(結晶水)를 잃어버려 붕괴하기 시작한다.

백운모는 결정수를 4~6% 포함하고 있지만, 900℃ 정도에서 결정수가 전부 빠져버리면 유연해진다. 금운모는 결정수가 1% 이하로 적어 1000℃ 정도까지 가열해도 점성이 있다. 그러므로 내열성 면에서는 금운모는 백운모보다 뛰어나다.

운모의 성질을 표 2.19에 나타냈다. 운모는 분열성이 좋고, 매우 얇게 분리되는 것이 가능하며 절연성이 좋아 트래킹(1.8.5항 참조)이 일어나지 않기 때문에 고전압기기나 고온에서의 절연을 위해 사용된다.

천연 운모는 길이에 제한이 있기 때문에 큰 면적이 필요할 때는 테이프와 같이 만 운모를 적당한 두께와 폭으로 접착제로 붙여 사용한다. 이 중 비교적 두꺼운 것을 운모판이라고 한다. 또 운모 종이는 양질의 운모를 얇게 떼어 틈이 없도록 나열하고, 그 한쪽 혹은 양쪽에 얇고 강한 종이를 붙인 것이다. 유리포에 규소수지로 붙인 운모 클로스(cloth)도 사용되고 있다. 게다가 최근에는 각종 방법으로 인공적으로 합성된 합성운모도 넓게 사용되고 있다.

2) 그 밖의 천연무기절연체

과거에는 현무암, 대리석 등의 암석이나 유황 등도 천연 무기절연체로서 사용되어 왔다. 또, 화산암이 변질되어 섬유 형태로 된 석면(아스베스토)은 내열성 절연재료로서 널리 이용되어 왔다. 그러나 폐암 등의 원인이 되는 것으로 알려짐에 따라 석면을 포함하는 제품의 제조나 사용이 금지되었다.

(2) 합성 무기고체 절연체

1) 유리 종류

① 각종 유리: 유리는 SiO_2를 주성분으로 하는 비정질의 물질이고 그 성질은 주된 부성분에 의해 결정된다. 주된 부성분에는 Na_2O, K_2O, PbO, CaO 등이 있다. Na_2O와 CaO을 포함하는 소다석회유리는 연화점이 낮고 용융이 용이한 대표적인 연질 유리이지만 전기적 성질은 좋지 않다. PbO을 포함하는 납유리는 광학유리나 브라운관에 사용된다. 또 주로 B_2O_3을 첨가한 편규산 유리는 연화온도가 높은 대표적인 경질 유리이다. 전기절연성이나 기계적 강도가 높고 내구성에도 우수하다. 내열유리로서의 용도 외에 수은등(水銀燈) 등에 사용된다.

표 2.20에 유리의 조성 예와 주요 성질을 나타냈다. 이 표에 나타낸 것 이외의 특성으로서는 가공온도 범위가 넓고 점도가 알맞으며, 실투온도(devitrification temperature)를 피해서 가공할 수 있다는 것이다. 또한 다른 종류의 유리나 금속과 유리와의 접속도 매우 중요한 문제이다.

표 2.20 유리의 조성 예와 주요 성질

성질 \ 종류	납유리	편규산 유리	실리카 유리
조성 예	SiO_2 (54%) Na_2O (8%) K_2O (5%) PbO (30%) 기타	SiO_2 (80%) B_2O_3 (14%) Na_2O (3%) K_2O (0.5%) 기타	SiO_2
비중	2.8~3.7	2.2~2.3	2.1~2.2
인장장도 [GPa]	210~420	150~250	560
압축강도 [GPa]	420~700	1,300~2,000	1,400
탄성계수 [GPa]	6,500	6,200	7,100
경도 [모스]	5	5	5
선팽창계수 [$10^{-6}\,K^{-1}$]	8~9	3.2~3.6	0.54
연화온도 [℃]	400~600	550~700	1,300
저항률 [$\Omega\cdot m$] (20℃)	$>10^{11}$	$>10^{12}$	10^{17}
비유전율 (1~10 MHz)	7~10	4.5~5.0	3.5~4.5
유전정접 [10^{-2}%] (1~10 MHz)	5~40	15~35	1~3
절연파괴강도 [MV/m] (50 Hz)	5~20	20~35	25~40

② 실리카유리: SiO_2만으로 구성되는 유리이며 석영유리라고도 불린다. 천연 원료인 수정과 석영 모래를 용융해서 유리로 만든 용융 실리카(석영)유리와 4염화규소($SiCl_4$) 등을 산수소염(酸水素炎)이나 플라스마 안에서 산화시켜 만든 합성실리카(석영) 유리의 2종류로 분류할 수 있다.

실리카유리는 다음과 같은 양호한 성질을 갖고 있다.

- 1,000℃의 연속 사용이 가능하다.
- 자외선 영역부터 적외선 영역에 걸쳐 넓은 범위에서 빛의 투과율이 매우 높다.
- 유리 중에서 가장 우수한 내수성을 갖는 한편 내약품성에도 뛰어나다.
- 절연성이 뛰어나고 유전율, 유전손율도 낮다.

이에 따라 다양한 분야에서 사용되고 있으며, 석영유리 중에서도 특히 광투과성에 뛰어난 합성석영유리는 광정보통신을 위한 광섬유에 사용되고 있다.

③ 유리섬유: 유리섬유에는 단섬유와 장섬유가 있다. 단섬유는 녹인 유리를 압축공기로 불어 날리거나 회전원판에서 비산시켜 만들어진 것으로, 주로 단열재나 흡음재(吸音材)로서 이용된다. 장섬유는 유리원료를 내화성 도가니에서 용융하고, 이 아랫부분의 작은 구멍에서 유리를 뽑아내어, 실과 같이 원통으로 감아서 옮겨(방사라고 불린다) 만들어진다. 장섬유는 절연재료로서 이용되고 있다.

하나하나의 단섬유는 가늘고 균일한 두께인 것이 좋고 직경 $3 \sim 24~\mu m$의 범위가 일반적이다. 이 중에서 $3 \sim 9~\mu m$의 것은 주로 직물용에, $9 \sim 24~\mu m$의 것은 유리섬유강화 플라스틱(GFRP, Glass Fiber Reinforced Plastic)에 사용된다.

전기절연재료로서는 알칼리 금속산화물의 함유량을 0.8% 이하로 억제하여 절연성을 높인 **E유리**라고 불리는 제품이 많이 사용되고 있다. E 유리는 기계적 특성과 열적 특성에도 우수하고 비교적 저렴하지만 산에 대해서는 약하다.

2) 자기류

① 전기절연용 자기: 전기절연에는 흡수성이 없는 경질자기가 사용된다. 대표적인 절연자기인 규산 알루미나자기(장석자기)는 석영모래(SiO_2), 카올린($Al_2O_3 \cdot 2SiO_2 \cdot 2H_2O$), 장석($K_2O \cdot Al_2O_3 \cdot 6SiO_2$)을 분쇄·혼합성형, 건조하여 소성한 것이다. 완성된 규산 알루미나자기는 $SiO_2(70 \sim 75\%)$, $Al_2O_3(20 \sim 25\%)$을 주성분으로 하여 소량의 Fe_2O_3, CaO, MgO 등을 포함한다. 비교적 저렴하고 대형 제품으로 만들기 쉽다. 또 전기절연성이나 기계적 강도, 내습성, 내열성도 좋기 때문에 애자 외관 등의 전력용 절연자기로서도 널리 이용되고 있다. 또 알루미나(Al_2O_3)를 40% 정도 범위로 증가시켜 기계적인 강도를 증가시킨 것이 알루미나함유자기이다.

여기서, **애자**라는 것은 송전선, 배전선 등의 전선로의 절연을 담당하는 절연기기이며, 그림 2.22와 같은 종류가 있다. **애관**(porcelain tube)이라는 것은 예를 들면, 케이블을 전기기기 등과 접속하기 위해서 이용하는 것 중 관모양의 중공부(中空部)를 갖는 통모양의 절연기기이다.

애자로서 사용되는 자기는 비중 2.4, 선팽창계수 $5 \sim 7 \times 10^{-6}~K^{-1}$, 비유전율 $5 \sim 7$, 유전정접 $0.006(1~MHz)$ 정도의 특성을 갖는다.

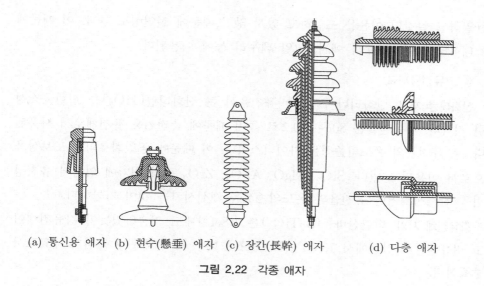

(a) 통신용 애자 (b) 현수(懸垂) 애자 (c) 장간(長幹) 애자   (d) 다층 애자

그림 2.22 각종 애자

② 고주파 절연용 자기: 고주파에서의 절연에는 보통 절연용 자기와 비교하여 특히 유전정접($\tan\delta$)이 작고 그 밖의 전기적 성질도 우수한 재료가 필요하다.

스테아타이트(Steatite)는 $MgO(3 \sim 4) \cdot SiO_2(4 \sim 5) \cdot H_2O(1 \sim 1.5)$로 되는 성분의 함수(含水) 마그네슘 실리케이트인 활석(talc)을 주원료로 한 소성품으로 이 목적에 적합하다. 표 2.21에 스테아타이트의 성질을 나타냈는데, 백색이고 기계적으로 강하며 유전손이 매우 작다. 또 다른 자기와 비교하여 재질이

표 2.21 스테아타이트의 성질

특 성	수 치
비중	2.6 ~ 2.8
인장강도 [MPa]	58 ~ 69
압축강도 [MPa]	550 ~ 620
선팽창계수 $[10^{-6}K^{-1}]$	7.8 ~ 10
비열 $[J/(g \cdot K)]$	0.80 ~ 0.92
열전도율 $[W/(m \cdot K)]$	2.1
저항률 $[\Omega \cdot m](20℃)$	10^{12}
비유전율	5.8 ~ 7.4
유전정접 $[10^{-2}\%]$ (1 ~ 10 MHz)	3 ~ 6
절연파괴의 강도 $[MV/m]$ (50 Hz)	8 ~ 16

균일하고 알칼리 이온을 포함하고 있지 않기 때문에 절연성도 높다. 이 때문에 스테아타이트는 고주파 애자, 코일 테두리 등에 이용된다.

③ 고유전율재료

산화티탄 자기: 산화티탄자기는 비유전율이 큰 산화티탄(TiO_2)을 성형·소성한 것이다. 비유전율은 80 ~ 110으로 높기 때문에 축전기용 유전체로서 사용된다. 또 유전율의 온도의존성은 마이너스이다. 이 때문에 공진회로의 온도보상용으로서 이용되고 있다. SiO_2, MgO, Al_2O_3, ZrO_2 등의 첨가에 의해서 유전정접을 감소시키거나 유전율의 온도의존성을 개선시키는 것이 가능하다.

강유전체 자기: 티탄산바륨($BaTiO_3$)은 1.8.4항에도 기술하였듯이 강유전체이고 비유전율이 상온에서 1,000 ~ 3,000으로 매우 크기 때문에 축전기 재료로서 중요하다.

게다가, $BaTiO_3$은 이것과 같은 결정구조를 갖는 $PbTiO_3$, $CaTiO_3$, $SrTiO_3$, $PbZrO_3$, $BaZrO_3$, $PbSnO_3$ 등과의 사이에 넓게 고용체를 만들어 퀴리점을 이동시키거나 퀴리점의 피크를 평탄하게 하는 것이 가능하기 때문에 이와 같은 많은 재료가 축전기용 유전체로서 이용된다.

강유전체에 직류 고전압을 인가하여 분극시키면 압전성을 보이기 때문에 압전재료로서 널리 이용된다. 그 중에서도 $PbZrO_3$과 $PbTiO_3$의 고용체인 티탄산지르콘산연(PZT)은 압전성이 뛰어나 초음파용 진동자 등의 전기 음향변환소자나 가스의 점화용 등에 널리 이용된다. 또 니오브산리튬($LiNbO_3$), 티탄산리튬($LiTaO_3$)의 단결정도 강유전체이면서 좋은 압전체로 전기-음향변환소자로서 이용되고 있다.

2.4.5 유기고체 절연재료

(1) 천연 유기고체 절연체

천연의 유기고체 절연재료에는 수지, 납, 고무, 그리고 섬유 등이 있다. 이들 재료 중에는 예전에는 널리 절연 용도로 이용되었던 것도 많다. 예를 들면, 절연도료, 함침제, 교착제 등의 원료에는 전적으로 천연수지가 사용되었다. 하지만, 현재는 다양한 합성수지나 합성고무가 출현하여 천연 유기 절연재료는 점차 사용되지 않게 되었다.

예전에 많이 사용된 천연 유기 절연재료에는 화석수지의 호박, 식물성 납인 목랍이나 카르나우바목랍, 광물성 납인 파라핀, 고무나무의 수액(라텍스)을 응고시킨 생고무, 목면이나 마 등의 섬유 및 섬유질 종이를 들 수 있다.

이 중 종이(절연지)는 현재도 공업용으로 널리 이용되고 있다. 절연지의 원료는 목재를 화학 처리하여 만든 화학펄프 중 크라프트지(유산염 펄프)이고, 주성분은 셀룰로오스이다. 화학적으로 안정하고, 말 그대로 종이와 같이 균질하여 얇고 넓은 시트를 쉽게 만들 수 있기 때문에, 형태가 불규칙한 도체 등을 휘감는 것에 적합하다. 이 때문에 축전기, 케이블, 변압기 등의 전력기기 절연에 이용된다. 이 경우, 다음에 기술하는 절연유를 함침시킨 것이 많다. 절연지 중 전력케이블이나 기기의 도선의 절연에 이용되는 두께 0.05 ~ 0.1 mm의 종이를 **크라프트지**(Kraft paper)라고 부른다. 또 목면이나 크라프트지를 두껍게 초조(抄造)한 후에 고온으로 가압, 건조하고, 두께 0.5 ~ 13.0 mm의 보드 형태로 한 것을 **프레스보드**(Pressboard)라고 하며 전력용 대형 변압기나 주상변압기 등의 절연에 이용된다.

종이는 흡습성이 있어 수분을 흡수하기 쉽다. 또 절연지나 프레스 보드만을 감아도 종이와 종이 사이 등에 공기층이 남기 쉽다. 이와 같은 수분이나 공기층은 절연성을 매우 악화시키기 때문에 대부분의 경우, 절연유를 함침시켜 유침지로서 사용된다. 또 셀룰로오스는 분자구조 안에 유극성 수산기(-OH기)를 많이 갖기 때문에 비유전율이나 유전정접이 높다. 여기서 고전압 전력 케이블 등에는 반합성지라고 불리는 절연지(크라프트지)에 폴리프로필렌이나 폴리메틸펜텐이라는 비유전율과 유전정접이 작은 고분자 필름을 적층한 라미네이트 종이를 이용하여 유전체손의 저감을 도모하고 있다.

(2) 합성유기 고분자 고체절연체

1) 고분자재료의 성질

절연재료로서 사용되는 합성 유기재료의 대부분은 고분자물질이다. **고분자**라는 것은 수천에서 수백 만의 다수의 원자로 이루어져 있지만, 많은 경우 간단한 기본 구조체가 서로 결합되어 일차원(직선, 지그재그 구조)적, 이차원(평면)적

또는 삼차원(입체)적으로 퍼져 있다. 이 기본 구조체를 **단량체**(monomer), 생성된 고분자를 **중합체**(polymer)라고 부르며, 열·빛 또는 촉매 등의 작용으로 단량체에서 중합체가 생성되는 반응을 **중합**(polymerization)이라고 부른다. 단량체는 일반적으로 기체 혹은 기화하기 쉬운 액체로 그 일부에 이중결합을 갖고 이것이 해방되어 중합반응이 진행해 간다. 그 예로서 다음의 염화비닐 단량체가 중합하여 선 형태의 폴리염화비닐이라고 불리는 고분자가 될 때의 반응식을 나타낸다.

$$
\begin{matrix}
\underset{|}{\overset{Cl}{}} & \underset{|}{\overset{H}{}} & & \underset{|}{\overset{Cl}{}} & \underset{|}{\overset{H}{}} \\
C & = C & \longrightarrow \cdots - C & - C & \cdots \\
\underset{}{\overset{|}{H}} & \underset{}{\overset{|}{H}} & & \underset{}{\overset{|}{H}} & \underset{}{\overset{|}{H}}
\end{matrix}
\tag{2.18}
$$

중합반응에 있어 서로 결합하는 분자는 반드시 동일 단량체라고는 할 수 없다. 다른 종류의 단량체가 중합하여 고분자를 구성하는 경우를 **공중합**(interpolymer)이라고 하며 생성한 물질을 **공중합체**라 한다. 공중합을 사용함으로써 고분자물질의 성질을 다양하게 변화시키는 것이 가능하다.

다음에 보이는 반응은 석탄산과 폼알데하이드(포르말린)에서 페놀수지를 만들 때의 반응이며, 이 반응에서는 수지와 물을 만들고 생성된 페놀수지의 기본 구조체는 서로 결합하여 거대분자가 된다.

$$
C_6H_5OH + \frac{3}{2}CH_2O \longrightarrow \underset{CH_2}{\overset{\overset{\diagup \; CH_2 \; OH \; CH_2 \; \diagdown}{\bigcirc}}{|}} + \frac{3}{2}H_2O
\tag{2.19}
$$

이 기본 구조체를 만드는 반응을 **축합**이라 하고 이것에 계속해서 일어나는 중합에 의해 고분자를 만들기 때문에, 이 일련의 반응을 **축중합**(condensation)이라고 한다. 생성 고분자가 아주 크지 않을 때는 액체를 만들지만, 분자량이 매우 커지면 딱딱한 고체가 되고, 가열해도 연화되지 않게 된다. 이와 같이 중합과 축중합이라는 것은 다른 반응이기 때문에 생성물의 성질도 상당히 다르다.

합성수지의 가소성을 증가시켜 압출·성형가공을 용이하게 하기 위해서, 가소제를 첨가하는 것이 일반적으로 이루어진다. 가소제는 성형성뿐만 아니라, 기계적 성질, 물리화학적 성질, 전기적 성질에 큰 영향을 미친다. 이 밖에, 산화에 의한 특성의 열화를 억제하기 위한 산화방지제나 난연성을 높이기 위한 난연제 등 다양한 첨가제의 첨가가 이루어진다.

2) 열경화성수지

이 수지는 가열하면 처음에는 가소성을 보이지만, 가열을 계속하면 분자가 3차원적으로 거대해져 연화되기 어렵고 용제로 녹이기 어려워진다. 축합성수지의 대부분은 이런 성질(열경화성)을 보이고 기계적으로 강하며 화학적으로 안정하지만, 그 구조에서 유극성이 되기 쉽고 친수성이 되기 때문에 전기절연체로서의 성능은 나중에 기술하는 열가소성수지보다 떨어지는 것이 많다. 아래에 대표적인 열경화성수지와 그 성질을 설명한다.

① 페놀수지: 페놀수지는 페놀(석탄산, C_6H_5OH), 크레졸[하이드록시 메틸벤젠, $C_6H_4(CH_3)OH$] 등의 페놀 종류와 폼알데하이드, 아세트알데하이드와 같은 알데하이드 종류와의 축합이다. 베이클라이트는 이 수지의 대표적인 상품의 명칭이다. 페놀수지가 축합할 때 산을 촉매로서 이용하면 노볼락수지가 되고 알칼리를 이용하면 레졸수지를 얻을 수 있다.

노볼락수지는 원래 열가소성이며, 메틸렌 결합을 통해 **교가**[橋架; **가교**(架橋)]라고도 하며, 2차원 또는 3차원적으로 화학결합을 만든다)를 만들어 경화시킨다. 이 수지는 알코올 등의 용제로 잘 녹기 때문에 알코올 바니시로서 마무리용 도료, 접착제에 사용되며, 그 도막은 내산, 내유성에 강하다. **레졸수지**에 있어서도 초기 생성물은 알코올, 아세톤 등의 용제에 잘 녹지만 가열을 계속하면 3차원적으로 경화한다.

페놀수지는 위의 용도 이외에도 다양한 자동차용 부품이나 식품 등에도 널리 이용되고 있다. 또 전기부품으로서는 성형품과 적층이 회로부품, 스위치, 배선기구, 전자부품 등으로 이용되고 있다. 더욱이, 반도체 제조를 위한 포토레지스트라고 하는 하이테크 분야에서도 이용되고 있다.

② 요소수지(유리어수지): 요소와 폼알데하이드와의 축합에 의해서 얻을 수 있는 수지로, 무색투명의 고체이다. 임의의 색으로 착색이 가능하지만 물에 약하다.

알키드수지와 혼합시켜 도료에 이용하거나, 목재 접착제로서 이용한다. 펄프 등을 첨가해서 성형재로서도 이용한다. 기계적 및 전기적 성질은 페놀수지에 떨어지지만, 트래킹이 잘 생기지 않고 내아크성이 좋다.

③ 멜라민수지: 요소와 암모니아를 가열해서 만든 멜라민과 폼알데하이드와의 축합물로서 기계적 성질, 내열성, 내수성이 좋다. 또 성형품이나 도료로서 사용된다.

④ **불포화 폴리에스테르수지**: 폴리에스테르수지는 주쇄(主鎖)에 에스테르결합($-CO-O-$)을 갖는 고분자수지의 총칭이다. 그 중 불포화기를 갖는 선상(線狀) 폴리에스테르와 비닐 단량체와의 공중합에 의해서 얻어지는 열경화성수지를 불포화 폴리에스테르수지라고 한다. 저압으로 성형 가능하고 주형용 수지나 유리섬유 등을 분산시켜 기계적 강도 등을 강화한 강화 플라스틱원료 또는 절연용 바니시로서 중요하다.

우선, 폴리에스테르수지로서는 열가소성의 폴리에틸렌 텔레프탈레이트(PET), 폴리뷰틸렌텔레프탈레이트(PBT)도 있지만 이들에 대해서는 다음 항에서 설명한다.

⑤ 에폭시수지: 그림 2.23에 나타낸 고리와 같은 둥근 모양의 에폭시기를 분자 쇠사슬의 양단에 갖는 수지는 총칭하여 에폭시수지라고 불린다. 전기 절연재료로써 열경화성수지 중에서는 가장 중요하다.

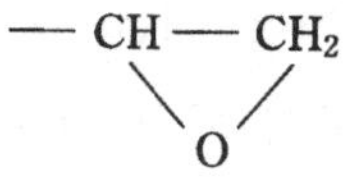

$$- CH - CH_2$$
$$\diagdown \diagup$$
$$O$$

그림 2.23 에폭시기

에폭시수지는 프레폴리머라고 불리는 에폭시 화합물을 경화제와 반응시킴으로써 교가구조가 생겨 경화한다. 프레폴리머나 경화제로 다양한 종류가 있고, 용도에 맞게 상당히 넓은 범위에 걸쳐서 특성을 변화시키는 것이 가능하다. 게다가, 특성을 개선하기 위해서 다양한 충전제를 첨가하는 것도 있다.

에폭시수지의 성질은 위에 기술한 프레폴리머, 경화제, 충전제에 크게 의존하

지만 일반적으로 경화할 때의 수축이 작기 때문에 수치의 정확성이 좋고 금속
등과의 접속성도 좋다. 내수성이나 내약품성이 좋고, 특히 전기절연성이 뛰어난
특색을 갖는다. 이 때문에 에폭시수지의 주형품은 애자나 절연 스페이서 등으로
서 대형 기기에 이르기까지 많은 전기기기의 절연에 널리 이용되고 있다. 또 접
착제, 도료, 적층재, 반도체봉지용 수지 등으로서도 이용되고 있다. 게다가, 에
폭시수지에 유리섬유를 혼합시켜 경화시킨 **유리섬유 강화 에폭시수지**는 대표적인
유기·무기복합재료로서 고전압기기의 절연에 이용되고 있다.

⑥ 실리콘수지: 실리콘은 시로키산 결합이라고 불린다. $-Si-O-Si-$ 이라는
결합이 반복되는 고분자이다. 따라서 엄밀하게는 무기고분자로 분류되어야 한
다. 하지만, 곁사슬에는 에틸기, 메틸기 등의 알킬기(C_nH_{2n+1}에서 표현되는
기)나 페닐기 등의 유기기를 갖기 때문에 유기고분자의 부류로 소개되는 경우
도 많다. 교가(橋架)의 정도에 따라 실리콘은 액상, 그리스 형태, 고무 형태, 수지
형태 등으로 된다. 모두 내열성이 높고, 온도에 대한 물리적 성질의 변화는 유

표 2.22 열경화성수지의 성질

재료 (충전제)	밀도 [g/cm³]	인장강도 [kg/mm²]	비유전율 (60 Hz) (20℃)	유전정접 [%](60Hz) (20℃)	절연파괴의 강도[kV/mm] (두께 1/8 in)	저항률 [Ω·m] (20℃)	허용온도 [℃] (연속)
페놀수지	1.25~1.30	5~6	5~6.5	6~10	12~16	10^9~10^{10}	120
에폭시수지 (유리섬유)	1.8~2.0	10~22	5.5	9	14	10^{13}	170
에폭시수지	1.11~1.40	3~9	3.5~5.0	0.2~1	16~20	10^{13}~10^{15}	120
실리콘수지	—	—	2.8~3.1	0.7~1	22	10^{13}	200
실리콘수지 (유리섬유)	1.60~2.0	3~3.6	3.3~5.2	0.4~3	8~16	10^{12}	300
불포화폴리에스 테르섬유	1.10~1.46	4.5~9	3.0~4.4	0.3~3	15~20	10^{12}	60
불포화폴리에스 테르 수지 (유리포)	1.50~2.1	22~36	4.1~5.5	1~4	14~20	10^{12}	150
멜라민 수지 (유리)	1.48	3.6~7	9~11	14~23	7~12	10^9	150
요소수지 (셀룰로오스)	1.47~1.52	4~9	7~9.5	3.5~4.3	12~16	10^{10}~10^{11}	80

기고분자만큼 눈에 띄지 않는다. 예를 들면, 그리스 형태의 경우, 온도에 따라 경도의 변화가 크지 않기 때문에 광범위의 온도영역에서 감마제 등으로서 사용할 수 있다. 또 고무 형태나 수지 형태의 경우는 도료, 전선의 피복, 포장용 등으로 사용되고 있다. 내수성이나 내약품성에서도 우수하기 때문에 고온 고습조건이나 약품을 취급하는 장소에서 사용하는 전기기기의 절연에 적합하다.

위에서 기술한 열경화성수지의 성질을 표 2.22에 나타냈다.

3) 열가소성수지

유기고분자 중에는 가열하면 연화하고 냉각하면 원래의 경도로 돌아가는 것이 있다. 이 성질을 열가소성이라고 부르며, 열가소성을 나타내는 고분자수지를 **열가소성수지**라고 한다. 열가소성 때문에 자유롭게 성형이 가능하여 이른바 플라스틱으로서 일상생활이나 공업적으로 널리 이용되고 있다. 플라스틱은 아직 엄밀하게는 열경화성수지에 포함되지 않지만, 실제로는 유기고분자 전체를 가리키는 용어로도 이용되고 있다. 열경화성수지가 주로 축중합반응에 의해 생성된 3차원적인 분자가 연결되는 구조를 하고 있는 것에 반해, 열가소성수지는 주로 중합반응에 의해 생성된 기본 구조체(단량체)가 1차원의 쇠사슬 형태로 결합하고 있다. 다시 말해 쇠사슬 방향의 결합은 강하지만, 이것과 수직인 방향으로 약하게 결합하고 있기 때문에 약간의 열에너지로 부드럽게 된다. 일반적으로 열경화성수지보다도 전기적 성질이 우수한 것이 많다. 주요한 열가소성수지의 특성을 표 2.23에 나타냈다.

① 폴리에틸렌(P E): 에틸렌을 단량체로서 그 부가중합에 의해 합성된 고분자이며 표 2.23에 나타낸 바와 같이 비유전율 약 2.3, 유전정접 5×10^{-2}% 이하로 작고, 절연파괴 강도도 높고 가공성이 풍부하여 전기절연재료로서 적당하다. $(-CH_2-CH_2-)_n$이라는 화학식으로 표현되는 대표적인 직쇄상(直鎖狀) 무극성 고분자이며, 결정성 고분자로 분류된다. 단, 무기 단결정과 같이 깨끗한 결정이 재료 전체에 걸쳐 존재하고 있지 않고 다양한 크기의 결정 부분과 비정(非晶) 부분이 혼재되어 있다.

표 2.23 주요 열가소성수지의 특성

성 질	폴리에틸렌		폴리 프로필렌	연질염화 비닐수지	폴리스티렌	PTFE
	저밀도	고밀도				
밀도 [g/cm^3]	0.910~0.925	0.941~0.965	0.902~0.910	1.16~1.7	1.04~1.09	2.14~2.20
인장강도 [kg/mm^2]	0.4~1.6	2.1~3.9	3.0~3.9	0.7~2.5	3.5~8.5	1.4~3.5
선팽창계수 [$10^{-5}K^{-1}$]	10.0~22.0	11.0~13.0	5.8~10.2	7.0~25.0	6.0~8.0	10
내열성(연속) [℃]	82~100	122	107~127	65~79	65~77	260
융점 [℃]	108~126	126~136	164~170	—	—	—
저항률[Ω·m]	>10^{14}	>10^{14}	>10^{14}	10^{12}~10^{13}	>10^{14}	>10^{16}
절연파괴강도 [kV/mm]	17~40	17~20	20~26	10~16	20~28	19
비유전율 (60Hz)	2.25~2.35	2.30~2.35	2.2~2.6	5.0~9.0	2.45~3.1	<2.1
유전정접 [10^{-2}%]	<5	<5	<5	800~1500	1~6	<2

 중합 시의 압력에 따라 밀도나 결정화도가 다른 폴리에틸렌(PE, Polyethylene)을 얻을 수 있다. 중합 시의 압력을 $100 \sim 300\,MPa$로 높게 하여 합성된 고압법 폴리에틸렌은 밀도가 약 $0.91 \sim 0.93\,g/cm^3$로 낮은 **저밀도 폴리에틸렌**(LDPE, Low Density PE)이 된다. 한편, 압력 $5 \sim 20\,MPa$로 중합된 저압법, 중압법에서는 밀도 약 $0.94 \sim 0.97\,g/cm^3$의 **고밀도 폴리에틸렌**(HDPE, High Density PE)을 얻을 수 있다.

 저압법·중압법·고압법에서는 분자쇠사슬의 직쇄부분에서의 분기의 정도가 다르고 저밀도 폴리에틸렌의 경우가 고밀도 폴리에틸렌보다 분기의 수가 많고 또 분기한 가지의 길이가 길다. 게다가, 중압법·저압법에 의해 저밀도 폴리에틸렌이면서 분기가 적은 직쇄상 저밀도 폴리에틸렌(LLDPE, Linear LDPE)도 만들어지고 있다.

 고밀도 폴리에틸렌은 융점이 $125 \sim 140$℃로 저밀도 폴리에틸렌보다 높고 기계적 특성도 좋으며 물의 투과성도 작기 때문에 일용품, 문방구, 농업용 필름 등에 광범위하게 사용되고 있다. 또 전기절연재료로서는 전력 케이블의 외피재로서 이용되고 있다. 한편, 저밀도 폴리에틸렌은 융점이 $105 \sim 125℃$ 정도로 낮고 내열성에는 떨어지지만 가공성은 풍부하다. 전력 케이블의 주절연체, 즉 내부도체와 외부도체 사이를 절연하는 절연체에는 가공성(성형성)이 좋기 때문에 저밀도 폴리에틸렌이 이용되고 있다. 단, 저밀도 폴리에틸렌 재료만으로는 내열성이 떨어지기 때문에 큰 전류를 흘리는 것이 곤란하다. 그래서, 저밀도 폴리에틸렌을 성형하여 케이블 절연체의 구조를 만들 때 가교제라는 약품과 고온에서 반응시켜, 분자 쇠사슬끼리를 3차원적으로 결합시키는 방법이 이루어지고 있다. 이와 같은 분자 쇠사슬 사이에 다리를 연결하는 것과 같은 결합을 갖는 구조를 **가교** 또는 **가교구조**라고 부른다. 또 이 구조를 갖는 폴리에틸렌을 **가교폴리에틸렌**(XLPE, crosslinked PE)이라고 부른다. 현재, 전력 케이블의 가교에는 DCP라는 과산화물이 사용되고 있지만, 전자선 등의 방사선을 조사함으로써 가교시키는 것이 가능하다.

최근에는 미터로센 촉매로서 새로운 촉매를 이용하여 분자량과 결정의 크기를 갖춘 직쇄상 저밀도 폴리에틸렌을 만들 수 있게 되어 새로운 응용이 연구되고 있다.

② **폴리프로필렌(PP):** 프로필렌$(CH_2 = CHCH_3)$의 중합체이며 $[-CH_2-CH(CH_3)-]_n$으로 표현된다. 높은 결정화도를 갖고 융점은 약 $165℃$로 높다. 한편, 밀도(비중)는 약 $0.91 g/cm^3$로 아주 작은 것임에도 불구하고 기계적 특성은 폴리에틸렌보다 좋다. 그렇기 때문에 포장, 병, 일용잡화, 자동차부품 등에 사용된다. 전기적 용도로서는 내유성이 좋고, 절연파괴의 강도가 높기 때문에 축전기용 필름 등 유침(油浸) 절연에 자주 사용되고 있다. 또, 폴리프로필렌과 크라프트지를 여러 장 붙인(합판) 폴리프로필렌 라미네이트지는 유침(油浸) 전력 케이블의 절연체로 사용되고 있다.

③ **폴리염화비닐(PVC):** 염화비닐$(CH_2=CHCl)$의 중합체이며, $[-CH_2-CHCl-]_n$으로 표현된다. 내수, 내산, 내알칼리성 등에 뛰어나며 성형성이나 난연성에도 뛰어나다. 또 저렴하고 가소제를 첨가함에 따라 경질에서 연질까지 자유롭게 바꾸는 것이 가능하다. 유극성(有極性) 때문에 유전정접은 크지만 위에서 기술한

장점 때문에 저전압·저주파용 전선 절연이나 절연테이프, 각종 시트, 배관 등에 대량으로 사용되고 있다. 그러나 열분해하면 유해한 염화수소 등이 발생하기 때문에, 최근에는 다른 재료로 대체되고 있다.

④ 폴리스티렌(PS): 스티렌($CH_2=CHC_5H_5$)의 중합체이며, $[-CH_2-CH(C_6H_5)-]_n$으로 표현된다. 내수, 내산, 내알칼리성이 좋다. 그러나 내열성은 양호하지 않다. 전기절연성은 양호하고 특히 고주파 영역에서 특성이 우수하다. 이 때문에 고주파에서 사용하는 회로나 부품의 절연, 축전기용 필름으로서 사용된다. 고주파용으로서 공극을 만드는 유전율을 내린 발포 폴리스티렌도 사용된다. 또 아크릴로나이트릴과의 공중합체(AS수지), 아크릴로나이트릴 및 뷰타다이엔의 공중합체(ABS 수지)는 성형성과 내충격성에 우수하여 성형품으로서 이용된다.

⑤ 폴리미터크릴산메틸(PMMA): 미터크릴산메틸의 중합체이며, $[-CH_2-C(CH_3)(COOCH_3)-]_n$으로 표현된다. 투명성이 높고, 기계적 강도도 높기 때문에 유기유리라고도 불린다. 대표적인 아크릴수지로서 일용품, 문방구, 조명기구 등 이외에 광섬유 등의 광학부품에도 사용되고 있다.

⑥ 폴리에틸렌 테레프탈레이트(PET): 에틸렌글리콜과 테레프탈산의 중합체로 얻을 수 있는 폴리에스테르로, $(-OC-C_6H_4-COOCH_2CH_2O-)_n$으로 표현된다. 기계적 특성이나 내열성에 우수하며 저렴하기 때문에 합성섬유로서 대량 사용되고 있고, 비디오테이프나 병류 등에도 이용된다. 전기적 특성도 양호하기 때문에 예를 들면, 절연 필름이나 회전기의 슬롯 절연이나 상간 절연에도 이용된다. 또 같은 열가소성 폴리에스테르의 부류인 폴리부틸렌 테레프탈레트(PBT)는 연결단자나 단자 부품의 절연에 자주 사용된다.

⑦ 불소수지: 폴리에틸렌 수소를 모두 불소로 대체한 폴리사불화에틸렌(PTFE)은 통상 테플론이라는 상품명으로 불린다. 융점이 300℃ 이상인 점에 알 수 있듯이 매우 우수한 내열성과 내약품성을 나타낸다. 단, 내방사선성은 떨어진다. 이 재료는 용융해서 성형하는 것이 불가능하기 때문에 용도가 제한되어 있다. 그래서 사불화에틸렌·육불화프로필렌 공중합체나 폴리염화삼불화에틸렌 등 가공성을 개선한 불소수지가 개발되고 있다.

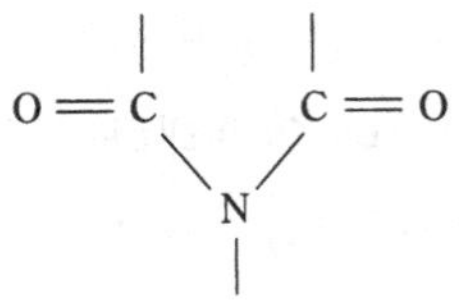

그림 2.24 이미드기

⑧ 폴리이미드(PI): 분자 내에 반복하는 구조단위로서 그림 2.24에 보이는 이미드기를 갖는 고분자를 폴리이미드라고 한다.

폴리이미드는 실용적인 유기고분자로서는 극한에 가까운 내열성(400~500℃)을 갖고 있다. 그 중에서도 전방향족 폴리이미드는 내열성이 특히 우수하지만 용융 사출성형은 할 수 없다. 그래서 요즘에는 성형성을 개량한 용융성형 가능한 열가소성 폴리이미드가 개발되었다. 폴리이미드는 접착제, 적층품, 프린트기판(프린트 배선판) 등으로 이용되고 있는 한편, 필름은 절연테이프에 사용되고 있다.

프린트기판이라는 것은 유리, 합성수지, 종이 등의 기재에 에폭시수지, 페놀수지, 폴리에스테르수지, 폴리이미드수지 등을 도포하여 담가둔 후 건조시켜 만들어진 절연기판 위에, 구리 등 금속 배선회로를 마치 인쇄(프린트)하듯이 형성한 배선판을 말한다. 프린트기판 표면의 배선 사이에 저항, 축전기나 반도체집적회로(IC, Integrated Circuit)를 탑재(실장이라고 부른다)하여 기기에 삽입하는 형태로 이용된다. 지금은 휴대전화나 컴퓨터를 비롯하여 거의 모든 전자기기에 널리 사용되고 있다. 실제 장착하는 부품 수의 증대에 대응하기 위해서 기판이 다층으로 된 다층 프린터 기판이나 변형을 실현하기 위해서 얇은 폴리이미드 필름 등을 기재로 한 플렉시블 프린트기판도 사용되고 있다. 또한 주로 저항이나 축전기 등의 수동 소자를 미리 기판 내부에 삽입한 부품내장 프린트기판도 개발되고 있다.

⑨ 그 밖의 수지: 열가소성이면서 내열성이 좋은 슈퍼엔지니어링 플라스틱이라고 불리는 수지가 개발되고 있다. 그 주된 것은 폴리아릴레이트(PAR), 폴리페닐렌 살파이드(PPS), 폴리에테르술폰(PES), 폴리에테르에테르케톤(PEEK) 등이다. PEEK는 내열성과 내방사선성에 우수하여 특수한 용도의 전선의 절연에 사용되고 있다.

또, 최근 열가소성수지나 열경화성수지 중에 나노미터(1 nm＝10^{-9} m) 크기의 운모 등의 무기재료를 균일하게 분산시킨 폴리머 나노 복합물이 주목되고 있다. 내열성이나 가스 배리어성이 양호하기 때문에, 자동차용 부품 등으로 사용되기 시작되어 전기재료로서도 우수한 특성을 갖는 것으로 밝혀지고 있다.

4) 합성고무

유기합성화학의 발전에 따라 기존의 천연고무가 사용되어 온 많은 분야에서 합성고무가 이용되고 있다. 합성고무 중 전선의 피복이나 고무테이프 등 전기절연에 이용되는 것으로서 뷰틸고무, 에틸렌프로필렌고무(EPDM), 클로로프렌고무, 클로로술폰화 폴리에틸렌, 실리콘고무 등이 있다. 이 중 클로로프렌고무, 클로로술폰화 폴리에틸렌은 내열성, 내오존성, 난연성이 우수하여 케이블의 외피(보호 시스) 등으로 사용되고 있다. 에틸렌과 프로필렌의 공중합체인 에틸렌프로필렌 고무는 내부분방전성과 장기적인 전기절연 특성 및 변형성에도 우수하기 때문에 전력 케이블의 접속부나 전기배선용 케이블에 이용된다. 실리콘고무는 2)의 ⑥에서 기술한 실리콘수지와 같은 시로키산 결합이 주쇄사슬을 형성하고 있어 내열성과 내한성이 우수하다. 또, 물을 튕기는 성질(발수성)을 갖고 있기 때문에 유기 애자를 코팅하는 목적에도 사용된다.

5) 그 밖의 절연재료

지금까지 기술한 것 외에, 약간 특수한 절연재료로서 절연바니시가 있다. 절연바니시에는 알키드수지계, 디페닐에테르수지계, 실리콘수지계, 페놀수지계 등의 각종 합성고분자에 의한 용제형 바니시와 불포화폴리에스테르수지, 에폭시수지, 실리콘수지 등의 무용제형 바니시가 있어 회전기나 변압기 코일 등의 절연에 널리 이용되고 있다.

2.5 자기재료

2.5.1 자기재료 개론

자기재료는 그 특성에 따라서 비투자율이 큰 연질 자성재료와 보자력이 큰 경질 자성재료(영구자석)로 크게 구별된다.

  회전기, 변압기 등의 자심재료에는 비투자율이 높아서 포화자속밀도가 큰 것이 필요하고 또 철손이 작은 것이 좋다. 전자회로부품으로서 이용되는 인덕턴스의 자심에는 약한 자계에서 큰 비투자율을 갖는 것이 요구된다.

  재료의 히스테리시스손을 작게 하기 위해서는 보자력을 작게 하고, 와전류를 작게 하기 위해서는 저항률을 크게 하면서 동시에 자심의 구조를 표면이 절연된 얇은 판을 겹쳐 쌓은 것으로 한다. 높은 고주파에서 사용하는 것에는 얇은 판을 겹쳐 쌓아도 손실이 크기 때문에, 재료를 세분(細粉)하여 알맹이 사이를 절연하여 눌러 굳혀서 사용한다. 이것이 **압분심**(壓粉心)이며, 그 재료는 깨져서 부스러지기 쉬운 특수한 것이다.

  용도에 따라서는 비투자율이 되도록 자계강도의 넓은 범위에서 일정한 것이나, 고투자율 재료로 히스테리시스 곡선이 장방형에 가까운 것이 요구되는 경우도 있다.

  영구자석에서는 최대 에너지곱$(B_dH_d)_{\max}$이 큰 것, 즉 보자력 H_c가 큰 것이 재료의 우열을 결정한다.

  그 밖에, 자기기록재료로서는 잔류자속밀도가 크고, 보자력도 어느 정도 커서 에너지손이 작은 것이 요구되고, 더불어 기록신호가 변형 없이 재생되는 것이 필요하다. 또 자기변형재료는 강자성체의 자화에 따른 변형 현상을 응용하여 예를 들면, 초음파를 발생시키는 목적 등에 사용되는 것으로, 큰 자기변형을 나타내고 또한 탄성체로서 좋은 특성을 갖고 있고 자기적, 기계적 에너지 손실이 작은 재료인 것이 바람직하다.

  이와 같은 자기재료에 있어서의 특성들은 철, 니켈, 코발트 등을 주성분으로 하는 합금 또는 그 화합물에 적당한 처리를 하여 얻어진다.

(1) 자기재료의 분류

  자기재료의 분류법에는

  ① 성분에 따른 방법
  ② 성질에 따른 방법
  ③ 용도에 따른 방법

등이 있지만, 이 절에서는 정리가 잘 되도록 이들의 분류법을 함께 설명한다.

(2) 자기특성의 상호관계

자기재료의 자기적 성질을 나타내는 다양한 값, 즉 비투자율 μ_s, 보자력 H_c [A/m], 잔류자속밀도 B_r [T], 히스테리시스손 W_h [J/cm^3 · 사이클] 등의 사이에는 일정한 관계가 있다는 것이 실험적으로 알려져 있다. 이들 관계에서 재료의 자화곡선이 주어지면 다른 자기적 성질을 추측하는 것이 가능하다. 단, 아래에 기술하는 관계식은 압분철심이나 특수한 처리를 한 재료에는 맞지 않는다. 즉, B_r, H_c, W_h 등의 값은 최대자속밀도 B_m의 1 T에 대한 값이다(그림 2.25 참조).

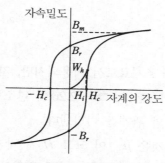

그림 2.25 자화특성곡선

1) 자화곡선의 반곡점에 있어 자화력 H_i 와 보자력 H_c 의 관계

$$H_c = 1.056 H_i^{0.955} \tag{2.20}$$

포화까지 자화된 경우의 보자력을 H_{cm}[A/m]라 하면 다음 식과 같이 간단하게 된다.

$$H_{cm} = H_i \, [\text{A/m}] \tag{2.21}$$

다시 말해, 자화곡선의 반곡점을 알면 보자력을 알 수 있다.

2) 잔류자기 B_r, 보자력 H_c와 최대 비투자율 μ_{sm}의 관계

$$\mu_{sm} = 0.48 \times 10^2 \times \frac{B_r}{H_c} \tag{2.22}$$

μ_{sm}을 자화곡선에서 구하고, H_c를 식 (2.20) 또는 식 (2.21)에서 구하면, 식 (2.22)에 의해서 B_r을 알 수 있다.

3) 히스테리시스손 W_h와 (최대 자속밀도 $B_m \times$ 보자력 H_c)의 관계

$$W_h = (0.42 \sim 0.34) \times 10^{-3} \times B_m \cdot H_c \ \ [\text{J/cm}^3 \cdot \text{사이클}] \tag{2.23}$$

이 경우, 괄호 안의 상수는 $B_m \cdot H_c$가 작은 경우에는 0.42에 가깝게, 큰 경우는 0.34에 가깝게 취한다.

2.5.2 철 및 강

(1) 순철

철강은 일반적으로는 구조재료로서 이용되지만, 자기회로에 이용되기도 하고 특히 철심, 자극으로서 이용된다. 그림 2.26에 탄소함유량에 대한 최대 비투자율 μ_{sm} 및 보자력 H_c와의 관계를 나타낸다.

탄소를 미량 함유하는 것은 μ_{sm}이 크고 H_c가 작기 때문에, 직류기기의 철심 재료, 자극편(磁極片) 등으로 사용하는 것에 적당하다. 암코철, 스웨덴철 또는

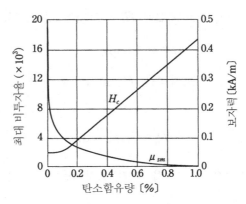

그림 2.26 강의 탄소함유량과 자성

전해철과 같은 상업용 순철은 이와 같은 특성을 갖고 있다. 이러한 순철의 불순물은 표 2.24에 나타낸 범위에 있다.

표 2.24 상업용 순철의 불순물[%]

재료명	C	Si	Mn	P	S
전해철	0.0005~0.02	0~0.006	흔적(痕跡)	0~0.01	0.001~0.01
암코철	0.012~0.025	0~0.017	0.017~0.07	0.005~0.014	0.017~0.025

순철을 수소 분위기에서 어닐링하면 자성이 매우 좋아진다. 예를 들면, 암코철을 수소 분위기에서 1,480℃로 10시간 가열한 후 냉각하고, 다시 한 번 880℃에서 18시간 가열한 것은 μ_{sm}이 3.4×10^5에 달한다. 하지만, 순철의 자성은 비교적 불안정하고 시간이 지남에 따라 변화하는 경향이 있다.

다음으로 철카보닐 $Fe(CO)_6$을 열분해하면, 순도가 아주 높은 작은 가루형태의 카보닐철을 얻을 수 있다. 이것을 소결하고 나서 단조, 압연 등의 가공에 의해 판자 모양, 봉 모양 및 그 밖의 형상의 비투자율이 큰 재료가 얻어진다. 나중에 기술하겠지만, 분말인 채로 눌러서 굳힌 고주파용 철심, 혹은 분말의 자화에 의해 결함이 이루어지는 자기 커플링에 사용된다.

(2) 탄소강, 주철

1) 탄소강

순철은 고가이기 때문에 성능을 최고로 중요시하지 않는 철심에는 C가 0.1% 이하의 극연철이 이용된다. C가 0.2% 정도의 구조용 강에서는 약간 자성이 떨어지지만, 용접구조의 기계에는 자기회로용 재료로서 이용된다.

고속도 회전의 자극 등에서는 기계적 가동을 고려하여 C가 0.5% 정도의 것을 사용하는 경우가 있다. 이들 탄소강의 자화특성을 그림 2.27에 나타낸다.

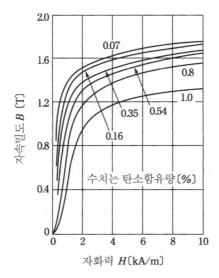

그림 2.27 탄소강의 자화특성

2) 주철

주철은 C가 0.15 ~ 0.22% 정도로 단조재와 비교하면 Mn, Si 를 조금 많이 포함하고 있지만 자성은 거의 같다. 전기기계용 주물에는 회주철을 많이 사용하지만, 그 자성은 앞에서 기술한 다양한 강과 비교해 매우 떨어진다. 주철의

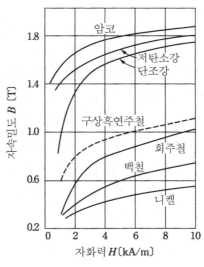

그림 2.28 각 재료의 자화특성

자성을 좋게 하기 위해서는 약 950℃에서 30분 이상 열처리를 하고 시멘타이트를 충분히 분해하면서 주물 속의 변형을 제거한다. 구 형태 흑연주철의 자화특성은 회주철보다도 좋다. 그림 2.28은 이들 각 재료들의 자화특성을 비교한 것이다.

(3) 전자강대(電磁鋼帶)

회전기, 변압기의 철심으로 전자강대가 이용된다. 대부분의 전자강대는 규소를 포함하는 강이어서 **규소강대**라고도 불린다.

1) 규소강의 성질

얇은 철판을 겹쳐 쌓아 회전기, 변압기의 철심으로 하는 것은, 이들을 교번자계 속에 둔 경우, 와전류 통로의 전기저항을 될 수 있으면 크게 하고, 철심 내의 에너지손(損)을 가능한 한 작게 하기 위해서이다. 그러므로 얇은 철판재료 그 자체라도 비투자율, 포화자속밀도는 가능한 한 크게, 잔류자속밀도, 보자력은 가능한 한 작게, 또 저항률을 크게 하기 위한 조성을 선택해야 한다. 보자력을 작게 하고, 투자율을 높이기 위해서는 결정자기이방성 상수 K_1, 자기변형 λ가 작은 것이 좋다. 이 목적에 적합한 것이 규소강이다. 그림 2.29는 규소강의 각 상수와 규소함유율과의 관계를 보여주고 있다.

규소가 4%를 넘어 6.5%가 되면 B_s는 어느 정도 낮아지지만, $\lambda_s = 0$, K_1도 작아지고, μ_{si} 및 μ_{sm}은 매우 크게 되어 W_h는 아주 작아진다. ρ도 높아지기 때문에 철손도 매우 작아진다.

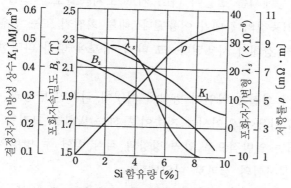

그림 2.29 규소강판의 각 상수

2) 무방향성 전자강대

주로 회전기 철심용으로 적절한 일단(一段)의 냉압연과 열처리 조합에 의해 무방향성 전자강대가 제조되고 있다. 게다가 불순물의 저하, 제3원소의 첨가, 중간 열처리를 포함하는 2단 냉간압연의 채용, 열처리 온도의 최적화 등에 의해 철손 저감을 시도하고 있다. 표 2.25는 무방향성 전자강대의 종류와 그 자기 특성을 보여주고 있다.

표 2.25 무방향성 전자강대의 종류 및 자기특성(JIS C 2552에서 발췌)

종 류	호칭 두께 [mm]	밀 도 [kg/dm^3]	철 손[*1] $W_{15/50}$ [W/kg]	자속밀도[*2] B_{50} [T]
35 A 210	0.35	7.60	2.10 이하	1.60 이상
35 A 300		7.65	3.00 이하	1.60 이상
35 A 440		7.70	4.40 이하	1.64 이상
50 A 230	0.50	7.60	2.30 이하	1.60 이상
50 A 350		7.65	3.50 이하	1.60 이상
50 A 600		7.75	6.00 이하	1.65 이상
50 A 800		7.80	8.00 이하	1.68 이상
50 A 1300		7.85	13.00 이하	1.69 이상
65 A 800	0.65	7.80	8.00 이하	1.66 이상
65 A 1000		7.80	10.00 이하	1.68 이상
65 A 1600		7.85	16.00 이하	1.69 이상

[*1] 철손의 $W_{15/50}$ 은 주파수 50 Hz, 최대 자속밀도 1.5 T일 때의 철손
[*2] 자속밀도의 B_{50} 은 자계의 강도 5 kA/m에 있어서의 자속밀도

소형 전동기 등에서는 철손이 다소 커도 고자속밀도를 얻을 수 있는 저가의 철심재료로서 저품질의 강대가 이용된다. 대형 회전기 또는 전원용 소형 변압기 등에서는 고품질 강대가 사용된다. 그 밖에, 용도에 따라 다양한 전자강대가 이용된다.

강판의 자기적 성질은 압연의 방향이 이것에 직각인 방향과 비교하여 우수하기 때문에 실제 사용에 있어서는 자속이 통하는 방향을 고려할 필요가 있다. 자기적 성질 표시는 일반적으로 압연 방향과 직각 방향 두 방향의 재료를 이용한 에프스타인 특성시험의 결과로 나타낸다.

수요자의 사용상 편의를 위해 마무리 열처리를 끝낸 풀 프로세스 제품과

수요자가 가공 후에 열처리를 한 세미 프로세스 제품이 있다. 모두 기기제작 과정에서 선단, 틀에 맞춰 모양을 짜는 등의 가공이 이루어지면 절단부분에 새로운 변형이 생겨 자기특성이 현저히 저하하기 때문에 가공 후에 열처리를 하여 변형을 제거하는 것이 필요하다. 산화에 의한 자기특성의 저하를 피하기 위해서, 예를 들면 수소 10% 이하, 질소 90% 이상의 비폭발성 혼합가스 분위기에서 열처리를 한다. 통상, 약 750℃에서 약 2시간 이상 유지한 후 냉각한다.

강판을 겹쳐 쌓은 경우의 와전류를 작게 하기 위해서 이전에는 절연 바니시를 가열하여 붙이는 방법이 이용되었지만, 현재는 강대 표면에 무기질의 절연피막을 생성시켜 강대 표면에 절연층을 만들어 큰 층간저항을 얻고 있다. 이 절연피막은 비산화성 분위기 속에서 800℃ 온도까지 견디는 것으로 강대의 용접성, 내식성 향상의 역할도 하고 있다.

3) 방향성 전자강대

전자강판을 열처리하는 것은 내부의 변형을 없애는 한편 결정립을 크게 하고 히스테리시스손을 감소시키는 장점이 있기 때문이다. 얀센은 히스테리시스손 W_h 와 결정립의 밀도 N 과의 사이에 다음 관계가 있다는 것을 나타냈다.

$$W_h \propto \sqrt{N} \tag{2.24}$$

일반적으로 가공에 의해 변형에너지가 축적된 상태의 금속을 가열하면 변형에너지가 개방되어 가공 전의 상태를 지난 후 재차 가열하면 변형이 작은 새로운 결정립이 발생하고, 그것이 비교적 변형이 많이 남아 있는 결정립을 변형이 작은 결정립으로 변하면서 재결정한다. 이 강판의 전체 면이 재결정 상태가 된 후 재차 가열을 계속하면 결정립의 성장이 일어나고, 고온까지 가열을 계속하면 조건에 따라서는 재결정조직에 포함되는 특정의 방위를 갖는 결정이 급격히 성장하여 전체를 차지하는 경우가 있다. 이것을 **이차 재결정**이라 부르며, 이 현상을 이용해서 고스(Goss) 방위라고 하는 특정의 방위결정으로 강판 전체를 차지하게 한 것이 방향성 전자강대이다.

고스 방위는 자화가 용이한 방향인 (110) [100]이 압연 방향에 거의 맞는 것이다. 이 방향으로 자속을 통과시켰을 때의 손실이 작다.

규소량이 많은 것은 압연이 곤란하기 때문에 규소가 3.8% 이하의 강재가 이용된다.

　고스가 방향성 전자강대를 제조하기 위해 실행한 방법을 나타내면 다음과 같다.

① 두께 2.5 mm까지 열간압연

② 870 ℃ 까지 어닐링 후에 산으로 씻음

③ 두께 0.6 ~ 1.0 mm까지 냉간압연

④ 870 ~ 1,000 ℃ 에서 어닐링(수소 분위기)

⑤ 0.32 mm까지 냉간압연

⑥ 1,000 ℃ 에서 어닐링(수소 분위기)

　이와 같은 방법으로 만들어진 규소강대는 그림 2.30 에 나타냈듯이 그 결정립의 대다수의 것이 [100] 방향을 압연 방향으로 하고 (011)면을 판면과 평행하게한 배열을 하고 있다.

　방향성 전자강대(보통재)의 각 결정립의 (110) [001] 방위의 압연 방향의 차이로부터 평균은 7° 이내로 압연 방향이 자화하기 쉬운 방향이 된다.

　결정립의 배향성이 높아지면 결정립은 크게 되어 히스테리시스손은 감소하지만 와전류손은 커진다. 결정배향성이 높은 규소강대에서는 장력을 가함으로써 와전류손을 저감할 수 있다는 것을 찾아냈기 때문에 강판에 큰 장력을 가하는 표면 절연피막을 형성시키는 강대가 1968년에 신일본제철, 다음으로 1973년에 가와사키제철에서 개발 및 제조되고 있다. 이 강대에서는 각 결정립의 (110) [001] 방위가 압연 방향에서의 차이 각도의 평균이 3° 이내로 **고자속밀도 전자강대**라고 불린다.

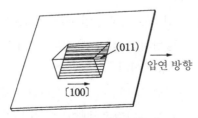

그림 2.30 방향성 전자강대(電磁鋼帶) 안의 단결정

표 2.26 방향성 전자강대의 종류 및 자기특성(JIS C 2553에서 발췌)

종 류[1]	호칭 두께 [mm]	밀 도 [kg/dm^3]	철 손[2] $W_{17/50}$[W/kg]	자속밀도[3] B_8[T]
23 R 085	0.23	7.60	0.85 이하	1.85 이상
23 P 090			0.90 이하	1.85 이상
23 P 100			1.00 이하	1.85 이상
23 G 110			1.10 이하	1.78 이상
27 R 090	0.27		0.90 이하	1.85 이상
27 P 100			1.00 이하	1.88 이상
27 G 130			1.30 이하	1.78 이상
30 P 105	0.30		1.05 이하	1.88 이상
30 G 130			1.30 이하	1.78 이상
30 G 140			1.40 이하	1.78 이상
35 P 115	0.35		1.15 이하	1.88 이상
35 P 135			1.35 이하	1.88 이상
35 G 155			1.55 이하	1.78 이상

[1] G: 보통재, P: 고자속밀도재, R: 자구제어재
[2] 철손의 $W_{17/50}$은 주파수 50 Hz, 최대 자속밀도 1.7 T일 때의 철손
[3] 자속밀도 B_8은 자계강도 0.8 kA/m에 있어서의 자속밀도

강판 표면에 레이저 처리, 스크래치 처리를 함으로써 자구를 세분화하고 와전류손을 더욱 저하시킨 자구제어재도 개발되고 있다. 표 2.26은 이들의 방향성 전자강대의 자기특성을 보여주고 있다.

방향성 전자강대는 전력용 변압기나 극히 일부의 대형 교류발전기에 이용되고 있다. 이 경우, 압연 방향에 자속이 통과하도록 사용된다. 또 그 우수한 자기적 성질을 충분히 발휘시키기 위해 틀에 맞춰 모양을 짜고 절단의 변형을 완전히 제거하는 것이 바람직하다.

2.5.3 철-니켈 합금

Fe에 Ni을 30% 이상 첨가하면, B_s, K_1, λ_s, ρ가 그림 2.31과 같이 변화한다. Ni을 40% 이상 포함하는 면심입방격자를 갖는 고용체가 되지만, Ni이 80% 전후에서는 K_1 및 λ_s의 값이 거의 0이 되어 높은 투자율을 기대할 수 있다.

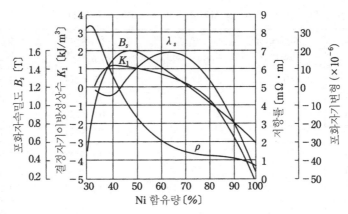

그림 2.31 Fe-Ni 합금의 각 상수

45 ~ 50% Ni-Fe 합금은 상당히 높은 μ_{si}를 가지고 있고 B_s도 비교적 높기 때문에, 예전부터 계기용 변성기, 통신용 변성기, 단전기 등에 사용되어 왔다. 또 50% Ni−Fe 합금은 다음에 기술하는 정투자율재료, 각형 히스테리시스재료로서 이용된다.

78% 전후의 Ni함유량을 갖는 퍼멀로이는 그림 2.32와 같이 적절한 급랭처리에 의해 매우 높은 투자율을 얻을 수 있다. 급랭처리는 상식적으로는 재료에 내부 변형을 주어 투자율을 감소시키는 것에 불구하며, 오히려 투자율을 현저하게 높이는 현상은 예전에는 이해할 수 없는 문제로 여겼지만, 현재는 급랭처리가 Ni_3Fe의 규칙격자의 생성을 방해하여 이방성 에너지를 낮추고 높은

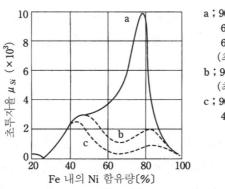

a ; 900~950℃, 1h 유지
　　600℃까지 천천히 냉각
　　600℃에서 공기 중에서 급랭
　　(최대 냉각속도 1 500℃/min)
b ; 900~950℃, 1h유지 노랭
　　(최대 냉각속도 100℃/h)
c ; 900~950℃, 1h유지 노랭 후
　　450℃, 20h

그림 2.32 Fe-Ni 합금의 비초투자율에 미치는 열처리의 영향

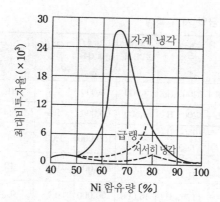

그림 2.33 Fe-Ni 합금의 처리와 비투자율

투자율을 얻는 데 기여한다고 여겨지고 있다.

　Fe-Ni 합금에 자계를 가한 상태로 냉각하면, 그림 2.33에 보이듯이 어떤 범위의 조성은 자성이 매우 좋아진다. 이 경우 μ_{sm}이 최대가 되는 조성은 78%로 Ni과는 떨어진 값이다. 또 자계냉각은 μ_{sm}을 개선하지만, μ_{si}에는 거의 영향이 없다. 이 현상은 재료의 퀴리온도에 관계되고 퀴리점이 재료의 점성유동을 발생시키는 온도보다 높은 경우 자계를 가해 냉각하면, 자계를 냉각하지 않은 재료를 상온에서 자화하는 경우에 생기는 저항이 미리 없어져, 자화가 쉽게 된다고 해석되고 있다.

　Fe-Ni 합금은 규소강에 비해 저항률이 낮기 때문에, 이것을 높이기 위해서 Cr, Mo, Cu 등의 첨가가 시도되었다. 그 결과, 저항률은 규소강 수준으로 상승하고 와전류손이 경감될 수 있을 뿐만 아니라 열처리 후 서서히 냉각해도 매우 높은 투자율을 얻을 수 있다는 것이 명백해졌다. 이것은 Cr, Mo 등의 첨가가 서서히 냉각되는 경우에도 규칙격자를 생성하기 어렵게 하기 때문이라고 생각된다.

　Fe-Ni 합금의 주요한 것에 대해서는 표 2.27에 열처리와 자기특성을 나타낸다.

표 2.27 각종 Fe-Ni 합금의 자기 특성

재료명	성분 [%]	열처리 온도* [℃]	초비 투자율 μ_i	최대 비투자율 μ_m	포화자속 밀도 B_s[T]	보자력 H_c[A/m]	퀴리점 [℃]	저항률 $[\mu\Omega\cdot m]$	밀도 $[g/cm^3]$
36퍼멀로이	36Ni, 0.3Mn	1200, H₂	3,000	15,000	1.3	16	230	0.75	8.15
45퍼멀로이	45Ni, 0.3Mn	1200, H₂	4,500	60,000	1.5	6.4	450	0.45	8.15
78퍼멀로이	78.5Ni, 0.3Mn	1050, H₂ +600, Q	8,000	100,000	1.03	4	560	0.16	8.60
4-79Mo 퍼멀로이	79Ni, 4Mo, 0.3Mn	1100, H₂+C	30,000	250,000	0.87	12	460	0.55	8.72
Mumetal	78Ni, 2Cr, 5Cu	1175, H₂	45,000	150,000	0.7	9.6	350	0.60	8.62
Deltamax	50Ni	1200, H₂	600	100,000	1.55	8	500	0.40	6.25
Supermalloy	79Ni, 5Mo, 0.3Mn	1300, H₂+C	100,000	800,000	0.8	5.6	410	0.60	8.77

* H₂ 는 수소 분위기 속에서 열처리, Q는 급랭, C는 냉각속도 조절의 필요를 의미한다.

2.5.4 합금강

(1) 알펌

철에 알루미늄을 첨가하면 비투자율이 커진다. 특히 Al은 12 ~ 15% 첨가한 합금을 900℃ 에서 급랭하면 비투자율이 매우 커진다. 이 합금을 **알펌**이라고 한다. 이와 반대로 상온까지 서서히 냉각시키면 비투자율은 작지만, 자기변형이 큰 재료를 얻을 수 있다. 표 2.28에 이들 재료의 자기적 성질을 나타낸다. Fe-Al 합금은 Al 양이 많아지면 편석을 일으키기 쉽고, 가공하기가 어려워지게 되는 것이 결점(缺點)이다. 이 때문에 괴상(塊狀) 철심 이외에는 사용되지 않는다.

표 2.28 철-알루미늄 합금(Al 13.9%)의 열처리와 자성과의 관계

열처리 900℃ 에서 가열 후	초비투자율	최대 비투자율	보자력 [A/m]	잔류자기 [mT]	히스테리시스손 $[\mu J(cm^3\cdot 사이클)]$	저항률 $[\mu\Omega\cdot m]$
서랭	900	3,600	56	360	92	0.96
550℃ 부터 급랭	3,500	15,000	8.7	267	15	1.42

(2) 퍼멘듈

Fe에 Co를 34% 정도 첨가하면 자화의 포화는 그렇게 빠르지는 않지만,

포화자속밀도가 순철보다 13% 정도 커진다. Fe이 50%, Co가 50%의 합금을 **퍼멘듈**이라 하며, 이 역시 같은 계통의 포화자속밀도가 큰 재료이다. 그러나 퍼멘듈은 연약하여 가공이 곤란하기 때문에 바나듐을 1.7% 첨가해 가공성을 좋게 한 것을 **1.7퍼멘듈**이라 한다.

(3) 니켈크롬강

니켈크롬강은 원래 구조용 강이지만, 고속도의 터빈발전기의 회전자에 사용되어 자기회로를 형성시키고 있다. 그 자화 특성은 주강보다 조금 나쁜 정도이다. 표 2.29에 그 성분 및 자성을 나타낸다.

표 2.29 니켈크롬강의 성분과 자성

화학성분[%]					자속밀도*[T]		
C	Si	Mn	Ni	Cr	B_{25}	B_{50}	B_{100}
0.20 ~ 0.35	0.3 이하	0.40 ~ 0.60	2.5 ~ 4.5	0.5 ~ 1.5	1.22 ~ 1.36	1.46 ~ 1.54	1.62 ~ 1.66

*B_{25}, B_{50}, B_{100}은 각각 자화력 25, 50, 100 A/m에 있어서의 자속밀도

2.5.5 아모퍼스 자성합금 · 나노결정 자성합금

아모퍼스는 결정구조를 갖지 않는 물질형태를 나타내는 용어로 **비정질**이라고 부르며, 원자배열이 액체 상태와 같이 불규칙하게 배열되어 있는 고체 상태를 말한다. 금속은 보통 고체 상태에서는 에너지가 가장 낮은 안정 상태에 있는 결정구조를 가지지만, 합금계에서는 용융상태로 급랭함으로써 아모퍼스화하는 것이 가능하다. 아모퍼스 자성합금은 결정자기 이방성이 없기 때문에 고투자율 재료가 될 수 있지만, 고투자율을 얻기 위해서는 급랭에 따른 변형을 제거하기 위해서 열처리가 필요하다. 하지만, 아모퍼스는 준안정상이기 때문에 열처리에 의해 안정한 결정 상태로 돌아가 연약해지는 결점이 있다. 제조과정상 판의 두께가 얇기 때문에 소용돌이전류손이 작아 고주파 용도에도 이용된다.

철농도가 높은 철·천이금속계 비정질합금을 열처리해서 나노미터사이즈(nm)의 미세한 철결정(나노결정)을 균일하게 분산 석출시킴으로써 높은 포화자속밀도와 함께 우수한 연자성 특성을 갖춘 나노결정합금도 개발되고 있다.

철·천이금속계 나노결정합금은 높은 철농도로 인해 1.5 T 이상의 높은 포화자속밀도를 가지며, 결정립경이 5 ~ 15 nm로 상당히 미세함에 따라 실효적인 자기이방성이 작고 지르코늄, 니오브 등이 극미량 나노결정 안에 고용(固溶)하기 때문에 자기 변형이 낮아진다. 이 결과, 높은 포화자속밀도와 우수한 연자기 특성의 양립을 가능하게 하는 것으로 여겨진다.

2.5.6 압분심

(1) 압분심의 의의

자성재료의 와전류손은 주파수의 제곱에 비례하여 증가하기 때문에 고주파용 자심에는 고투자율의 합금을 분말로 해서 그 각 분말 표면에 절연처리한 후, 결합재를 첨가해 가압 성형한 재료를 이용한다. 이것을 **압분심**이라고 한다.

압분심에서 고투자율재료는 독립한 미립으로 되어 있기 때문에 감자율이 크고, 따라서 외관의 비투자율은 작아지지만 그 값은 일정하게 가까워진다. 또, 실효비투자율을 크게 할 수는 없다. 그러므로 용도에 맞게 자심의 성질을 적절하게 조절한다.

자심이 구 모양 미립에서 만들어지고 있다고 가정한 경우, 그 와전류손은 다음 식으로 표현된다.

$$W_{ed} = \frac{1}{20} \omega^2 p \frac{R^2}{\rho} B_{m^2} \quad [\text{W/m}^3] \tag{2.25}$$

여기서, $\omega = 2\pi f$, f: 주파수[Hz]

p: 자기재료의 점적률

R: 자기재료의 반경[m]

ρ: 자기재료의 저항률[$\Omega \cdot$m]

B_m: 최대 자속밀도[T]

(2) 압분심에 사용되는 금속재료

우선, 가까운 재료로서는 전해철이 이용된다. 전해철은 다공질이고 연약하기 때문에 볼밀을 사용하여 쉽게 분말로 만들 수 있다. 2.5.2항에서 기술한 카보닐

철도 적당한 조건하에서 구모양 미립자로서 제작되어 압분심에 가장 적당한 재료이다. 이것을 이용한 압분심에 **시루퍼**(sirufer), **시매퍼**(simafer)라고 불리는 것이 있고, 전자는 고주파용으로, 후자는 장하코일(loading coil)에 이용된다.

퍼멀로이에 0.001%의 유황을 첨가하면, 볼밀로 쉽게 분말로 만들 수 있다. 또 몰리브덴 퍼멀로이는 분쇄하기 쉽기 때문에 우수한 자심이 된다. 그 한 예로 **스텐일렉**이 있다.

압분심용으로 만들어진 것에는 센더스트합금이 있다. 이 합금은 Si이 9.5%, Al이 5.4%, 나머지는 철의 조성으로 아주 높은 투자율을 가져 분쇄하기 쉽다.

(3) 압분심의 성질

압분심은 비투자율이 큰 금속의 미립 사이에 비자성 절연물이 개재하는 조직으로 되어 있기 때문에, 그 실효비투자율은 자계가 넓은 범위로 변화해도 그다지 변화지 않는 특성을 나타낸다. 그림 2.34는 각종 압분심의 실효투자율과 자속밀도의 관계를 나타낸다. 그림에 있어서, 비투자율에 차이가 있는 것은 용도에 따라서 다른 특성을 주기 때문이다.

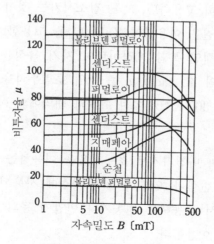

그림 2.34 압분심의 성질

2.5.7 고투자율 페라이트

(1) 분자식과 제법

페라이트는 Fe_2O_3(삼산화철, 빨간색으로 적산화철이라고도 불린다)을 주성분으로 하는 자성 산화물을 총칭하며, 분자식은 $MO \cdot Fe_2O_3$로 표현된다. 여기서, M은 2가의 금속이고 Mg, Mn, Fe, Ni, Cu, Zn 등이 있다. 현재 사용되고 있는 페라이트는 분자식 단체의 단원 페라이트가 아닌 Mn-Zn 페라이트와 같이 2종류 이상의 페라이트의 고용체(복합 페라이트)이다. 페라이트를 제작하기 위해서는 우선, 원료를 습식에 의해 혼합하고 건조 후 분쇄하여 미분화한다. 그 것에 결합제나 윤활제를 혼합하여 건조하고, 이것을 원료로 하여 압축성형하고 소결한다. 미분화의 방법 및 소결온도는 얻을 수 있는 특성에 큰 영향을 준다.

(2) 고주파용 페라이트

$MnFe_2O_4$과 같은 역스피넬형에 정스피넬형의 $ZnFe_2O_4$을 고용(固溶)하면, 포화자화는 분자비 0.5로 최대가 되며, 퀴리온도가 실온 정도까지 저하되어 투자율이 높아진다. 또 $MnFe_2O_4$는 포화자기 변형 $\lambda_s > 0$이기 때문에, $\lambda_s < 0$의 단원페라이트와 적절히 고용하면, λ_s를 감소시키는 것이 가능하고 투자율을 더 높일 수 있다. 이 성질을 이용하여 $ZnFe_2O_4$을 고용한 복합 페라이트가 널리 이용되고 있다. 대표적인 복합 페라이트의 자기 특성을 표 2.30에 나타낸다. B_m은 H_m에 있어서의 값, $\tan \delta / \mu_{si}$는 단위 초비투자율당 손실계수이다.

고주파 페라이트의 300 MHz 이하 고주파 대역에의 이용에 대해서는 다음과 같은 예가 있다.

① 종래의 압분심과 마찬가지로 초투자율을 이용하는 경우로 고주파용 코일, 반송용 고주파 변성기, 안테나 등의 자심에 사용된다.
② 높은 주파수에서 작동하는 전동기나 변압기 등의 자심에 사용하는 경우, 최대 투자율이 이용된다.
③ 포화특성을 이용하는 경우 자기증폭기, 펄스변압기 등에 사용된다.

표 2.30 다양한 복합페라이트의 자기 특성

| 재료 | 초비투자율 μ_{si} | 자속밀도 | | 보자력 $H_c[\text{A/m}]$ | $\dfrac{\tan\delta}{\mu_{si}} \times 10^6$ | 주파수 $f[\text{MHz}]$ | 퀴리온도 $T_c[\text{℃}]$ | 저항률 $\rho\,[\Omega\cdot\text{m}]$ |
		$B_m[\text{mT}]$	$H_m[\text{A/m}]$					
Mn-Zn 페라이트	5,000	420	1,194	8.0	6	0.01	130	0.2
	2,000	350	1,194	15.9	7	0.1	150	2
	1,000	350	1,194	19.9	30	0.1	200	10
Cu-Zn 페라이트	500	200	1,194	39.8	100	0.5	90	10^4
	100	300	1,194	238.8	100	2.0	350	10^3
Ni-Zn 페라이트	70	270	1,194	238.8	90	10	350	500
	15	200	1,194	557.2	50	20	450	500
Cu-Zn-Mg 페라이트	10	140	3,980	119.4	300	20	500	500

(3) 마이크로파용 페라이트

300 MHz 이상의 고주파대에서는 스피넬형 페라이트 외에 가넷형 페라이트가 아이솔레이터, 서큘레이터, 이상기(移相器), 필터, 지연소자 등에 사용되고 있다.

스피넬형 페라이트로서는 Mg-Mn계, Ni-Zn계가 대표적이다. 이들의 자기특성 및 유전특성을 표 2.31에 나타냈다. Mg-Mn계에 Al 치환한 페라이트는 포화자화 I_s 및 유전정접 $\tan\delta$도 작아지기 때문에 비교적 낮은 주파수 대역에서 사용된다.

표 2.31 마이크로파용 스피넬형 페라이트의 특성

조 성	포화자화 I_s [mT]	반치폭 ΔH [kA/m]	유전율 ε	유전정접 $\tan\delta[10^{-3}]$	퀴리온도 $T_c[\text{℃}]$
Mg-Mu-Al	84	7.96	11	1.5	120
	130	15.9	12	1.5	170
Mg-Mn	240	23.9	14	1.5	300
Cu-Zn	340	11.9	16	9	250
Ni-Zn	440	11.9	14	7	310

가넷형 페라이트는 $M_3Fe_5O_{12}$(M: 이트륨 Y 및 희토류원소)로 표현되고 $Y_3Fe_5O_{12}$(이트륨-철-가넷, 약칭 YIG) 또는 그 일부가 Gd나 Al으로 치환된

표 2.32 마이크로파용 가넷형 페라이트의 특성

$M_3Fe_5O_{12}$의 M의 조성	포화자화 I_s [mT]	반값폭 ΔH [kA/m]	비유전율 ε	유전정접 $\tan\delta[10^{-4}]$	퀴리온도 $T_c[℃]$
Y–Al	25	3.58	14	8	100
	60	3.58	14.5	8	180
	95	4.78	14.5	8	220
	140	5.57	15	8	245
Y	180	5.57	15	8	285
Y–Gd–Al	80	5.97	15.5	8	240
	100	5.97	15.5	8	250

가넷이 사용된다. 이들의 자기특성 및 유전특성을 표 2.32에 나타낸다.

(4) 안정성

페라이트는 일반적으로 소결 후, 시간의 경과와 함께 투자율이 감소하면서 일정한 값에 도달한다. 이 현상을 **디스어코모데이션**(disaccommodation)이라고 부르며, 격자 중의 공공(空孔)의 확산 및 공공(空孔)을 사이에 둔 Fe이나 불순물 이온 등의 확산을 바탕으로 해석되고 있다. 투자율이 안정한 후에도 외부에서 자기적, 열적, 또는 기계적인 요란(擾亂)을 받으면 투자율은 상승하고, 그 후 앞에서 기술한 것과 같은 현상을 볼 수 있다. 그러므로 취급에는 충분한 주의가 필요하다. 공공은 과산화 때문에 생기므로, 질소 분위기 속에서 소결하면 과승의 Fe^{3+}이 분해하여 $FeO \cdot Fe_2O_3$가 되고 공공발생이 억제되어 디스어코모데이션에 의한 투자율의 변화는 완화된다. 또 페라이트는 퀴리온도가 낮기 때문에 투자율의 온도 변화가 크다. 이것은 결정자기이방성 상수가 온도에 의해 변화하기 때문이라고 해석되고 있다. 투자율을 희생하면, 온도 부근에서의 투자율의 온도 변화를 작게 하는 것이 가능하다.

2.5.8 영구자석

(1) 영구자석재료로서 갖춰야 할 조건

영구자석재료로서 요구되는 일반적 성질을 열거하면 다음과 같다.

① 이용 가능한 에너지인 1.9.6 항에서 기술한 에너지곱 $(B_d H_d)_{\max}$ 이 클 것. 이것을 실현하기 위해서는 잔류자속밀도 B_r 및 보자력 H_c (항자력이라고 불린다)가 큰 것이 필요하다.

② 재료가 안정할 것. 외부자계, 온도 변화, 기계적인 충격 등에 의한 자성의 변화를 억제하기 위해서는 큰 H_c 가 필요하다. 영구자석 모터로 약한 계자(界磁)제어를 할 경우나 자동차 탑재용 기기와 같이 고온에서 사용되는 경우에는 각각 외부자계 및 온도 변화에 의한 감자가 문제가 된다. 재료의 조직이 안정하고 경시 변화(경시열화라고도 한다)가 적은 것도 중요하다. 경시 변화는 자기회로의 퍼미언스 계수가 작을수록 또 사용 온도가 높을수록 커진다.

③ 물리적 및 기계적 성질이 양호할 것. 점성이 강하여 연약하지 않으면 단조, 성형, 절삭 등의 기계가공이 쉽다. 또 가능한 밀도가 작은 것도 중요하다.

④ 열처리가 용이할 것. 담금질이나 뜨임 등이 용이하고 열처리에 따라 재료에 결함을 발생시키지 않는 것이 요구된다.

⑤ 저가일 것.

표 2.33 영구자석재료의 분류

그 룹	주요 성분
경질자성 합금(R)	알루미늄-니켈-코발트-철-티탄합금 크롬-철-코발트합금 코발트-철-바나듐-크롬합금 희토류-코발트합금 네오디뮴-철-붕소합금 백금-코발트합금 동-니켈-철합금
경질자성 세라믹(S)	하드페라이트 ($MO \cdot n Fe_2O_2 : M = Ba$ 또는 Sr, $n = 4.5 \sim 6.5$)
경질자성 본드 재료(U)	알루미늄-니켈-코발트-철-티탄본드자석 희토류-코발트본드자석 네오디뮴-철-붕소본드자석 하드페라이트본드자석

위와 같은 조건을 최대한 만족하는 재료가 바람직하지만, 사용목적에 따라 필요시되는 조건에 경중의 차이가 있어 각각 다른 선정기준에 의해 재료를 평가해야 한다.

표 2.33에 기술적 응용분야에 대응한 영구자석의 분류를 나타낸다.

(2) 담금질 경화형 재료

철을 주체로 하는 합금을 고온 γ상(면심입방정)영역에서 담금질을 하면 마텐자이트 조직으로 형태가 변하고 그것에 동반하여 합금 내부에 응력분포가 생긴다. 이 응력이 자벽 이동에 필요한 에너지를 높여 H_c의 증대로 연결된다.

이 종(種)에 속하는 영구자석 재료는 가장 오래되었고 탄소강, 텅스텐강, 크롬강, KS강, 코발트 크롬강 등이 있다. 주요한 재료의 자기 특성을 표 2.34에 나타낸다. KS강은 1916년에 혼다 코다로와 다카키 히로시에 의해 발명된 자석강으로 기존의 텅스텐강과 비교해 3배의 보자력을 갖고 있어 당시로서는 세계 최강이었다. 현재도 이 형태의 자석강으로서는 최고의 특성을 보이고 있다.

이 종(種)의 영구자석은 경시 변화가 크고, 게다가 우수한 특성의 자석이 출현함에 따라 현재는 그다지 사용되고 있지 않다.

표 2.34 담금질 경화형 자석재료의 자기 특성

재 료	성분(殘部 Fe)[%]	사용 개시연도	보자력H_c [kA/m]	잔류자속 밀도 B_r[mT]	최대 에너지곱 $(B_d H_d)_{max}$ [kJ/m^3]
W강	W 6, C 0.7, Mn 0.3	1885	5.15	1,050	2.39
저크롬강	Cr 0.9, C 0.6, Mn 0.4	1916	3.98	1,000	1.59
고크롬강	Cr 3.5, C 1, Mn 0.4	1916	5.15	950	2.39
KS강	Co 36, W 7, Cr 35, C 0.9	1917	18.2	1,000	7.16
코발트 크롬강	Co 16, Cr 9, C 1, Mn 0.3	1921	14.3	800	4.77

(3) 석출경화형 재료

이 종(種)의 재료는 고온에서 급랭하여 과포화의 고용체를 제작하고, 이것을 뜨임하는 것에 의해 제2상(相)을 미결정으로서 석출시킨다. 가격이 저렴하며

양호한 자기 특성을 나타낸다.

1) 알니코 자석

1931년에 미시마 도쿠시치에 의해서 발명된 MK강(Fe-Ni-Al-Co), 1933년에 혼다라에 의해서 발명된 NKS강 또는 신 MK강(Fe-Ni-Ti-Co)을 바탕으로 발달한 Al, Ni, Co를 주성분으로 하는 Fe계 합금자석이다. 알니코의 명명은 주요 3성분에 기인하고 있다. 다음에 기술하는 가공성 자성과 함께 일반적으로 주조법으로 제작되기 때문에 주조자석이라고도 한다.

알니코계 재료의 제조과정은 원료를 용해, 주조한 후 $1,200℃$에서 고용화, $900℃$ 전후에서의 공랭 또는 자계 중 냉각, $550 \sim 650℃$에서의 시효화로 되어 있다. $900 \sim 700℃$의 사이를 $0.1 \sim 2 \, K/s$의 속도로 냉각하면 Fe, Co에 강자성상과 Al, Ni에 약자성상으로 분리하여 등방적인 자석이 된다. $120 \, kA/m$의 자계 중에서 냉각하면, 강자성상의 [100]축이 자계 방향으로 성장하고, 그 장축

표 2.35 알니코(AlNiCo) 자석의 자기 특성

재 질			제조법	최대 에너지곱 $(BH)_{max} \, [kJ/m^3]$		잔류자속밀도 $B_r \, [mT]$		보자력 $H_{CB} \, [kA/m]$	
간이명칭	*1	코드번호		최솟값	공칭값[*2]	최솟값	공칭값[*2]	최솟값	공칭값[*2]
AlNiCo9/5	i	R1-0-1	주조 또는 소결	9	13	550	600	44	52
AlNiCo12/6	i	R1-0-2		11.6	15.6	630	680	52	60
AlNiCo17/9	i	R1-0-3		17	21	580	630	80	88
AlNiCo37/5	a	R1-1-1	주조	37	41	1180	1230	48	56
AlNiCo38/11	a	R1-1-2		38	42	800	850	110	118
AlNiCo44/5	a	R1-1-3		44	48	1200	1250	52	60
AlNiCo60/11	a	R1-1-4		60	64	900	950	110	118
AlNiCo36/15	a	R1-1-5		36	40	700	750	140	148
AlNiCo58/5	a	R1-1-6		58	62	1300	1350	52	60
AlNiCo72/12	a	R1-1-7		72	76	1050	1100	118	126
AlNiCo34/5	a	R1-1-10	소결	34	38	1120	1170	47	55
AlNiCo26/6	a	R1-1-11		26	30	900	950	56	64
AlNiCo31/11	a	R1-1-12		31	35	760	810	107	115
AlNiCo33/15	a	R1-1-13		33	37	650	700	135	143

[*1] i는 등방성, a는 이방성
[*2] 규정값에는 없지만, 특성 변동의 중앙값

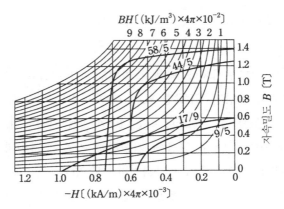

그림 2.35 알니코(AlNiCo) 자석의 감자곡선

은 수십 ~ 100 nm, 단축은 수 ~ 10 nm이며 자계 방향에 특성이 뛰어나 말하자면 이방성 자석이 된다. 알니코 자석은 석출상이 단일 자구구조를 만들고 있기 때문에 보자력이 높고 또 석출상이 신장하면, 장축 방향과 단축 방향에서의 반자계 계수의 차이에 의한 자기이방성 때문에 장축 방향의 자기특성이 향상된다고 생각되고 있다.

표 2.35에 널리 사용되고 있는 알니코 자석의 자기 특성을, 그림 2.35에 감자곡선을 나타낸다.

2) 가공성 자석

알니코 자석과 같은 구조로 보자력을 높이는 영구자석에 큐니페(Cu-Ni-Fe),

표 2.36 가공성 자석의 자기 특성

종 류	성 분 [%]	잔류자속밀도 B_r[mT]	보자력 H_C[kA/m]	최대 에너지곱 $(BH)_{max}$ [kJ/m^3]
Cunife I	Cu 60, Ni 20, Fe 20	570	47.0	14.7
Cunife II	Cu 50, Ni 20, Co 2.5, Fe 27.5	730	20.7	6.2
Cunico I	Cu 50, Ni 21, Co 29	340	56.5	6.8
Cunico II	Cu 35, Ni 24, Co 41	530	36.0	7.9
Fe-Cr-Co 합금	Cr 31, Co 23, Si 1, Fe 45	1,300	46.2	42.2
Vicalloy I	V 9.5, Co 52, Fe 38.5	900	23.9	7.9
Vicalloy II	V 13, Co 52, Fe 35	1,050	40.6	27.8

큐니코(Cu-Ni-Co) 및 Fe-Cr-Co 합금이 있다. 이들은 알니코의 결점인 가공성이 나쁘다는 점을 개선하였다. 이들 자석재료 및 가공성이 양호한 비칼로이의 자기 특성을 표 2.36에 나타낸다. 또한, 이 밖의 석출경화형 재료로서는 레마로이와 Pt-Co 합금이 있다.

(4) 소결자석

미분말을 압축 성형하고, 고온도에서 소결한 자석재료이다.

1) 페라이트자석

세계 최초의 페라이트자석은 1931년에 가토 요고로와 다케이 다케에 의해서 발명된 OP자석(코발트페라이트)이다. Fe_3O_4와 $CoFe_2O_4$의 분말을 50% 씩 혼합하고 압축성형 후 1,000℃로 소결하여 자계 중 냉각하면, $H_c = 39 \sim 73$ A/m, $B_r = 0.36 \sim 0.22$ T의 자기특성을 나타낸다.

1952년에 J. J. Went 등에 의해 발명된 바륨페라이트 자석은 알니코 자석에 비해 보자력이 높고 화학적으로 안정하고 높은 가격의 Ni, Co를 포함하지 않고 분말 야금법으로 비교적 간단하게 제조 가능하기 때문에 저렴하고, 생산량이 급속하게 증가하여, 스트론튬페라이트와 마찬가지로 현재는 알니코와 함께 기간(基幹)의 자석재료로 자리매김하고 있다.

바륨페라이트는 $BaO \cdot 6Fe_2O_2$로 나타내며, 결정 구조는 마그네트 플럼바이트(M)형 육방정이다. 그 자화용이 방향은 c축 방향으로, 결정자기 이방성 상수는 350 kJ/m^{3}로 매우 크기 때문에, 이 단자구 미립자를 압축성형, 소결하면 $H_c = 150$ kA/m 이상의 자석을 얻을 수 있다. 분말을 간단히 압축성형, 소결한 자석은 감자곡선이 각형이 아니어서 **등방성 자석**이라고 불린다. 압축성형할 때, 압축 방향과 평행으로 400 kA/m 정도의 자계를 가한 경우, 감자곡선은 각형이 되어 **이방성 자석**이라고 불린다. 스트론튬페라이트도 바륨페라이트와 같은 결정형으로 같은 자기 특성을 나타낸다. 이 두 개를 총칭하여 **하드페라이트**라고 부른다. 하드페라이트의 자기 특성을 표 2.37에, 감자곡선을 그림 2.36에 나타낸다.

표 2.37   하드페라이트(Hard ferrite)의 자기 특성(제조법: 소결)

재질		최대 에너지곱 $(BH)_{max}$ [kJ/m³]		잔류자속밀도 B_r [mT]		보자력 H_c [kA/m]	
간이명칭	코드번호	최솟값	공칭값[*2]	최솟값	공칭값[*2]	최솟값	공칭값[*2]
하드페라이트 7/21[*1]	S 1-0-1	6.5	8.5	190	220	125	149
하드페라이트 20/19	S 1-1-1	20	22	320	340	170	194
하드페라이트 26/18	S 1-1-4	26	28	370	390	175	199
하드페라이트 29/22	S 1-1-7	29	31	390	410	210	234
하드페라이트 24/35	S 1-1-10	24	26	360	380	260	275
하드페라이트 35/25	S 1-1-14	35	37	430	450	245	269

[*1] 등방성, 다른 말로 이방성
[*2] 규정값은 아니지만, 특성 변동의 중앙값

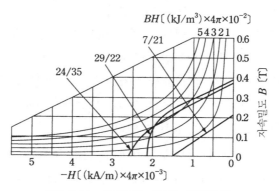

그림 2.36   페라이트 자석의 감자곡선

페라이트 자석은 B_r이 낮지만 H_c가 매우 크기 때문에, 반자계 계수가 큰, 예를 들어 편평형상(偏平形狀)의 자기회로에도 충분히 이용 가능하다. 이 높은 보자력성을 활용하여 휘는 성질이 우수한 고무자석 혹은 플라스틱 자석으로 사용된다.

2) 희토류 자석

희토류 자석은 희토류 금속과 천이 금속으로 된 금속 간 화합물을 이용한 고성능 자석이다. 조성에 따라 Sm-Co계와 Nd-Fe-B계로 분류할 수 있다. 이와 같이 계의 자석에 있어서 H_c 및 $(B_d H_d)_{max}$은 알니코 자석이나 페라이트 자석과 비교해 훨씬 크지만, 가격이 비싸다.

① 사마코바 자석: 1966년에 G. Hoffer 등이, YCo_5의 결정자기 이방성 상수가 $1 \sim 10\,MJ/m^3$, 페라이트 자석과 비교해서 매우 높고 뛰어난 자석 재료로서의 가능성이 알려진 후 급속하게 개발이 진행되고 있다.

표 2.38에 사마리움 코발트 자석의 대표적인 자기특성을 나타낸다. 액상 소결 자석은 기합금(基合金)을 저용점상에서 고온 소결한 것이고, 소결시효자석은 기합금의 일부를 Cu 등으로 치환한 잉곳을 분쇄, 소결 후 시효화로 Co에 풍부한 강자성상 안에서 Cu에 풍부한 약자성상을 석출시킨 것이다. 그리고 가공성 자석은 앞에서 기술한 소결 자석을 분쇄 후, 수지 성형한 것이다. Sm_2Co_{17}의 등장 이후, 고가인 사마리움의 비율이 높은 종래의 $SmCo_5$는 사용되지 않게 되었다.

표 2.38 희토류 코발트 자석의 종류와 자기 특성

종 류		잔류자속밀도 B_r[mT]	보자력 H_C[kA/m]	최대 에너지곱 $(BH)_{max}$[kJ/m³]
	희토류 원소			
액상소결 자석	Sm	720~990	573~764	104~191
	Sm, Pr	1,000~1,050	740~796	199~215
소결시효 자석	Ce	340~720	223~398	20~100
	Sm	820~1,050	478~534	135~215
가공성 자석	Sm	440~550	295~414	32~56
	Sm	600~750	263~478	48~72

② 네오디뮴 자석: 1983년에 사가와 마사토 등과 미국에서 각각 발명되었다. 주상은 정방정구조의 Nd_2Fe_{14}이다. 네오디뮴의 자원량은 사마리움의 10배 정도라고 알려져 있으며, 희토류 원소 중에서는 비교적 자원량이 풍부하다. 약점이 되는 내식성도, Ni도금 등의 표면처리에 의해 개선되어 고자계를 필요로 하는 기기에서 표준적으로 사용되고 있다.

(5) 자석의 안정성

안정한 자석을 얻기 위해서는 H_c가 큰 것이 첫 번째 조건이지만, 1.9.6항에

서 기술한 것과 같이, 자기회로에 있어서 자석과 공극 길이의 비를 작게 하여 반자화력을 감소하는 것도 안정성의 증가로 이어진다.

일반적으로 자석의 B_r은 주위 온도, 기계적 충격, 방해자계 등에 의해 시간의 경과와 함께 감소하고 초기의 값보다도 낮은 일정한 값으로 안정된다. 주위 온도의 변화에 의한 B_r의 감소에는 재료의 금속 조직적 변화에 기초한 불가역 변화와 가역변화가 있다. 어떤 종(種)의 주조자석인 경우, $50 \sim 100\,℃$에서 $2 \sim 5$시간 유지, 이른바 고온에서 열처리를 하면, 불가역 변화는 촉진되어 버린다. 알니코 자석이나 바륨페라이트 자석은 고온에서 별도로 처리된 후에 사용되기 때문에 불가역 변화는 거의 나타나지 않는다. 자화된 자석은 준안정상태에 있기 때문에 거의 일정한 실온에 방치되어도 열적인 원인에 의해 B_r이 보다 낮은 안정한 상태로 불가역적으로 이동해간다. 이 현상을 경시변화라고 한다. 이 변화는

- 시간의 대수에 비례한다.
- 주위온도와 함께 증가한다.
- 치수(길이)비가 작은 만큼 커진다.

등이 알려져 있다. 표 2.39에 알니코 5자석의 자기여효(磁氣余效)에 의한 경시변화를 나타낸다. 바륨페라이트는 H_c가 크기 때문에, 이 현상은 거의 나타나지 않는다. 또 자화 후에 미리 $5\,\%$ 이상의 안정화 감자를 하면 경시변화는 거의 나타나지 않는다.

표 2.39 알니코 5자석의 자기여효에 의한 경시 변화

퍼미언스 계수 $[\mu H/m]$	$\dfrac{B_{100} - B_{10}}{B_{10}}$ [%]*1	최초의 자속밀도 $B_d[mT]$
35.2	-0.02	1,240
	-0.01*2	1,230
26.4	-0.05	1,110
15.1	-0.05	730

*1 B_{100}, B_{10}은 착자(着磁) 후 $100\,s$, $10\,s$에 있어 자속밀도
*2 착자 직후 $0.25\,\%$의 안정화 감자(減磁)를 할 때의 값

온도 변화에 의한 B_r의 가역 변화는 온도계수에 의해 표현된다. 표 2.40에 그 예를 나타낸다.

자석은 일반적으로 저온에서 H_c가 저하하기 때문에 실온→저온→실온의 온도 사이클로 감자(減磁)된다. 표 2.41에 다양한 자석의 저온 감자율(減磁率)을 나타낸다.

자석의 사용에 있어서는 고온에서 열처리, 교류감자, 저온감자 등의 안정화 감자를 시행한 후에, 기계적 충격이나 방해자계에 노출되지 않도록 주의해야 한다.

표 2.40 각종 자석의 잔류자속의 온도계수

재료	치수비(L/D)	온도계수[%·K^{-1}]	온도범위[℃]
등방성 알니코	6.3	-0.019	$0 \sim 200$
	4.4	-0.014	
이방성 알니코	6.7	-0.022	$0 \sim 80$
	4.1	-0.016	
등방성 바륨페라이트	0.5	-0.19	$-60 \sim 300$
	1.0		
이방성 바륨페라이트	0.5	-0.19	$-60 \sim 300$
	1.0		

표 2.41 각종 자석의 저온감자율[%]

재료	치수비 (L/D)	-60℃	-190℃
등방성 알니코	5.29	0	0
	3.68	0	0
이방성 알니코 (알니코 6)	3.57	1.3	8.5
	1.78	4.2	10.5
이방성 알니코 (알니코 5)	5.36	1.4	4.6
	0.94	3.4	8.5
이방성 알니코 (알니코 8)	5.62	0	0
	1.01	0.5	1.3
등방성 바륨페라이트	0.50	0	—
	0.09	2.4	—
이방성 바륨페라이트	불가역 감자를 억제하는 퍼미언스계수 [μH/m] 0℃: 1.72 이상, 60℃: 3.42 이상		

(6) 착자(着磁, 자화)

영구자석은 열처리하여 조직을 안정화한 후 자화함으로써 자석의 특성을 나타낸다. 이 경우, 효과적인 자화가 되기 위해서는, 공극을 연강 또는 순철로 단락하여 폐자로(閉磁路)를 형성하고, 또는 U형 자석의 경우는 2개를 맞대어 공극을 없애고, H_c의 5배 이상의 자화력을 가한다. H_c가 비교적 낮은 20 kA/m 이하의 재료에서는 강한 전자석의 자극 사이에 자석을 밀착시켜 자화하면 좋지만, 큰 H_c 재료의 경우 혹은 형상이 복잡한 경우에는, 직접 권선을 하여 직류의 대전류를 통하게 하거나 대용량의 축전기 뱅크가 필요한 전원을 사용하고, 펄스전류에 의해 고자계를 발생시켜 자화한다.

2.5.9 그 밖의 자기재료

(1) 자기기록재료

자기기록은 자성기록 매체를 플라스틱의 필름 등 위에 도포하고 이것을 이동시키면서 자기헤드로 입력 또는 읽는 것으로, 현재는 정보의 기록매체로서 없어서는 안 된다. 기록은 자성기록 매체를 면 내에 수평하게, 자기헤드에 자화하는 것에 의해 이루어진다. 기록의 밀도는 자화 영역의 크기에 의해 결정되지만, 자화 영역을 작게 하고 기록 밀도를 높이기 위해서는 보자력이 큰 재료가 필요하게 된다. 그러나 보자력이 너무 크면 자기헤드에 자화, 즉 정보를 기록할 수 없게 된다. 기록재료에서는

① 자화력 H와 잔류자속밀도 B_r이 직선관계를 유지하고, $\Delta B_r / \Delta H$가 클 것.
② 기록을 영구 보존하기 위해서 H_c가 아주 클 것, 철손은 작을 것.
③ 상당히 큰 기계적 강도가 있을 것.

등이 요구된다. 이 목적에 최초로 이용된 것은 1% 전후의 탄소를 포함하는 경강으로, 이것을 가는 선 혹은 얇은 테이프로서 사용했다. 현재는 $\gamma\text{-}Fe_2O_3$, Co를 포함하는 Fe_2O_3, Co-Ni 등을 다양한 방법으로 플라스틱필름 등의 위에, 일정한 두께로 도포 또는 증착하여 사용된다.

기록밀도를 더욱 향상시키기 위해 기록매체를 수직 방향으로 자화한 기록방식도 실용화되고 있다. 이 기록재료로서 Co-Cr 등이 이용되고 있다.

기록, 재생, 소자용 코일의 자심, 즉 자기헤드 재료로서는

① 미약한 신호전류에서 자화할 것.
② 약한 자계에서 재생 코일에 되도록 큰 기전력을 유도할 것.
③ 철손은 되도록 작을 것.

이 요구된다. 이들 요구를 만족하는 재료로서 퍼멀로이, Mn-Zn 페라이트, 센다스트계 합금, 아모퍼스 자성재료가 있다.

(2) 자기변형재료

자성재료의 교류에서 자화하는 것에 의한 자기변형으로 형상을 변화시켜 그 진동에 의한 초음파의 발생, 초소형 기계의 구동 등에 사용한다. 자기 변형을 이용하는 재료에 대해서 요구되는 성질로는 우선 포화자기 변형 λ_s, 즉 자화력을 가했을 때의 자기변형 $\lambda = \delta l/l$ 의 포화치가 클 필요가 있다. 또 자화력에 대한 λ의 증가가 급격한 것도 요구된다. 게다가 재료 안의 자기적, 기계적 에너지손이 작은 것, 재료가 완전한 탄성체에 가깝고 영률이 큰 것은 발생 진동을 강하게 하고, 그 주파수를 높게 하기 위해서 필요하다.

자기 변형 재료로서는 우선 순 니켈을 들 수 있다. Ni은 λ_s가 -34×10^{-6}의 큰 값이다.

Fe-Co 합금은 Co를 많이 하면 λ_s가 커지고 Co가 70%에서는 $\lambda_s = 90 \times 10^{-6}$ 정도이지만, Co가 많아지면 가격이 높아진다.

Fe-Al 합금은 자기 변형도 크고 가격도 저렴하기 때문에 널리 사용되고 있다. Al이 12 ~ 14%인 것이 많이 이용되며, λ_s는 40×10^{-6}에 가까운 값이다. 이 합금은 **알페르**(Alfer)라 불린다.

희토류 원소와 Fe로 구성되는 $TbFe_2$, $SmFe_2$ 등은 $1,500 \times 10^{-6}$ 이상의 거대한 자기 변형을 나타내고 **초자기 변형재료**라고 불리고 있다.

2.6 **초전도재료**

2.6.1 초전도체의 분류

초전도체를 특징짓는 값으로서 3종류의 임계값이 있다. 우선, 임계온도 T_c는 그 이상의 고온에서는 초전도체가 초전도성을 잃는 온도이다. 다음으로 임계전류 I_c는 그 이상의 전류를 흘리면 초전도성을 잃는 전류값이다. 앞의 1.10.3항에 기술하였듯이 초전도체는 마이스너 효과에 의해 완전 반자성을 나타내지만 어느 임계값 이상의 자속밀도를 갖는 자계가 인가되면, 자속이 초전도체에 침입하여 초전도성을 잃게 된다. 이 임계자속밀도를 B_c로 표현한다.†

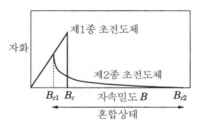

그림 2.37 초전도체의 임계자계

이 자속의 침입방법에 따라서 초전도체는 제1종 초전도체와 제2종 초전도체로 나눌 수 있다. **제1종 초전도체**는 B_c를 넘으면 급속히 자속이 내부로 침입해서 초전도성을 잃는다. 한편, **제2종 초전도체**에서는 B_c는 그림 2.37에 나타나듯이 B_{c1}과 B_{c2}로 나눌 수 있고, 인가한 자계가 하부 임계자속밀도 B_{c1}을 넘으면 자속이 초전도체로 침입하기 시작하지만, 초전도성을 완전히 잃지는 않는다. 그후, 더 강한 자속밀도 B_{c2}(상부 임계자속밀도)가 인가되면 초전도성을 완전히 잃게 된다. 이 B_{c1}과 B_{c2}의 2개의 임계자속밀도 사이에서는 초전도 상태와 상전도 상태가 혼재한 혼합 상태로 되어 있다.

---

† 초전도분야에서는 이 B_c를 임계자계라고 부르며, H_c로 표현하는 것도 많다. 하지만, 전자기학 및 자성재료 분야에서는 H는, 통상 $[\mathrm{A/m}]$의 단위를 갖는 자계('자계의 강도'라고도 불림)를 나타내는 기호로서 이용되며, H와 μ(투자율)의 곱인 자속밀도는 B로 표현한다. 마찬가지로, H_c는 자성체의 보자력을 가리키는 기호로서 이용되는 경우가 많다.

제1종 초전도체에서는 B_c보다 강한 자속밀도는 걸리지 않기 때문에 큰 전류를 흘리는 것은 불가능하다. 이와 반대로 제2종 초전도체에서는 B_{c2}가 크기 때문에 초전도선 등에 실제 이용되고 있다. 단, 혼합 상태에서는 전류가 흐르는 곳에 자속이 침입하고 있기 때문에, 양쪽 사이에 로렌츠 힘이 작용한다. 초전도체 안에 결정립계나 상전도성 석출물 등의 결함이 있으면 이들이 자속을 취해 (이것을 **피닝**이라고 부른다), 자속의 이동을 방지해 준다. 그러나 전류의 밀도가 일정 값(임계전류밀도) J_c를 넘으면 핀이 떨어지며, 자속이 이동하기 시작하고 전기저항이 생겨, 머지않아 초전도성을 잃게 된다. 즉, 초전도체에 큰 전류를 흐르게 하기 위해서는 내부에 피닝센터로서 작용하는 결함을 잘 도입하는 것이 필요하다.

2.6.2 각종 초전도재료

1.10.2항에 기술하였듯이, 초전도체가 되는 물질에는 금속원소, 합금, 금속 간 화합물, 금속산화물(세라믹), 유기물 등이 있다. 표 2.42에 대표적인 초전도체와 그 임계온도 T_c, 상부 임계자속밀도 B_{c2}, 발견된 연도를 나타낸다.

표 2.42 대표적인 초전도체와 그 임계온도 T_c, 상부 임계자속밀도 B_{c2}, 발견연도

물 질	T_c[K]	B_{c2}[T] (4.2 K)	발견연도
Pb	7.2	0.08	1913
Nb	9.2	0.4	1930
NbTi	9.8	11.5	1961
Nb_3Sn	18.0	22	1954
V_3Ga	15.0	22	1956
$YBa_2Cu_3O_{7-\delta}$	92	방향에 따라 80.5, 644	1987
$(Bi,Pb)_2Sr_2Ca_2Cu_3O_{10+\delta}$	107	방향에 따라 24, 500	1988
$Tl_2Ba_2Ca_2Cu_3O_{10+\delta}$	125	—	1989
MgB_2	39	18	2001

이들 중 B_{c2}가 높은 재료만이 초전도선재 등으로서 실용화에 적합하다. NbTi 합금은 변형에 따른 초전도 특성의 열화가 작고 높은 임계전류밀도 J_c를

실현할 수 있지만, 액체 헬륨의 비점 4.2 K에서 발생할 수 있는 자속밀도는 8 ～ 9 T가 한계로 되어 있다.

Nb₃Sn 나 V₃Ga 등의 금속 간 화합물은 NbTi 보다도 높은 자속밀도를 실현할 수 있다. 금속 간 화합물은 기계적 성질에 있어서 단단하고 깨지기 쉽다는 결점이 있어 가공이 곤란하였지만, 브론즈(구리와 주석의 합금)의 파이프에 Nb(니오브)를 삽입하여 가공하고, Nb와 Sn을 반응시킴으로써 초전도선이 만들어지게 되었다.

2001년 1월에 발견된 새로운 초전도체인 MgB_2는, $T_c = 39$ K이라는 금속계 초전도체로서는 매우 높은 임계온도 T_c를 갖고 있다. 이 때문에 액체수소(비점 20 K)나 냉동기에 의한 냉각이 가능하다. 또 재료가 싸며, 비교적 가공하기 용이하다는 등 장점도 있고, 앞으로 다양한 응용이 기대되고 있다.

또한, 1986년 이후에 연이어 발견된 금속산화물(세라믹스)계 초전도체는 기존의 금속계 초전도체보다 T_c가 훨씬 높고, 고온 초전도체라고 불린다. 액체질소의 비점(= 77 K)보다도 T_c가 높은 것은 실용화를 위해서는 매우 유리한 점으로 이들 초전도체는 박막이나 벌크, 선재 등에 이용되고 있다. 단, 표 2.42에도 나타냈듯이, 인가 가능한 자속밀도의 크기가 결정의 방향에 따라 많이 다르기 때문에, 결정의 방향을 맞출 필요가 있고, 세라믹스이기 때문에 가공하기 어렵다는 등의 결점도 갖고 있다.

실제 사용에 있어서 초전도체가 단독으로 사용되는 것은 거의 없다. 대부분의 경우, μm 정도의 가는 선이나 박막상(薄膜狀)에 가공된 다수의 초전도체가 열전도성이 좋은 구리 등의 금속도체 매트릭스 안에 삽입되어 이용된다. 이것은 특히 교류 자계하에서의 손실을 억제하기 위한 것과 만일 초전도성을 잃었을 때 보호하기 위함이다.

문제

1. 전기도체로서 구비해야 할 조건을 기술하여라.

2. 구리는 열처리에 따라 그 전기저항, 인장강도가 어떻게 변화하는가?

3. 시효경화는 어떠한 현상인가?

4. 구리선과 알루미늄선의 성질을 비교하여라.

5. 다음 항목에 대해서 설명하여라.
   (a) 국제표준연동, (b) 수소화, (c) 탈산구리, (d) 구리-카드뮴선, (e) 인청구리, (f) A합금, (g) 구리-베릴륨

6. 저항재료로서 요구되는 성질을 기술하여라.

7. 다음 금속의 성분, 성질, 용도에 대해서 설명하여라.
   (a) 콘스탄탄, (b) 망가닌, (c) 니크롬

8. 비금속저항체와 그 용도에 대해서 기술하여라.

9. 전열용 저항재료로서 금속재료와 비금속재료를 비교하여라.

10. 반도체재료를 크게 분류하고, 각각에 대해 특징과 대표적인 용도를 기술하여라.

11. 혼정반도체는 무엇인가? 또 그 의미에 대해서 기술하여라.

12. 반도체재료의 정제의 의의를 기술하고, 구체적 방법에 대해서 기술하여라.

13. 반도체의 단결정 성장법 및 박막의 에피텍셜 성장법에 대해서 기술하여라.

14. 전자 디바이스용 반도체재료로서 주목해야 할 물성 파라미터는 무엇인가?

15. 헤테로접합을 이용한 대표적인 전자디바이스와 사용되고 있는 재료계를 기술하여라.

16. 파워디바이스용 반도체로서 주목해야 할 물성 파라미터는 무엇인가? 또 적합한 재료명을 구체적으로 기술하여라.

17. 발광다이오드나 레이저 다이오드에 따른 발광 가능한 파장과 반도체재료에 대해서 기술하여라.

18. 태양전지의 원리 및 그것에 이용되는 재료에 대해서 기술하여라.

19. 열전효과 재료로서 주목해야 할 물성 파라미터에 대해서 기술하여라.

20. 다음 용어에 대해서 설명하여라.

(a) 서미스터, (b) 바리스터

21. 절연재료가 갖추어야 할 중요한 특성을 들고, 각각에 대해서 설명하여라.

22. 절연재료의 전기적 특성은 온도 및 습도에 의해서 어떻게 변화하는지 설명하여라.

23. 내열성에 의한 절연재료의 분류에 대해서 기술하여라. 또, 절연재료의 수명과 사용온도의 관계를 기술하여라.

24. 기체 절연재료 중 공기와 SF_6에 대해서 특성을 설명하여라.

25. 액체 절연재료로서의 광유와 합성유를 비교 설명하여라.

26. 합성 절연유의 주요한 것을 들고, 그 특징에 대해서 설명하여라.

27. 마이카(운모)의 성질과 용도를 설명하여라.

28. 전기적 용도로 사용되는 대표적인 유리의 종류를 들고, 그 특징을 설명하여라.

29. 유리섬유는 어떠한 것이 만들어지고, 전기기기 절연재료로서 어떠한 것이 이용되고 있는가?

30. 전기적 용도에 사용되는 자기의 종류와 그 특성을 기술하여라.

31. 절연지 및 프레스 보드의 특징이나 용도를 설명하여라.

32. 고분자화합물을 만드는 경우의 중합, 축합과는 어떠한 변화가 있는가? 예를 들어 설명하여라.

33. 열경화성수지의 대표적인 것을 들고, 그 특징을 기술하여라.

34. 열가소성수지의 대표적인 것을 들고, 그 특징을 기술하여라.

35. 최근 개발되고 있는 플라스틱의 대표적인 것을 기술하여라.

36. 합성고무의 대표적인 것을 들고, 그 용도를 기술하여라.

37. 프린트기판은 무엇인지 설명하여라.

38. 자기재료의 최대 투자율, 보자력, 잔류자속밀도, 히스테리시스손의 관계에 대해서 기술하여라.

39. 철의 자성에 미치는 탄소의 영향에 대해서 기술하여라.

40. 철 중 탄소의 상태와 그 자성과의 관계에 대해서 기술하여라.

41. 철에 규소계를 첨가하고 그 첨가량을 점차 증가시킨 경우, 저항률, 철손, 포화자속밀도는 어떻게 변화하는가?

42. 전자강판의 종류 및 각각의 용도에 대해서 기술하여라.

43. 전자강판을 열처리하는 것은 어떤 경우인가? 또, 어떠한 효과가 있는지 설명하여라.

44. 적층철심의 층간절연에 대해서 그 의의 및 방법에 대해서 기술하여라.

45. 방향성 전자강판과 무방향성 전자강판의 특성의 차이에 대해서 기술하여라.

46. 방향성 전자강판의 특성 개선법에 대해서 기술하여라.

47. 철-니켈 합금 중 고투자율재료로서 이용되는 것의 주요 성분의 함유량을 기술하여라.

48. 78% Ni-Fe 합금의 투자율을 높이는 열처리에 대해서 기술하여라.

49. 자계 냉각은 어떠한 효과가 있는가? 그 효과를 가져오는 기구에 대해서 기술하여라.

50. 아모퍼스 자성합금의 제조법에 대해서 기술하여라.

51. 압분심에 이용되는 강자성금속에는 어떤 것이 있는지 설명하여라.

52. 고투자율 페라이트 자심에서는 어떠한 성질이 이용되는지 설명하여라.

53. 영구자석 재료로서 구비해야 할 성질에 대해서 기술하여라.

54. 영구자석 재료에 대해서 잔류자속밀도, 보자력, 최대 에너지곱은 어느 정도의 것이 이용되는가?

55. 영구자석 재료의 종류를 들고, 각각의 특징을 기술하여라.

56. 대표적인 초전도재료의 종류와 그 특성을 기술하여라.

제 3 장

기종별로 본
전기전자재료의 사용방법

3.1 　전선 및 케이블

3.1.1 　나전선

(1) 선재

선재는 도전성이 높고 가공성이 좋으며, 기계적 특성과 내식성이 양호한 경제적인 재료가 바람직하다. 사용되는 선재는 다음의 3종류로 크게 나눌 수 있다.

① 단금속선: 1종류의 금속으로 구성
② 합금선: 2종류 이상의 금속의 합금으로 구성
③ 복합 금속선: 금속선상에 다른 금속을 피복, 압연, 용착, 도금 등으로 가공한 것

선재를 자세히 보면, 구리, 구리합금, 알루미늄, 알루미늄합금, 철, 강철 등이 사용된다. 구리선에는 전기분해에 의해 정련한 전기동(copper cathodes)이라는 구리가 사용된다. 1 mm²의 균일한 단면적을 가진 길이 1 m의 표준 연동(軟銅)의 저항은 20℃에서 약 0.017241(= 1/58) Ω이다. 구리 합금선으로는 은이 포함된 구리선이나 주석이 포함된 구리합금선 등이 있다. 은이 포함된 구리선은 뛰어난 내열성과 고온내마모성을 가지고 있기 때문에 송전선이나 트롤리선(trolley wire)으로서 널리 이용된다.

알루미늄선의 재료에는 티타늄(Ti)이나 바나듐(V)의 함유량이 적고 도전율이 높은 전기용 알루미늄 지금(地金)을 사용한다. 이 도전율은 표준 연동(軟銅) 도전율의 61~63%이다. 알루미늄 합금선에는 Mg과 Si을 첨가한 높은 항장력을 지닌 '알루미늄 합금선'이나 지르코늄 등이 첨가된 내열 알루미늄 합금선(TAl)이 있다. 또한, 고전압 가공 송전선에 많이 사용되고 있는 것으로서 강심 알루미늄 연선(ACSR)과 내열 강심 알루미늄 합금연선(TACSR)이 있다. 이것들은 중심에서의 도전율은 낮지만 항장력이 높은 강선을 사용하여 인장강도를 높이고 외선에 알루미늄 연선을 감아 높은 도전율을 나타내고 있다.

철선과 강선은 도전율이 구리선의 10% 정도로 낮지만 높은 항장력을 갖기 때문에 전류용량을 많이 필요로 하지 않는 곳에 이용된다.

(2) 구조

단선과 연선이 다르게 쓰인다. 단선은 하나의 금속선(소선)이 그대로 사용된다. 연선은 소선(素線)이라고 불리는 도선이 합쳐져 있는 것이다.

(3) 치수

전선의 두께를 표현하는 경우, 단선은 직경[mm]으로 표시하고, 최소 직경 0.1 mm부터 최대 직경 12 mm까지의 사이를 42단계로 나누어 표준으로 하고 있다. 또한, 전선의 크기는 단면적 mm^2로 표시한다.

(4) 연선의 종류

연선에는 다음과 같은 종류가 있다.

① 동심연선: 한 가닥 또는 수 가닥의 전선(소선)을 중심으로 하고, 그 외부에 같은 종류의 선을 서로 반대 방향으로 연선한 것으로 송전선 등에 사용된다.

② 복합연선: 동심연선을 몇 가닥 모아 다시 꼬아 만든 것.

③ 집합연선: 비교적 가는 소선을 동일한 방향으로 연선한 것으로, 굴곡성을 필요로 하는 전선으로서 이용된다.

④ 그 외의 연선: 단선을 평평한 형태로 연선한 평형연선이나 가는 단선을 수 가닥 이상 연선한 후, 원의 형태 또는 평평한 형태로 니팅(뜨개질)한 편조선 등이 있다. 이들 연선은 단순히 나선으로뿐만 아니라, 절연전선 혹은 케이블로서도 이용된다.

3.1.2 절연전선

(1) 절연전선의 종류와 성질

도체의 주위를 절연체로 절연한 전선에는 권선 및 전력용, 통신용, 기기용, 차량용 등 다양한 케이블이 포함된다. 이들의 절연방식은 다음과 같이 3종류로 분류할 수 있다.

① 도체에 섬유질의 절연체를 감은 것.

② 도체 표면에 수지를 도포한 것.

③ 도체를 고무 또는 합성수지로 피복한 것.

①은 면, 비단, 절연지, 유리섬유 등을 도체에 감아서 절연한 것이다. 면권선과 지권선(紙捲線, 종이로 감은 가는 도선)이 오래 전부터 사용되어 왔고 가격이 저렴하다.

②는 에나멜, 비닐, 호르말, 폴리에스테르, 폴리이미드 등의 절연성이 좋은 수지를 입혀 절연한 것이다. 특징으로는 **흡습성이 적고**, 피막이 얇기 때문에 전선의 크기에서 차지하는 도체의 점적률(占積率)이 높다.

③은 에틸렌프로필렌, 스틸렌뷰타젠 고무, 실리콘 고무, 천연 고무 등의 고무나 폴리염화비닐, 폴리에틸렌 등의 합성 유기고분자 수지를 피복함으로써 절연한 것이다. 특징으로는 흡습성이 거의 없고, 절연성이 매우 양호하다. 물속에서 사용 가능한 것도 있다.

절연전선에는 종류가 많기 때문에 여기에서는 주요한 예에 대해서 설명한다.

(2) 권선(Magnet wire)

권선은 마그넷 와이어(Magnet wire)라고도 불리며, 전기기기 내부에 코일형태로 감아서 사용된다. 따라서 절연층을 얇게 하고 도체의 점적률을 최대한 높게 하여 만들어진다. 일반적인 전선이 전기에너지를 최종 장소까지 보내는 것을 목적으로 하고 있는 것에 반해, 권선은 전기적 에너지와 자기적 에너지의 상호교환을 주목적으로 하고 있다. 크게는 발전기나 전력용 변압기의 코일에, 작게는 전자기기용 초미세선 코일까지 널리 이용되고 있다.

도체로서는 도전율이 높은 구리선이 일반적이지만, 가벼운 알루미늄선도 이용된다. 특수한 용도에는 합금선, 저항선, 초전도선 등도 사용된다. 또한, 절연구조로서는 다음에 설명하는 것과 같이 에나멜 도포한 것, 섬유 등으로 감아서 피복한 것, 복합 절연한 것 등이 있다.

1) 유성 에나멜선

에나멜이란 일종의 페인트이며, 바니시라고 불리는 기름과 알코올에 불용(不溶)의 분말인 안료(광물질의 착색제)를 조합한 것을 가리킨다. 유성 에나멜선은 에나멜선 중에서도 가장 오래되고, 도체상에 건성유와 로진(rosin), 변성 페놀을 주체로 한 바니시를 도포한 것이다. 최근에는 폴리에스테르를 변성(變成)한 바니시가 이용되고 있다. 다음에 설명하는 합성수지 에나멜선에 비해 수요가 줄어들고 있지만, 소형 전기기기 권선으로서의 수요는 현재도 상당히 많다.

2) 합성수지 에나멜선

합성수지 에나멜선은 유성 에나멜선에 비해서 기계적 성능, 내열성, 내용제성이 뛰어나고, 내수성, 내약품성, 내냉매성 등 특수 용도나 자기 융착성 코일 등 특수가공에도 적합하게 제작이 가능하여 급속하게 발전하고 보급되었다. 최초로 실용화된 것은 포르말선으로 일본에서는 1949년경부터 이용되어 왔다.

현재 사용되고 있는 에나멜선에는 폴리에스테르선, 폴리우레탄선, 폴리에스테르 이미드선, 폴리 이미드선, 폴리아미드 이미드선 등이 있다. 폴리에스테르선과 폴리에스테르 이미드선에는 프탈라이트계와 시아누레이트계가 있고, 시아누레이트계가 내열성이 뛰어나다. 또한, 폴리이미드선은 230℃ 정도까지 사용 가능하고 최고의 내열성과 양호한 내방사선성을 갖지만 고가이기 때문에 항공우주용, 원자력용이나 특히 내열성이 요구되는 기기에 이용된다. 폴리아미드 이미드선은 폴리이미드선 다음으로 우수한 내열성을 가지고 있고, 기계적 특성에도 우수하기 때문에 전동공구나 자동차용 전장품에 사용되고 있다.

3) 횡권선

옛날부터 널리 이용되어 왔던 면권선은 도체 위에 40~100번 수의 면사(면을 주원료로 하는 실)를 한 겹 또는 두 겹으로 촘촘히 감은 것으로, 가격이 저렴하여 많이 사용되었고, 높은 내열성을 필요로 하지 않는 기기나 전주 위의 변압기 등에 사용된다. 견권선(絹卷線)은 절연피복을 아주 얇게 만들 수 있지만 고가이기 때문에, 최근에는 폴리에스테르 섬유 권선으로 대체되고 있다. 또 전기적 특성이 양호한 무알칼리 유리의 실을 한 겹 또는 두 겹으로 가로로 감고, 바니시를 바른 유리권선은 회전기나 건식 변압기에 사용된다.

종이나 필름을 사용한 권선의 예로서, 크라프트지(Kraft paper)권선은 주로 유입변압기에 사용된다. 또한, 폴리에스테르 필름, 폴리에틸렌 나프탈레이트 필름, 방향족 폴리이미드 필름 및 이것들과 종이 또는 운모(mica; 절연재료) 등을 조합한 복합 횡권선은 주로 내열성이 요구되는 기기에 이용된다.

4) 복합 절연권선

예전에는 복합 절연권선으로서 유성 에나멜 견권선(絹卷線)이 이용되었지만, 최근에는 더 이상 이용되지 않는다. 현재는 내열성이 좋은 에나멜 코팅과 섬유에 의한 복합절연권선이 고전압 회전기 등에 이용되고 있다. 그 예로서, 폴리에스테르 유리권선이 있다.

5) 그 밖의 권선

유기절연물로는 견딜 수 없는 고온이거나 방사선장(場)에서 사용되는 초내열 세라믹 절연선, 초전도 전력기기 개발을 위한 초전도 권선 등과 같은 특수한 권선도 개발되고 있다. 또한, 최근 에너지 절약이나 제어성능 향상을 위하여 전기기기에 인버터가 많이 사용되고 있다. 이 때문에 고주파 영역에서의 표피효과에 의한 손실을 저감하기 위하여 직경 1 mm 이하의 얇은 에나멜선을 분할한 다음 여러 가닥으로 합친 리츠선(Litz wire)이 이용된다.

(3) 배전용 전선

변전소와 일반 가정을 연결하는 배전용 전선로에 사용되는 주된 전선은 다음과 같다.

1) 실외용 비닐 절연전선

일반적으로 OW(Outdoor Weather-proof polyvinyl) 전선이라고 불리며, 주로 실외용 저압 가공 배전선으로 이용된다. 경동선 또는 경동연선을 내후성이 좋은 착색 폴리염화비닐로 피복한 것으로, 검은색, 회색 및 청색을 표준으로 하고 있다.

2) 실외용 가교 폴리에틸렌 절연전선(OC전선)과 실외용 폴리에틸렌 절연전선(OE전선)

OC(Outdoor weather-proof Crosslinked polyethylene) 전선과 OE(Outdoor weather-proof polyethylene) 전선은 모두 정격전압 6,600 V의 고전압 가공배전용으로서 주로 전주(Electric Pole) 와 전주 사이에 가선하여 이용되고 있다. 내후성, 내오존성, 내트래킹성이 뛰어난 절연재료로서 검은색의 폴리에틸렌과 가교폴리에틸렌이 이용된다.

3) 실내배전용 전선

실내배선에는 600 V 비닐절연전선(IV), 또는 평형 비닐절연 비닐시스 케이블 (VVF)이 사용되고 있다. IV전선은 도체에 폴리염화비닐 절연체를 피복한 것으로 JIS C 3307에 규정되어 있다. 배선의 편의를 생각하여 검정색, 흰색, 빨강색, 녹색, 노란색, 청색의 6가지 색이 표준으로 되어 있다. 이 IV전선의 절연선심을 2~3조 병행하여 폴리염화비닐의 시스를 처리한 것이 VVF 케이블이고 JIS C 3342에 규정되어 있다.

(4) 코드

코드는 주로 실내에서 사용되는 정격 300 V 이하의 소형 전기기기에 사용되는 것이다. 종류는 많지만 크게 구별하면 고무 코드와 비닐 코드가 있으며, 고무 코드는 내열성이 비교적 좋기 때문에 열기구에 사용되고 JIS C 3301에 규정되어 있다. 비닐 코드는 착색이 쉽고 기계적 성질도 좋으며 동시에 제조공정도 비교적 간단하기 때문에 가정용 일반 전기기구용으로 많이 보급되어 있으며 JIS C 3306에 규정되어 있다.

3.1.3 전력케이블

(1) 전력케이블의 종류

전력용 케이블에는 표 3.1에 나타낸 것과 같은 종류가 있으며 오른쪽 열(列)에 표시한 전압으로 이용되고 있다.

표 3.1 전력용 케이블의 종류와 사용전압

약 칭	절연방식	사용되는 전압
CV 케이블	플라스틱절연	600 V ~ 500 kV
OF 케이블	유침지절연	66 kV ~ 500 kV
POF 케이블	유침지절연	154 kV ~ 500 kV
GIL	SF_6 과 고체 스페이서	154 kV ~ 500 kV

(2) CV 케이블

CV 케이블은 유기고분자(합성수지, 플라스틱)를 주 절연체로 한 플라스틱 절연전력 케이블의 한 종류이고 가교(Crosslinked) 폴리에틸렌을 절연체, 폴리염화 비닐(Vinyl)을 시스 재료로 한 것으로부터 각각의 영어 첫 문자를 이용하여 CV 케이블이라고 부른다. 이 명칭은 일본에서 사용되고 해외에서는 XLPE 케이블이라 부르고 있다. 단심 CV 케이블은 그림 3.1(a)처럼, 케이블의 안쪽에서 바깥쪽으로 내부도체, 내부 반도전층, 절연체, 외부 반도전층, 차폐층, 바인더 테이프, 시스라는 구조를 하고 있다. 또한, 도체 크기가 작은 경우에는 단심케이블 세 가지를 미리 연선하여 놓은 그림 (b)에 표시한 트리플렉스형 CV 케이블도 이용된다.

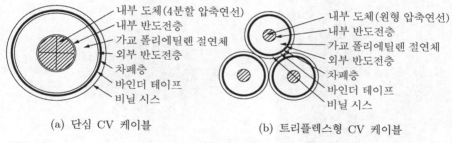

(a) 단심 CV 케이블   (b) 트리플렉스형 CV 케이블

그림 3.1 CV 케이블의 구조 예

절연체로서 이용되는 가교폴리에틸렌이란 폴리에틸렌에 가교제라는 화학약품(주로 과산화물)을 배합하여 200 ℃ 정도의 고온에 유지함으로써 폴리에틸렌의 1차원적인 분자사슬끼리 서로 결합하여 입체(3차원) 망목상(網目狀) 구조를 갖는 것이다. 이 가교구조를 가짐으로써 폴리에틸렌의 뛰어난 전기특성을 악화시키지 않고 고온(약 80 ℃ 이상)에서 급속히 연화해 버리는 폴리에틸렌이 갖는 약점을 보강하는 것이 가능하다.

CV 케이블은 절연유를 사용하지 않기 때문에 급유조 등의 부대설비가 필요하지 않고 부설 부분의 고저차가 문제되지 않는다는 장점이 있다. 단, 가교 폴리에틸렌 절연체 중에 조금이라도 금속분말이나 기포가 존재하면 그 부분에서 작은 부분방전이 발생한다. 이 부분방전이 연속적으로 이어지면 결국 1.8.5 항에서 서술하였던 전기트리라고 불리는 가로수의 가지와 비슷한 형상의 열화부가 발생하는 것을 알 수 있다. 전기트리의 예를 그림 3.2(a)에 나타낸다. 또 절연체 중에 수분이 포함되어 있으면 (b)에 나타낸 것과 같이, 가로수의 가지나 나비넥타이와 같은 형상의 수분이 응집한 열화부(이것을 수트리라고 한다)가 발생하는 것도 알려져 있다. 그래서 원료인 폴리에틸렌의 선택과 관리방법, 내부 반도전층과 절연체, 외부 반도전층의 3개의 층을 동시에 노즐에서 추출하는 기술, 수증기를 사용하지 않는 가교 기술 등이 발전하여 지금은 일본의 최고 송전전압인 500 kV의 지중송전케이블까지 사용되고 있다.

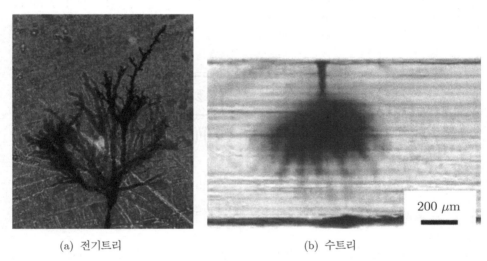

(a) 전기트리　　　　　　　　　　　(b) 수트리

그림 3.2　폴리에틸렌 내부에 발생한 전기트리와 수트리

하지만, 이 CV 케이블은 교류전압 송전용 이외에 사용되고 있지 않다. 그 이유는 만약 직류송전 케이블로서 사용하면 절연체인 가교 폴리에틸렌의 내부에 전하가 축적되기 때문이다. 이와 같은 내부 축적 전하는 공간전하라고 부르지만, 그 양이 많아지면 절연체 내부에 국소적으로 전계가 급격히 높은 곳이 나타나고 결국에는 절연 파괴라는 사고가 발생하는 위험성이 높아진다.

CV 케이블의 절연체의 두께는 예를 들어 66～77 kV용에서는 9～13 mm이며, 500 kV용에서는 27 mm 정도이다.

(3) OF 케이블

OF(Oil-Filled) 케이블은 그림 3.3에 나타낸 것과 같이 도체 위에 절연지를 감아서 금속 시스를 하고 금속 시스 내부에 절연유를 충전한 구조의 케이블이다. 기체나 수분을 제거한 저점도의 절연유와 그 절연유에 침적된 절연지가 전기절연을 유지하고 있다. 그래서 유침 절연지 케이블이라고도 부른다. 외부에 설치한 유조 등에 의해, 항상 대기압 이상의 압력을 가함으로써 절연부에서의 기포의 발생과 외부로부터의 수분과 공기의 침입을 방지하고 있다. CV 케이블에서 문제가 되는 공간전하의 축적이 OF 케이블에서는 적다. 따라서 OF 케이블은 교류송전과 직류송전에 사용할 수 있다.

2.4.5 항에서 기술한 것처럼, 절연지로는 크래프트지가 많이 사용되고, 특히 275 kV의 아주 높은 전압에서의 송전 케이블용에는 크래프트지와 유전손률이 낮은 폴리프로필렌을 적층한 라미네트지가 사용된다.

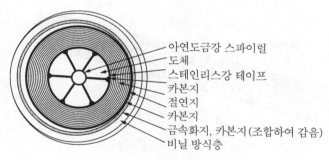

아연도금강 스파이럴
도체
스테인리스강 테이프
카본지
절연지
카본지
금속화지, 카본지(조합하여 감음)
비닐 방식층

(a) 단심 OF 케이블

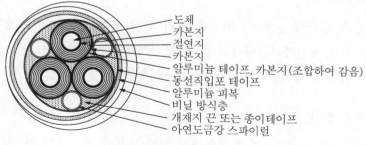

도체
카본지
절연지
카본지
알루미늄 테이프, 카본지(조합하여 감음)
동선직입포 테이프
알루미늄 피복
비닐 방식층
개재지 끈 또는 종이테이프
아연도금강 스파이럴

(b) 삼심 OF 케이블

그림 3.3 OF 케이블의 구조 예

(4) 그 밖의 케이블

POF(Pipe-type Oil-Filled) 케이블은 방식 강관의 내부에 유침 절연지를 둘러싼 도체로 된 케이블 코어를 강관 내에 점도가 높은 절연유를 10기압 이상의 높은 압력으로 충전(充塡)하고 있다. 강관을 사용하고 있기 때문에 외상에 대한 강도가 뛰어나고, 전자차폐효과가 양호하여 유전 장해를 일으키지 않는다는 장점이 있고, OF 케이블과 같은 정도 또는 그 이상의 절연성능을 갖고 있으나, 사용하는 용도는 적다.

관로기중 송전선은 GIL(Gas-Insulated transmission Line)이라고도 불린다. 여기서는 편의상 케이블에 포함하여 설명하지만 그림 3.4에 나타낸 것처럼 도체를 에폭시수지 등의 절연 스페이서로 외측의 금속 파이프 시스 내에 동심 형상으로 지지하고 파이프 내에 절연성능이 뛰어난 SF_6 가스를 충전시킨 송전선로이며 일본에서 개발되었다.

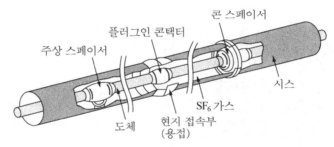

그림 3.4 GIL의 기본 구조

3.1.4 통신케이블

유선통신을 위하여 신호전송회선을 여러 가닥 묶어서 외측에 공통의 보호피복 처리한 것을 통신케이블이라고 한다. 통신케이블을 크게 분류하면 동선(구리선) 통신케이블과 광섬유 케이블로 나눌 수 있다.

(1) 동선 통신케이블

동선 통신회로는 신호전류가 왕복하기 위해 도체쌍 또는 단순히 쌍(pair)이라 불리는 두 가닥의 도선으로 형성된다. 일반적으로 도선에는 전기용 연동선이 사용된다. 일본에서 표준적으로 이용되는 직경은 0.4, 0.5, 0.65, 0.9 및 1.2 mm

이다. 이 도선에는 폴리에틸렌, 폴리염화비닐, 또는 미세한 기포를 많이 포함한 발포 폴리에틸렌이 절연체로서 피복된다. 이처럼 절연된 도선을 심선이라고 부른다. 절연피복은 문자 그대로 전기적인 절연을 유지하는 역할과 필요한 전송특성을 실현하기 위하여 쌍인 도선 간의 이격거리를 일정하게 유지하는 역할을 하고 있다. 또, 절연체의 비유전율의 평방근에 비례하는 굴절률에 반비례하는 형태로 전자파의 전파속도는 변화한다. 따라서 절연체의 비유전율이 낮은 것이 중요한 조건이 된다. 폴리에틸렌에 기포를 포함시키는 것은 비유전율을 낮추기 위해서이다.

그림 3.5 와 같이 심선 2 가지를 연선하고 쌍과 쌍으로 하여 4 가지를 각 정방형의 정점에 위치하도록 합한 것을 **성형**(星形) **쿼드**라고 한다. 쌍 또는 성형 쿼드의 소요 수를 각층에 적절하게 배열하여 각층을 상호 반대 방향으로 연선하고 원통형으로 하여 건조하고 이것에 통상 연피 공정을 한다. 400 쌍 이상의 케이블은 도체의 식별을 용이하게 하기 위해 그림 3.6 에 나타낸 것과 같이 100 쌍씩의 유닛으로 분할하여 각각 연선한 후 하나로 정리하여 하나의 케이블로 만든다. 유닛 케이블이라고 칭하는 것은 이 때문이다.

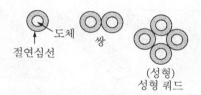

그림 3.5 심선과 쌍, 성형 쿼드

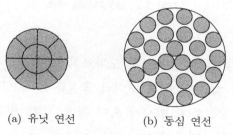

그림 3.6 유닛 연선, 동심 연선

전화통신망에 사용되는 동선 통신케이블은 시내전화국과 가입자를 연결하는 시내 케이블과 다른 지역의 전화국 사이를 연결하는 시외 케이블로 나눠진다. 최근의 광전송방식의 보급에 따라 시외 케이블은 대부분 다음에 설명하는 광섬유 케이블로 대체되어 동선 통신케이블의 사용범위는 시내 케이블에 한정되어 있다.

(2) 광섬유 케이블

1) 광도파로

그림 3.7(a)에 나타낸 것과 같이 3층의 투명한 판상물질의 중간층 내부를 광(빛)이 전파하는 경우를 생각해 보자. 코어라고 하는 중간층의 굴절률 n_1이 상부 클래드(Clad)의 굴절률 n_2, 하부 클래드의 굴절률 n_3의 어느 것보다도 클 때에는 광의 입사각이 적절하면 광은 중간층에 갇혀 전반된다. 이처럼 굴절률이 큰 코어에 광을 가둬 전반시키는 것을 광도파라 부른다. 또한, 광을 전반하기 위한 구조를 가진 것을 **광도파로**라고 한다. **광도파로**에는 아래의 그림에 나타낸 것과 같이 **슬래브형 도파로**, **광섬유**, **채널 도파로**가 있다.

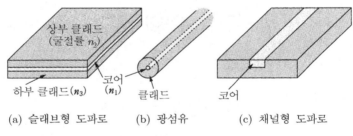

(a) 슬래브형 도파로　　(b) 광섬유　　　(c) 채널형 도파로

그림 3.7 광도파로의 구조

2) 전반사

그림 3.8은 그림 3.7(a)의 슬래브형 도파로의 코어와 클래드의 경계면에서 광이 반사되는 모습을 보이고 있다. 코어의 굴절률 n_1과 클래드의 굴절률 n_2 사이에는 $n_1 > n_2$가 성립한다. 입사각 θ_1이 작을 경우, 빛은 경계면에서 굴절하여 빛의 굴절에 관한 스넬의 공식

$$n_1 \sin \theta_1 = n_2 \sin \theta_2 \tag{3.1}$$

를 만족하는 각 θ_2로 투과한다. θ_1이 커져서

$$\theta_1 > \theta_c = \sin^{-1}\left(\frac{n_2}{n_1}\right) \tag{3.2}$$

가 되면 투과광은 존재할 수 없고 반사광이 되어 빛의 에너지는 전부 반사된다. 이것을 **전반사**라고 한다. 광도파로에서는 코어 및 클래드의 굴절률과 빛의 진행 방향이 식 (3.2)의 전반사 조건을 만족하도록 설계되어 있어, 빛은 코어와 클래드의 경계면에서 전반사되면서 전반되어 간다.

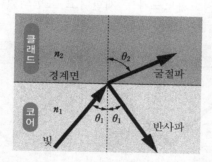

그림 3.8 코어와 클래드의 경계면에서의 반사와 굴절

3) 모드

빛이 실제로 광도파로 내부를 전반되어 가기 위해서는 θ_1은 특정의 이산적인 값 이외에는 가질 수 없다. 그림 3.9에서 빛은 x방향으로도 진행하고 코어와 클래드의 경계면에서 전반사된다. 따라서 x방향에는 역방향으로 진행하는 파 몇 개가 서로 중복되게 된다. 이와 같은 다중반사광이 서로 상쇄되는 것 없이 안정하게 존재하기 위해서는 x방향으로 한 번 왕복하여 원래의 x좌표의 위치로 돌아왔을 때 위상이 같게 되어, x방향에 정재파가 발생하는 것이 조건이 된다. 코어에 전반되고 있는 빛의 파장을 λ로 할 경우, 파수 k는 $k = 2\pi/\lambda$로 주어진다.

x방향에는

$$\gamma = k \cos \theta \tag{3.3}$$

로 전반한다고 가정한다. x방향으로 왕복하면 코어 두께($2a$)의 2배 길이를 이동한 것이 된다. 또한, 코어와 클래드의 경계면에서 반사할 때에도 구스·한센

시프트라고 불리는 위상 시프트 Φ가 발생하므로 정재파가 발생하는 조건은

$$4\gamma a - 2\Phi = 2m\pi \ (m = 0, 1, 2, \cdots) \tag{3.4}$$

로 된다. 결국

$$\theta = \cos^{-1}\left(\frac{m\pi + \Phi}{2ka}\right) \tag{3.5}$$

로 표시되는 이산적(離散的)인 값을 가지게 된다. m의 값이 다르면 x 방향의 전자계 분포가 다르게 된다. 이 분포를 **모드**라고 한다. 따라서 위에서는 광도파로에 있어서 이산적인 도파모드가 존재한다고 표현되었다.

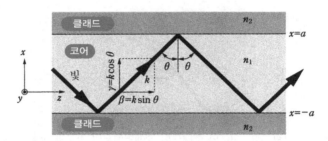

그림 3.9 대칭 슬래브 도파로에서의 빛의 전파

코어의 두께($2a$)가 크면 많은 도파모드가 허용된다. 그러나 $2a$가 작아지게 되면 큰 m의 고차모드부터 순차적으로 허용하지 않게 된다. 따라서 도파 가능한 모드의 수는 감소하게 되고 최후에는 $m = 0$의 기본 모드가 된다.

4) 광섬유의 구조

앞의 항에서 편의상 슬래브형 도파로를 예로 들어 설명했지만 광섬유도 똑같

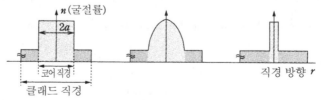

(a) 계단형 굴절률   (b) 경사형 굴절률   (c) 단일 모드
(SI, Stepped Index)형 (GI, Graded Index)형 (SM, Single Mode)형

그림 3.10 굴절률 분포에 따른 광섬유의 분류

이 성립한다. 따라서 광섬유는 그 직경으로부터 그림 3.10에 표시하는 3종류로 크게 나눌 수 있다.

광섬유의 표준적인 클래드 직경은 125 μm 이다. 이 클래드 직경에 대해서 그림 (a), (b)에 있어서는 50~100 μm 로 큰 코어의 직경을 갖고 도파 가능한 모드는 복수가 된다. 따라서 양쪽 모두 다모드형 광섬유이다. 다모드형 광섬유 중 그림 (a)처럼 굴절률이 계단형으로 변화하고 있는 것을 **계단형 굴절률 광섬유** 또는 **Stepped Index**(SI)**형 광섬유**라고 부른다. 한편, 그림 (b)처럼 굴절률이 경사형으로 되어 있는 것을 **경사형 굴절률 광섬유** 또는 **Graded Index**(GI)**형 광섬유**라고 한다.

위의 2종류의 다모드 광섬유에 대해, 그림 (c)의 코어 직경은 10 μm 이하이고 클래드 직경 125 μm 에 비해서 1/10 이하로 아주 작다. 그렇기 때문에 도파 가능한 모드는 $m = 0$ 의 1 모드만 된다. 이와 같이 광섬유는 **단일모드** 또는 **싱글모드**(SM, Single Mode) **광섬유**라고 부른다.

5) 광섬유의 재료

코어에 아크릴 수지(그 중에서도 PMMA, 즉 폴리미터크릴산 메틸이 많이 이용된다), 클래드에 불소 수지 등을 이용하는 플라스틱 광섬유는 가전제품이나 자동차 등 민생용 단거리 통신용도에 이용된다. 하지만 장거리 통신용도에는 코어와 클래드, 고순도의 실리카를 이용한 광섬유가 사용된다. 실리카는 이산화규소(SiO_2)이며 석영이라고도 불린다. 수정과 화학 조직은 같지만 광섬유에 이용되는 것은 수정과 같은 결정이 아닌 비정질인 유리이다. 고순도의 실리카 유리의 굴절률은 1.46 정도이다. 이것에 F(불소)를 첨가(dopped)하면 굴절률이 감소하고, GeO_2 나 P_2O_5 를 첨가하면 굴절률이 증가한다. 이 때문에 그림 3.10의 굴절률 분포를 실현하기 위해서는 코어에 고순도 실리카 유리, 클래드에 F 첨가 실리카 유리를 이용하든지 아니면, 클래드에 고순도 실리카 유리, 코어에 GeO_2 첨가 실리카 유리를 이용하는 방법이 있다. 또한, 코어와 클래드의 굴절률 차이의 비율(비굴절률 차)은 보통 0.3~3.0% 정도이다.

6) 광섬유의 형태

광섬유가 실제로 사용될 때의 형태로는 단심선, 테이프 심선, 집합형 케이블,

슬롯형 케이블 등이 있다. 단심선이란 그림 3.11(a)처럼, 보호를 위해 자외선 경화형 수지나 실리콘 수지에 의해 주위를 피복하여 전체 외경이 $250\,\mu m\sim$ $1\,mm$로 하는 한 쌍의 코어·클래드로 구성된다. 한편, 테이프 심선에서는 그림 (b)와 같이 복수의 광섬유가 공통의 수지로 묶어 평면 테이프 형상에 피복되어 있다. 또한, 집합형 케이블에서는 그림 (c)처럼 중심의 항장력체 주위에 동심원 상으로 다수의 광섬유를 배치하여 외력으로부터 보호를 위한 완충층과 시스로 피복하고 있다.

광통신의 보급에 따라 1,000심 정도까지 보다 많은 심으로 고밀도인 케이블이 필요하게 되었다. 따라서 그림 (d)에 나타나듯이 각형의 슬롯 안에 테이프 심선을 적층하여 수납하는 슬롯형 케이블이 개발되어 기간통신망에 널리 사용되고 있다.

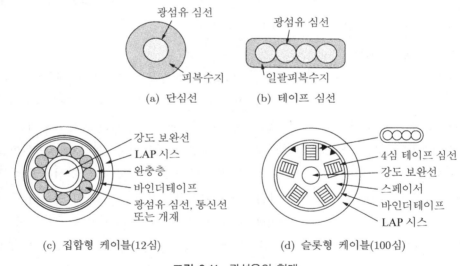

(a) 단심선	(b) 테이프 심선
(c) 집합형 케이블(12심)	(d) 슬롯형 케이블(100심)

그림 3.11 광섬유의 형태

7) 광섬유 제조법

실리카 광섬유의 제조를 위해서는 우선 프리폼(모재, 예비적 형성품)이라 불리는 실리카 유리가 만들어진다. 이 실리카 유리는 4염화규소$(SiCl_4)$를 산수소염(H_2+O_2)으로 가열하여 가수분해시킴으로써 얻을 수 있다. 반응식은

$$SiCl_4 + 2H_2O \rightarrow SiO_2 + 4HCl \tag{3.6}$$

로 표현된다. 굴절률을 상승시키기 위해서는 $GeCl_4$을 위와 같이 화염 가수분해하여 GeO_2을 SiO_2 안에 첨가한다. 위의 반응식에 의해 얻어진 프리폼을 고온에서 잡아 늘여 정해진 직경까지 가늘게 하면 광섬유를 얻을 수 있다.

3.2 　전기기기 재료

주로 회전기, 변압기 등 전자(電磁)현상을 이용하여 동작하는 전기기기는 기기의 구조 및 사용되는 재료에 의해 그 특성·수명이 크게 좌우된다. 따라서 전기기기에는 적절한 재료를 선택할 필요가 있다. 주로 사용되는 재료는 자성재료, 도전재료, 절연재료이다. 여기에서는 회전기, 변압기를 예로 들어 전기재료와의 관계를 설명한다.

3.2.1　회전기 재료(직류기)

회전기로는 직류기, 동기기, 유도기, 교류정류자기 등이 있는데, 여기에서는 그림 3.12에 나타낸 직류기에 있어서 재료가 어떻게 사용되는지에 대해 설명한다.

(1) 계철(繼鐵, 요크)

소형 직류기에서는 보통 강판 또는 파이프재가 이용되지만 중형 이상의 경우에는 자기특성이 좋은 주강 또는 연강판이 이용된다. 계철은 주자기회로의 일부를 구성하기 위해서 자화특성을 고려하여 투자율이 높은 것을 선택하고 필요한 단면적을 갖게 한다. 대형, 고속회전의 직류기에서는 투자율 이외에 기계적 강도가 문제가 된다.

(2) 주자극(主磁極)

주자극 철심은 연강 또는 0.8~1.6 mm 정도의 박철판에 구멍을 뚫어 성층하여 만들어지지만, 전기자 표면에 대한 주자극편이라고 하는 넓은 부분에는 전부 연강판을 이용하고 있다. 주자극편에서는 전기자의 회전에 의해 자속이 변동

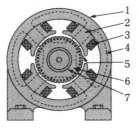

1: 계철(요크)
2: 자극철심　　3: 계자 권선
4: 자기회로　　5: 갭
6: 전기자 철심　7: 정류자

(a) 직류기의 자기회로(4극기)

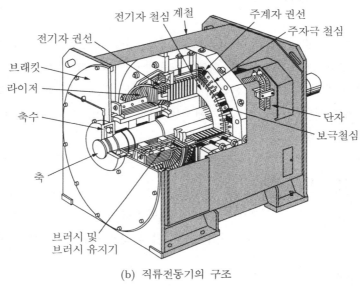

(b) 직류전동기의 구조

그림 3.12 직류기

하고 과전류가 발생하므로 이것이 원인이 되어 생기는 손실을 경감할 필요가
있기 때문이다.

　주자극에는 자계권선이 감겨 있지만 자기의 여기방식에 따라서 분권자계, 직
권자계 및 보상권선이 감긴다. 분권자계는 일반적으로 도체가 가늘고, 에나멜
선, 비닐 포르말선, 이중면권선, 유리섬유권선 등이 이용된다. 직권자계 및 보상
권선은 일반적으로 도체가 굵고, 주로 면, 유리섬유 등으로 절연한 평각동선이
이용된다.

　최근에는 소형 직류기를 중심으로 효율 향상, 블러시의 생략을 위하여 자극에
영구자석을 이용하는 경우가 늘어나고 있다. 영구자석의 부착방법에 따라 표면

자석형(SPM)과 삽입자석형(IPM)으로 분류되고 있다.

(3) 보극(補極)

보통 연철강편을 이용하지만 특히 부하의 급변에 대응할 필요가 있는 용도 또는 대용량·고속도용에는 박철판으로 조립되는 경우가 있다. 보극권선에는 주자극권선과 같이 비닐 포르말선, 면 테이프 등으로 절연한 평각동선이 이용된다.

(4) 베어링(축수)

브래킷(bracket)식의 경우도 베어링 대형(軸受臺形)의 경우도 지지부는 모두 보통은 주철제이지만 전철용 전동기처럼 기계적 강도를 필요로 하는 경우에는 엔드 브래킷을 주강제로 한다. 베어링에는 화이트메탈을 덧댄 주강(주철)이 이용된다. 또한, 중형기에는 구름베어링(Rolling Bearings)이, 소형기에는 볼베어링이 사용되는 경우가 많다.

(5) 전기자(電機子)

전기자 철심에는 두께 0.35, 0.5 또는 0.65 mm의 무방향성 전자강판(電磁鋼板)을 정해진 형상으로 구멍을 뚫은 것을 적층하여 이용한다. 용도, 요구 효율 등에 따라 사용되는 전자강판의 순도가 결정된다. 전자강판은 가공 변형 등의 응력이 가해짐에 따라 자기특성이 열화하기 때문에 구멍을 뚫은 후에 열처리를 하여 변형을 제거하는 경우가 있다.

전기자 권선으로서는 비단, 목면 또는 유리섬유 등으로 절연한 연동선을 적당하게 형권(型卷)하여 바니시클로스, 마이카지 등으로 대지(対地) 절연한 것을 바니시 처리하여 만들고 이것을 전기자 슬롯에 넣는다.

회전에 동반하는 원심력으로 인해 권선이 슬롯으로부터 튀어나오는 것을 방지하기 위하여 개방 슬롯형에서는 13크롬의 바인드선을 쓴다. 저속기 이외에는 18-8계 Mi-Cr 비자성 강선이 사용된다. 바인드선에는 통상 납땜을 쉽게 하기 위하여 주석도금을 한다. 반폐 슬롯형의 경우는 합성수지제 또는 자성쐐기를 넣어서 유지한다. 권선단은 별도로 전기자에 고정하는 구조로 하고 그 위에 바인드선이 감긴다.

(6) 정류자

정류자편은 경인동으로 만들고, 마이카 등으로 절연된 정류자 몸통 및 V 고리 위에 원통형으로 조립된다. 정류자편 사이의 절연에는 경질 또는 연질의 마이카판을 이용한다. 정류자편 한쪽에는 라이저를 리벳(rivet)으로 붙이고 이것에 전기자 도체의 가장자리 부분을 붙이는 것이 보통이지만, 리벳으로 붙인 후그 위에 납땜을 하여 완전한 접속을 유지하도록 한다. 정류자는 V 마이카라고하는 마이카형 고리를 이용하고 주강제의 스패너 또는 클램프로 조인다.

정류자편의 주변속도가 50 m/s 이상의 고속이 되면, 위와 같은 구조에서는기계적 강도가 불안하기 때문에 정류자 위에 Ni-Cr 강의 정류자 고리에 마이카를 절연하고 열처리한다.

(7) 브러시 유지기

브러시 유지기는 거푸집 황동판을 정형한 것 또는 황동 혹은 포금주물로부터만들어지며, 특수형상의 용수철 강철로 브러시에 일정한 압력을 가하고 있다.설치 로드에는 막대강철이 이용된다. 보유기와 로드 사이의 절연에는 애자와 마이카판을 조합시킨 것도 있지만, 기계적 강도가 요구되는 경우에는 마이카렉스를 사용한다.

(8) 브러시

일반적인 직류기에는 보통 유연을 주원료로 한 이른바 유연계 전기흑연 브러시가 사용된다.

고속도의 직류기에는 난정류기용 브러시로서 같은 유연을 주원료로 한 전기흑연 브러시가 사용되지만 정류를 좋게 하기 위해서 특수한 방법으로 만들어진다.

전철이나 전기기관차의 주전동기용에는 기계적 강도가 크고 결손되지 않는것이 요구되므로 피치 콕스를 원료로 한 피치 콕스계 브러시가 사용된다.

저전압의 발전기, 전동기, 예를 들면 자동차용 다이나모, 시동전동기 또는 화학공장용 저전압 대전류 발전기 등에는 주로 금속흑연 브러시가 사용된다. 6 V급에는 흑연량 10~20% 정도의 고금속 흑연 브러시가, 20 V급에는 흑연량50% 정도의 저금속 흑연 브러시가 사용된다.

모든 브러시에는 가는 연동선을 여러 가닥 연선한 휘어진 동선을 붙인다. 이것을 픽 테일(pigtail)이라고 한다.

3.2.2 변압기 재료

(1) 철심

전력용 변압기의 철심에는 보통 두께 0.23, 0.27, 0.3 또는 0.35 mm의 방향성 자성강대를 정해진 형상으로 잘라내어 적층 또는 권철심의 형상으로 사용한다. 권철심에는 아모퍼스 자성재료도 사용된다. 전기기기 제조자는 전자(電磁)강대(鋼帶, 띠처럼 생긴 강철판) 제조자에게 철심 폭, 순도, 중량으로 주문하고 기기제조자는 그것을 정해진 형상으로 잘라내어 적층철심 혹은 권철심으로 만든다. 어느 순도의 전자강대를 사용할지는 요구 특성 등을 종합적으로 판단하여 결정한다.

적철심 변압기에서는 철심의 적층 시에 강대 서로간의 층간 단락을 방지하기 위해서 절단 시에 되돌아오는 전압을 관리하고 있다. 층간 단락이 일어나면 와전류손(eddy current loss)이 증가하게 된다.

권철심에서는 다양한 방법으로 철심이 제작되지만 그 과정에서 기계적 응력이 가해져 특성의 열화를 초래한다. 이것을 개선하기 위해서 변형 개선을 위한 소둔(annealing, 철을 가열하여 서서히 냉각시켜 연하게 만드는 공법)을 행한다.

(2) 권선 및 절연

대용량 적철심 변압기에서는 상부 계철을 제외한 철심을 조립한 후 철심 다리에, 절연통(絕緣筒)에 미리 권형으로 감은 원형 권선을 넣어 상부계철을 조립한다.

유입(油入) 고압 대용량의 변압기에서는 그림 3.13과 같이 주로 동심 배치의 원판 코일이 이용된다. 이것은 두께 0.5~수 mm, 폭 5~15 mm 정도의 평각지(平角紙) 권동선을 둥근 권형 위에 1층, 1권씩 감은 것으로 원판 코일 사이에는 프레스 보드의 간격편(間隔片)을 끼워 유도(油道, 기름길)를 확보하면서 쌓아간다.

　원판 코일을 형성하기 위한 도체는 복수의 가닥을 1가닥으로 하여 감는 경우도 있다. 이 경우, 각 도체의 길이가 같아지도록 전위가 일어나는 경우가 있다.

　각 도체는 얇은 마닐라지 또는 크라프트지를 테이프 형상으로 하여 피복한다. 이 지권절연은 단위두께에 대하여 가장 높은 절연 내력을 가지고 있다.

　고저압권선 간 및 권선대지 간에는 성층 절연통을 몇 겹이고 동심적으로 유구(오일 홈)를 끼워 넣는다.

　권선의 상하단에는 L형 절연 링을 배치하여 절연 내력의 향상을 도모하고 있다. 조립 후에 진공으로 건조하고 나서 절연 매체를 함침시킨다.

　코일 양단에는 강력한 클램프 링을 가하여 임펄스 전압에 의한 전압분포를 양호하게 하고 또한, 2차측 단락 시의 전자기계력에 대하여 안전하게 되어 있다.

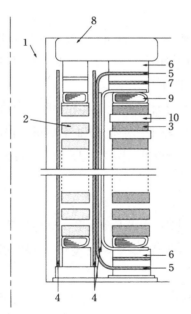

1. 철심
2. 저압코일
   (코일 절연은 크라프트지)
3. 고압코일
   (코일 절연은 크라프트지)
4. 절연통
   (프레스 보드)
5. L형 절연 링
   (프레스 보드)
6. 스페이서
   (프레스 보드)
7. 절연 링
   (프레스 보드)
8. 조임 링
   (강화 나무 또는 프레스 보드)
9. 전계완화 실드
   (연강 또는 프레스 보드를 크라프트지
   　또는 마닐라지로 감는다.)
10. 코일 간 덕트피스
    (프레스 보드)

그림 3.13　변압기의 구조

3.3 반도체 디바이스와 집적회로

3.3.1 반도체 동작층

(1) 집적회로와 개별 반도체 디바이스

현대사회에서 가장 중요한 반도체 디바이스는 실리콘 집적회로(IC, Integrated Circuit)이다. 집적회로의 미세화와 고밀도화가 진전된 것을 일반적으로 **대규모 집적회로**(LSI, Large Scale IC)라고 부르고, 더 나아가 10만 개 이상의 소자를 집적화한 것을 VLSI(Very-Large Scale IC), 1000만 개 넘는 것을 ULSI (Ultra-Large Scale IC)라고 부르기도 한다.

그림 3.14에 실리콘 집적회로를 대표하는 **CMOS**(상보형 MOS, Complimentary MOS) 집적회로의 구조단면의 모식도를 나타낸다. 실리콘 집적회로는 모놀리식(monolithic)형 집적회로로 분류된다. 이 명칭의 어원이 되고 있는 모노리스(monolith)는 '강건한 구조를 가지는 하나의 바위'라는 의미이다. 실리콘 집적회로는 문자 그대로 1장의 공통인 지지기판 위 혹은 그 내부에 복수의 회로 요소가 기판과 일체화되어 만들어져 전체적으로 어떤 기능을 가지도록 구성되어 있다.

한편, 화합물반도체를 이용한 발광 디바이스나 고주파 트랜지스터 혹은 실리콘을 이용한 파워디바이스나 포토다이오드(Photo Diode) 등은 집적회로에서

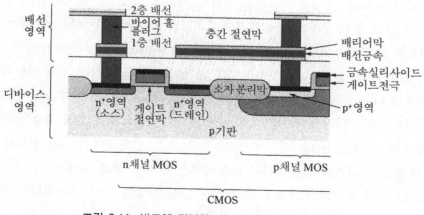

그림 3.14 반도체 집적회로(논리 IC)의 구조 모식도

개별 반도체 디바이스라고 하여 구별되고 있다. 개별 반도체 디바이스에서도 동작층과 동일 또는 다른 물질의 단결정을 지지기판으로서 그 위에 에피택시얼 성장(epitaxial growth)이나 불순물 확산·이온 주입 등의 방법으로 동작층을 형성하고 있다.

(2) 실리콘 기판

실리콘 집적회로의 거의 100％가 실리콘 단결정을 웨이퍼(원반형상의 판) 형상으로 한 것을 지지기판으로 하고 있다. 실리콘 웨이퍼에는 벌크 웨이퍼, 에피택시얼 웨이퍼, SOI(Silicon-On-Insulator) 웨이퍼 등이 있다.

1) 벌크 웨이퍼

실리콘의 벌크 웨이퍼는 2.3.2항의 (2)에서 설명한 방법으로 끌어올린 단결정 잉곳(ingot)을 원재료로 하고, 다이아몬드 지립(砥粒)을 붙인 원형 내주칼을 이용하여 웨이퍼로 절단된다(슬라이싱, Slicing). 잉곳의 직경이 300 mm 이상이 되면 내주칼(內周刀)의 사용이 곤란하므로 피아노선을 이용한 wire saw에 의한 slicing으로 대체한다. 그 다음에 웨이퍼의 주위를 자른 후 기계적으로 연마(polishing)된다. 또한, 실리카(SiO_2) 등 초미립자의 기계적 작용과 가공액의 화학적 작용의 상승효과를 이용한 화학적, 기계적 연마법(CMP, Chemo-Mechanical Polishing)에 의해 경면가공된다. 최종적으로 웨이퍼 전체의 두께나 평탄도를 규정의 정밀도 이내로 맞춘다. 웨이퍼 전체의 두께 변화는 **TTV**(Total Thickness Variation)라고 불리는 척도로 표현되지만 300 mm 웨이퍼에서는 평균 두께 775 μm에 대하여 TTV < ±20 μm의 균일성이 요구된다. 평탄도는 스테퍼(노광장치)로 회로 패턴을 노광하는 영역 내(30 mm 각 정도)에서 최소 선폭 정도의 요철 이내(예를 들면, 0.1 μm)로 하는 것이 일반적이다.

그림 3.14에 치수는 기재되어 있지 않지만 대략 가로 폭이 수 μm 정도라고 생각하면 된다. 따라서 집적회로의 디바이스 동작층으로서 실제 사용되는 것은 두께가 600～800 μm나 되는 지지기판의 극표층, 기껏해야 수 μm 정도의 영역에 한정된다. 여기에서 웨이퍼의 내부영역은 문자 그대로 기계적·구조적인 지지기판으로서 웨이퍼 표층만의 전기적인 품질 향상을 도모하면 된다는 생각이 일반적이다.

그래서 벌크 웨이퍼에서는 불순물 게터링이라고 불리는 현상을 이용하여 중금속 불순물과 격자결함 등을 동작영역 밖으로 확산·편석시켜 제거함으로써 웨이퍼 표층의 고품질화를 도모하고 있다. 또 트랜지스터 제조공정 중 많은 경우가 철이나 구리 혹은 니켈 등의 중금속 원소가 오염물질로서 혼입할 우려가 있기 때문에 웨이퍼 자체에 게터링(잔류 가스 제거) 능력을 갖게 하는 것이 중요시되고 있다.

불순물 게터링에는 익스트린식 게터링(EG)과 인트린식 게터링(IG)이 있다. 일반적으로 불순물 원자는 격자변형이 큰 영역으로 편석하기 쉬우므로 EG에서는 웨이퍼의 뒷면을 샌드 블라스트(sand blasting)하거나 뒷면에 다결정 실리콘막이나 실리콘 질화막을 퇴적해서 응력집중을 일으켜 그곳을 게터링 위치로 이용한다. 한편, IG에서는 그림 3.15에 나타내듯이 실리콘 결정에 포함되어 있는 격자 간 산소원자를 미묘하게 제어하여 그 석출물(SiO_2)이나 그 주위에 발생하는 적층결함과 변형장(場)을 게터링 위치로 한다. 석출핵의 형성이나 불순물 편석 등을 미세하게 제어할 필요가 있기 때문에 결함거동이 명확한 실험 결과를 근거로 하여 웨이퍼의 열처리방법이 연구되고 있다. 이 인트린식 게터링의 결과, 그림 3.15에 나와 있듯이 벌크 웨이퍼의 표층 수 μm에서 수십 μm에 걸쳐 무결함층(DZ, Denuded Zone)이 형성된다.

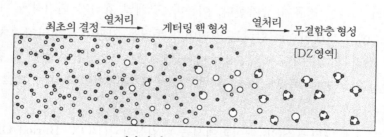

◦ 격자 간 산소　○ 산소석출물　• 중금속 원자

그림 3.15 인트린식 게터링(IG)과 무결함층(DZ)

2) 에피택시얼 웨이퍼

2.3.2항의 (2)에서 서술한 방법에 있어서 실리콘의 단결정은 융점(1,412℃) 부근의 고온하에서 육성되기 때문에 고체화 직후의 결정 속에는 고농도의 공격자점(정공)이나 자기격자 간 원자가 포함되어 있다. 또한, 도가니 재료인 석영

등으로 산소가 격자 간 불순물로서 실리콘 결정에 들어가 그 농도는 10^{24} m^{-3} 정도에 도달한다. 결정이 냉각 중이거나 웨이퍼 프로세스 열처리과정에서 과포화상태에 있는 이들의 점결함이 석출되거나 상호작용(결함반응)하여 미소결함이 형성된다. 위에서의 인트린식 게터링은 이러한 결함반응을 미세하게 제어하여 디바이스 동작 영역의 고품질화를 실현하는 얼마 안 되는 예이지만, 이론적으로는 엔트로피가 작아지는 저온에서 제작한 결정이 더욱 고품질이 된다고 할 수 있다.

실리콘의 에피택시얼 웨이퍼는 2.3.2항의 (3)에서 설명한 것과 같은 방법으로 제작되지만, 실리콘의 융점보다 낮은 1,150 ℃ 정도에서 결정 성장이 이루어지기 때문에 벌크 결정에서는 제거할 수 없는 미소결함이 거의 포함되지 않는 고품질의 디바이스 동작층을 얻을 수 있다. 그렇기 때문에 에피택시얼 웨이퍼는 고성능의 논리 LSI 용도에 이용되고 있다. 또한, 바이폴라 트랜지스터(bipolar transistor)의 콜렉터 영역과 IGBT(Insulated-Gate Bipolar Transistor) 등의 파워디바이스의 고저항층(오프 상태에서 전압을 유지하는 영역)의 형성에는 에피택시얼 성장(epitaxial growth)이 적합하다.

3) SOI 웨이퍼

벌크 웨이퍼상에서 MOSFET를 미세화해 가면 문턱전압 이하(Sub threshold 영역)에서 드레인 전류가 증가한다. 이른바, 단채널 효과가 현저하게 나타난다. 이는 소스에서 드레인으로 향하는 캐리어가 두터운 기판을 우회하여 2차원적으로 흘러 버리기 때문이다. 한편, 소스나 드레인 영역의 접합 용량이 고주파특성을 열화하거나 또한 이것을 통해서 벌크 기반에 교류적인 전류가 흐르기 때문에 전력손실이 발생한다.

그림 3.16에 나타낸 SOI 웨이퍼에서는 매입산화막(BOX, Buried OXide)이라 불리는 절연층이 디바이스 동작층과 지지기판 사이를 전기적으로 분리하고 있다. SOI 웨이퍼의 대표적인 제작법에는 벌크 웨이퍼에 산소를 이온 주입하여 매입산화막을 형성하는 SIMOX(Separation by IMplanted OXygen)법과 산화막을 형성한 결정을 지지기판에 접합시킨 다음 연마나 박리에 의해 디바이스 동작층을 박층화하는 접합법이 있다. 접합 SOI 웨이퍼에서는 미리 수소이온 주입이나 다공질화를 함으로써 박리하기 쉽도록 한다. 디바이스 동작층은

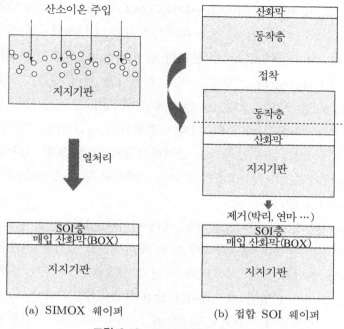

(a) SIMOX 웨이퍼 (b) 접합 SOI 웨이퍼

그림 3.16 SOI 웨이퍼 제작법

완전공핍형의 MOS 전계효과 트랜지스터에 대응할 수 있는 수 nm에서 수십 nm 정도로 얇게 할 수도 있다. SOI 웨이퍼를 이용하면 n채널 MOS와 p채널 MOS를 전기적으로 완전히 분리할 수 있으므로 래치업(latch-up)이 없는 CMOS 집적회로를 실현할 수 있다.

또한, 제조방법은 다소 다르지만 유사한 구조로서 사파이어를 기판으로 하는 SOS(Silicon-On-Sapphire) 웨이퍼나 SOI의 상부 실리콘층을 대신하여 Ge 또는 SiGe을 동작층으로 한 웨이퍼도 개발되고 있다.

(3) 화합물반도체 기판

화합물반도체 디바이스는 전자 디바이스·광 디바이스를 막론하고 그 역할에 따라서 조성이나 도펀트(dopant)가 다른 영역이 다수 적층하여 만들어진다(그림 2.14, 2.17 참조). 적층구조는 2.3.2항의 (3)에서 서술한 유기금속 화학 증착법(MOCVD) 또는 분자선 에피택시얼 성장법(MBE) 등의 방법으로 기판결정 위에 에피택시얼 성장해서 만들어진다.

Ⅲ-Ⅴ족 화합물 반도체 디바이스에서는 GaAs나 InP의 벌크 단결정이 지지 기판으로 사용되는 예가 많다. 전자 디바이스 구조의 에피택시얼 성장에 있어서는 기생용량의 저감이나 소자 간 분리의 관점에서 **반절연성 기판**이라 하는 저항율이 $0.1 \sim 10 \ M\Omega\cdot m$의 고저항 결정이 이용되는 것이 일반적이다. 반절연성 GaAs 기판은 LEC법[2.3.2항 (2) 참조]에 의한 성장 중 결정에 혼입하는 탄소(억셉터로 작용)를 As 원자가 Ga 위치에 치환하여 생긴 안티 사이트 결함(깊은 도너로 작용)이 캐리어를 보상하여 고저항화하고 있다. 또한, InP 결정의 경우에는 Fe 등이 만드는 깊은 억셉터 준위가 잔류하는 얕은 도너를 보상하는 것으로 고저항화하고 있다.

한편, 광 디바이스에서는 그림 2.17에서 나타낸 것과 같이, 뒷면에도 전극을 취하는 샌드위치 구조의 경우가 많으므로 에피택시얼 성장용 기판결정으로서는 도너 또는 억셉터를 고농도 도핑한 저저항 결정을 이용한다. 또한, 광 디바이스에서는 전위가 비발광 재결합이나 암전류(暗電流)의 발생, 혹은 통전 열화의 원인이 되기 때문에 저전위밀도($10^6 \ m^{-2}$ 이하) 또는 무전위의 결정인 것이 바람직하다.

Ⅲ족 질화물 반도체와 같은 잉곳 형상의 단결정을 육성하는 것이 쉽지 않을 경우에는 할 수 없이 동작 영역과는 전혀 다른 물질을 기판결정으로 한다. GaN에서는 사파이어, 탄화규소(SiC), 실리콘 등을 기판으로 한 에피택시얼 성장이 사용되고 있지만, 기판결정을 플라스마 조사에 의해 표면 개질하거나 저온에서 완충층을 퇴적하는 방법이 필요하다.

(4) LSI 프로세스(트랜지스터 공정)

CMOS 집적회로의 전(前)공정의 전반부분인 트랜지스터 공정(front-end process)을 단순화하여 그림 3.17에 나타낸다. 각 공정은 아래와 같다.

① 산화막/질화막의 형성: 열산화나 화학적 기상 증착법(CVD) 등의 방법에 의해 이후의 가공 프로세스 마스크로 하는 보호막으로서의 SiO_2나 Si_3N_4 등을 퇴적한다. 또한, 자외선 또는 전자선에 감광하는 레지스트막에 원하는 패턴을 형성한다(보호막과 레지스트막의 재료의 종류는 많지만 기본적으로는 이것과 같은 방법을 조합시키고, 이하의 공정에서는 몇 번이나 패턴을 형성한다).

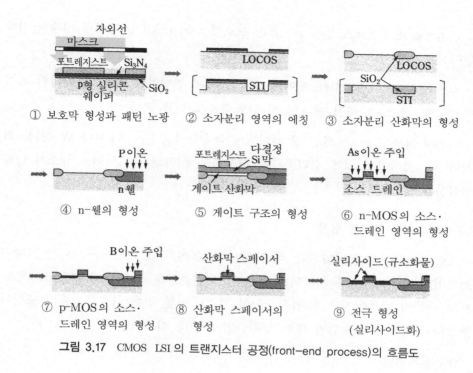

그림 3.17 CMOS LSI의 트랜지스터 공정(front-end process)의 흐름도

② 소자분리 영역의 에칭: 레지스트막에 형성된 패턴을 보호막에 전사하여 이것을 에칭 마스크로서 구멍을 뚫는다.

③ 소자분리 산화막의 형성: 열산화에 의하여 LOCOS(LOCal Oxidation of Si)라고 불리는 두꺼운 SiO_2를 국소적으로 형성한다.

또한, 기판 쪽에 에칭 홈을 형성하고 그곳을 CVD법에 의해 SiO_2로 메운 뒤, 표면을 평탄화하는 STI(Shallow Trench Isolation)라고 하는 방법도 있다.

④ **n-well의 형성**: p-MOS 영역에 도너 불순물을 이온 주입(확산)한다. 그 다음에 주입 불순물을 활성화하기 위한 열처리를 한다.

⑤ 게이트 구조의 형성: 열산화법에 의해 게이트 산화막을 형성한 후, 게이트 전극재료로서의 저저항 다결정 Si 막을 형성한다.

⑥ **n-MOS의 소스·드레인 영역의 형성**: 게이트 전극을 마스크로서 자기정합적으로 도너 불순물을 이온 주입한다.

⑦ p-MOS 프로세스: ⑤, ⑥과 같은 프로세스를 p-MOS 영역에 대해서 시행한다.

⑧ 산화막 스페이서의 형성: 게이트 전극의 벽에 절연막을 퇴적(堆積)하여 게이트 전극과 소스·드레인 전극 등이 단락되지 않도록 한다.

⑨ 전극 형성: 소스·드레인 및 게이트에 금속막(Ti, Cr, Ni 이나 W 등)을 퇴적한 뒤, 열처리에 의해 실리콘과의 고상반응에 의해 실리사이드(규소화물)를 형성한다.

(5) 이온주입과 불순물 확산

그림 3.14에 보이는 것처럼, 예를 들면 CMOS 구조의 n-well과 각 트랜지스터의 소스·드레인은 기판의 특정 영역만 전도형을 n에서 p, 혹은 p에서 n으로 바꾸어 만들어지고 있다(확산층의 형성). 이를 위해서는 불순물의 도핑이 필요하게 되고 이온주입법 또는 열확산법에 의해 이루어진다.

1) 이온주입법

불순물 원자를 이온화하고 전기적으로 가속하여 기판에 주입하여 도핑하는 방법이 이온주입법이다. 이온주입법의 특징은 다음과 같다.

① 도입 깊이를 가속전압에 의해 결정이 가능하다.
② 주입량을 전기적으로 고정밀도로 제어 가능하다.
③ 포토레지스트막을 마스크로서 특정한 영역에만 선택적으로 불순물을 도핑할 수 있다는 점이 있다.

도핑 불순물을 포함하는 원료 가스를 방전 등의 방법으로 이온화한 뒤, 원하는 이온 종류만을 질량분석기에 의해 추출하고 최종 에너지까지 가속한다. 그림 3.18에 Si의 대표적인 도너 불순물인 인(P)과 비소(As)에 대하여 주입 이온의 깊이 분포의 예를 나타낸다. 주입 이온의 깊이 분포는 대체로 다음 식의 가우스 분포로 주어진다.

$$N(x) = N_{\text{peak}} \exp\left\{-\frac{(x-R_p)^2}{2\Delta R_p^2}\right\} \quad [\text{m}^{-3}] \tag{3.7}$$

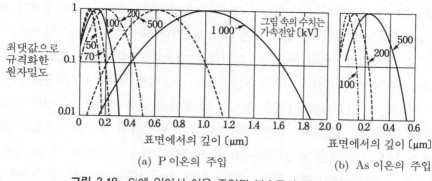

(a) P 이온의 주입   (b) As 이온의 주입

그림 3.18 Si에 있어서 이온 주입된 불순물의 깊이 방향 분포

여기서, $N_{peak} = N(R_p)$: 주입이온의 최대 농도[m^{-3}]

     R_p: 평균투영비정이라 불리는 주입이온의 평균 깊이[m]

     ΔR_p: 표준편차로 주입이온의 분포 정도를 나타내는 파라미터[m]

그림 3.18에서도 알 수 있듯이, 무거운 As 이온(원자량 75)의 쪽이 가벼운 P 이온(원자량 31)에 비해 같은 가속전압이라도 투영비정은 짧고 얇은 n형 확산층을 형성할 경우에 유리하다는 것을 알 수 있다. 한편, p형 확산층은 붕소 B를 이온 주입하여 형성하는 것이 일반적이다. 그러나 붕소는 가벼운 원소(원자량 11)이어서 얇은 확산층을 형성하기 위해서는 그 자체로는 평균투영비정이 너무 크다. 그렇기 때문에, BF$_2$(분자량 49) 등의 무거운 이온 종류가 이용되고 있다.

주입된 이온이 실리콘 속에서 감속되는 과정에서 원자변위를 동반하는 많은 격자결함이 발생한다. 또한, 이온 주입만 한 상태에서는 반드시 불순물 원자가 실리콘 원자를 치환한 격자 위치에 있지 않기 때문에 도펀트는 활성화되지 않고 있다. 따라서 결정은 고저항 상태로 되어 있다. 그래서 결정성을 회복하고 주입 이온을 활성화하기 위해서 800 ~ 1,100℃ 정도의 온도로 소둔(燒鈍)처리를 한다.

2) 열확산에 의한 불순물 도입

실리콘 LSI 프로세스의 불순물 확산층의 형성에는 고정밀 제어성으로 인해 오직 이온주입법이 사용되고 있다. 하지만 예를 들어 다결정 실리콘 게이트

(그림 3.17 ⑤, ⑥ 참조)로의 고농도 도핑과 같이, 특히 정밀한 농도제어가 필요하지 않은 경우에는 열확산법을 이용할 수도 있다. 불순물 원자의 열확산은 기본적으로 실리콘의 열산화와 같은 전기로를 이용하고 확산원을 포함하여 열처리하는 것으로 이루어진다. 예를 들면, 도너 불순물인 인(P)의 확산에서는 원료로 $POCl_3$을 이용하여 이것을 전기로 중에서 산소와 반응시켜, 실리콘 표면에 인을 고농도로 포함하는 산화물층(P_2O_5)을 형성하여 표면확산원으로 한다. 또, 붕소 등을 포함하는 규산유리[예를 들면, BSG(Boron Silicate Glass)]의 액체원료를 스핀코트해서 확산원으로 하는 방법 등이 있다. 이러한 열확산에서는 다음 식으로 표현되듯이 이른바 '표면농도일정' 조건하에서 불순물 농도 분포 $C(x, t)$가 된다.

$$C(x, t) = C_s \cdot \mathrm{erfc}\left(\frac{x}{2\sqrt{Dt}}\right) \ [\mathrm{m}^{-3}] \tag{3.8}$$

여기서, C_s: 표면농도$[\mathrm{m}^{-3}]$

$\quad\quad D$: 확산상수$[\mathrm{m}^2/\mathrm{s}]$

$\quad\quad t$: 확산시간$[\mathrm{s}]$

$\quad\quad \mathrm{erfc}(\ )$: 보상오차함수

$\quad\quad 2\sqrt{Dt}$: 확산층 깊이의 기준이 되는 확산길이$[\mathrm{m}]$

P_2O_5와 같은 표면확산원을 제거한 뒤, 고온에서 열확산하는 것을 **압입확산**이라고 부른다. 또 전항(前項)의 이온주입법에서는 사후에 이루어지는 도펀트를 활성화하기 위한 열처리과정에서 원자가 열확산하여 불순물의 재분포가 일어난다. 이것들은 전체 원자 수가 일정한 조건하에서의 확산 현상이며 불순물농도분포 $C(x, t)$는 다음 식으로 표현된다.

$$C(x, t) = \frac{N_{\mathrm{total}}}{\sqrt{\pi Dt}} \cdot \exp\left(-\frac{x^2}{4Dt}\right) \quad [\mathrm{m}^{-3}] \tag{3.9}$$

여기서, N_{total}: $t=0$에서 불순물 원자를 $x=0$에 델타함수 형태로 두었다고 가정했을 경우의 원자 총 수에 해당하는 면밀도$[\mathrm{m}^{-2}]$

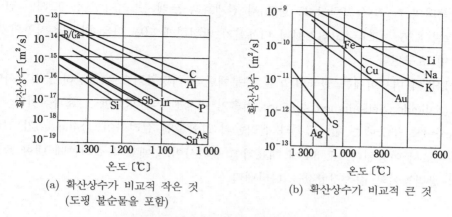

(a) 확산상수가 비교적 작은 것
   (도핑 불순물을 포함)

(b) 확산상수가 비교적 큰 것

그림 3.19 실리콘 중의 불순물 원자의 확산상수

그림 3.19에 실리콘 중의 대표적인 불순물 원자의 확산상수 $D\,[\mathrm{m^2/s}]$ 의 온도 의존성을 나타낸다.

3.3.2 전극 · 배선재료

(1) 반도체 전극재료

반도체 디바이스와 외부회로를 접속하는 인터페이스가 전극이다. 전극의 특성이 좋지 않으면 가령 고성능의 디바이스라도 그 성능을 외부회로에 효율적으로 나타낼 수 없다. 또는 그 반대로 외부회로의 상태를 반도체 디바이스에 알맞게 입력할 수 없게 된다.

반도체에 대한 전극은 옴(Ohm)성 전극과 쇼트키(Schottky) 전극으로 크게 구별된다[1.7.3항의 (5) 참조].

실용적인 의미에서 옴성 전극은 반드시 그림 1.31의 (b)에 나타난 것과 같은 에너지밴드 구조로 되어 있을 필요는 없다. 또, 옴의 법칙($V = IR$)이 성립할 필요도 없다. 중요한 점은 전극을 가로질러서 큰 전류가 흐를 경우라도 전극계면에서 발생하는 전압 강하가 아주 작고, 또한 특성이 인가전압의 극성에 의존하지 않는다는 것이다. 이미 1.6.3항의 (2)에서 설명한 바와 같이 접촉 저항을 감소시키기 위해서는 장벽높이가 낮은 금속재료의 선택과 불순물의 고농도 도핑이 필요하다. 바이폴라 트랜지스터(Bipolar transistor)의 이미터 · 베이스 ·

콜렉터의 각 전극(그림 1.35 참조)과 전계효과 트랜지스터의 소스, 드레인 전극(그림 1.36 참조)은 고집적화나 미세화가 발전하게 되면 한층 더 접촉저항의 저감이 요구된다.

LSI의 미세화에는 전극의 노출 부분에만 자기정합적으로 형성하는 살리사이드(Salicide, Self-aligned silicide) 기술이 미세전극의 형성에는 효과적이다. 살리사이드 구조에는 천이금속과 실리콘의 화합물인 실리사이드(Silicide)가 전극재료로서 이용된다. 표 3.2에 대표적인 실리사이드 재료의 실리콘에 대한 쇼트키 장벽높이와 접촉저항값을 나타낸다.

표 3.2 실리콘 LSI에 있어서의 옴(Ohm)성 전극재료의 특성

실리사이드 재료	n-Si		p-Si	
	장벽 높이 $q\phi_{Bn}$ [eV]	접촉저항 실현값 ρ_c [10^{-11} $\Omega\cdot m^2$]	장벽 높이 $q\phi_{Bp}$ [eV]	접촉저항 실현값 ρ_c [10^{-11} $\Omega\cdot m^2$]
$TiSi_2$	0.49	2.4	0.51	2.8
$CoSi_2$	0.61	2.0	0.43	5.5
$NiSi$	0.67	0.42	0.39	0.70
$NiSi_2$	0.40 ~ 0.79 (계면구조에 의존)	2.0	0.33 ~ 0.73 (계면구조에 의존)	1.6

한편, 쇼트키 전극은 1.7.3항의 (5)에서 서술한 쇼트키 이론이 성립하는 것만을 가리키는 것은 아니다. 옴성 전극과 비교하여 실용적인 관점에서는 정류성을 나타내는 전극의 총칭으로서 **쇼트키 전극**이라고 불리는 경우가 많다. 쇼트키 전극을 형성하면, 여기에 인가하는 전압에 의해 반도체 쪽으로 번지는 공핍층 두께를 제어할 수 있기 때문에 전계효과 트랜지스터의 게이트 전극으로서 이용되고 있다. 이 때문에 게이트 전극재료로서는 쇼트키 장벽 높이가 높고 반도체로의 밀착성과 열안정성에 뛰어난 것, 그 자체의 저항률이 낮은 것 등이 요구된다. 단체금속인 Al 이외에 열안정성 관점에서 고융점 금속인 W이나 Mo, Ta과 그 실리사이드나 질화물 혹은 Ti/Pt/Au과 같은 각각 다른 역할을 가지는 복수의 금속박막을 적층한 전극재료가 개발되고 있다.

(2) LSI 프로세스(배선공정)

CMOS 집적회로의 전 공정의 후반은 배선공정(back-end process)이다. 그림 3.20에 이 공정의 과정을 나타낸다(각 공정에는 그림 3.17에 이어서 번호를 붙였다).

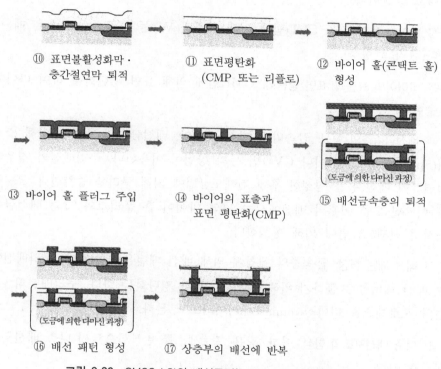

⑩ 표면불활성화막·   ⑪ 표면평탄화   ⑫ 바이어 홀(콘택트 홀)
   층간절연막 퇴적   (CMP 또는 리플로)   형성

⑬ 바이어 홀 플러그 주입   ⑭ 바이어의 표출과   ⑮ 배선금속층의 퇴적
                              표면 평탄화(CMP)

⑯ 배선 패턴 형성   ⑰ 상층부의 배선에 반복

그림 3.20 CMOS LSI의 배선공정(back-end process) 과정

⑩ **층간절연막의 형성**: 주로 화학기상증착(CVD, Chemical Vapor Deposition) 법 등의 방법에 의해 절연막을 증착한다. 논리 LSI에서는 배선구조가 여러 층으로 되기 때문에 그 사이에 전기적 절연을 하기 위한 목적으로 몇 층이고 삽입되는 것으로부터 **층간절연막**이라고 불린다.

⑪ **층간절연막의 평탄화**: 층간절연막상에 상층의 패턴을 형성할 때, 포토레지스트의 도포(그림 3.17 ① 참조)나 노광에 지장이 없도록 화학적·기계적 연마법 (CMP)과 유리의 연화를 이용하거나 리플로(reflow) 등의 방법으로 절연막 표

면을 평탄화한다.

⑫ 바이어 홀[Via hole(Contact hole)]의 형성: 상하 배선층을 전기적으로 접속하기 위한 관통 구멍(바이어 홀)을 드라이 에칭 등의 방법에 의해 형성한다. 또한, 소스·드레인 영역으로의 직접적으로 접속하는 부분은 **콘택트 홀**(contact hole)이라고도 불린다.

⑬ 바이어 홀의 주입: CVD법에 의해 텅스텐 W 등의 금속으로 홀을 메워 넣는다(플라그 형성).

⑭ 바이어의 **표출과 표면 평탄화**: CMP법에 의해 표면 평탄화를 하여 바이어를 표출한다.

⑮ 배선금속층의 형성: 금속막의 퇴적을 한다. 배선금속의 종류에 의해 스퍼터법(Sputter Method)이나 CVD법 등의 방법이 이용된다. 구리배선의 경우에는 절연막에 배선 홈을 형성한 후에 전해도금법에 의해 구리를 증착한다. 또, 구리를 이용한 2층 이후의 배선에서는 ⑬의 바이어 홀 플러그와 ⑮의 배선금속을 동시에 전해도금법에 의해 형성한다.

⑯ 배선 패턴 형성: 금속층의 에칭에 의해 배선 패턴을 완성한다. 구리배선에서는 배선 패턴을 표출하기 위해 CMP에 의한 평탄화를 한다. 구리배선의 이 일련의 프로세스를 다마신(damascene)이라고 부른다.

⑰ 다층 배선구조의 형성: 이하, 같은 프로세스를 반복함으로써 다층 배선구조를 형성해 간다.

(3) 배선재료

알루미늄(Al)의 저항률은 $0.025\ \mu\Omega \cdot \mathrm{m}$이고 하나의 금속으로서는 은(Ag), 구리(Cu), 금(Au) 다음으로 낮다. 또, 재료도 저렴하고 층간 절연막에 이용되는 SiO_2계 유리와의 밀착성에도 뛰어나기 때문에, 오래 전부터 LSI의 배선재료로서 가장 자주 이용되어 왔던 금속재료이다. 하지만 전류를 흘릴 때 원자가 이동하여 공극이 발생하는 일렉트로 마이그레이션(EM, Electro-Migration)을 일으키기 쉽고 미세화에 동반하는 전류밀도의 증가에 의한 단선이 일어나기 쉬워진다. 또한, 실리콘과 접촉했을 때 Al 속에 실리콘이 녹아 들어가서 디바이스가 열화하는 문제도 있다. 이러한 문제를 방지하기 위해서 Al에 Si나 Cu를 첨가한 합금이 배선재료로 이용되고 있다. 게다가, 화학적으로 활성상태인 Al과 플러그 재료인 W 등의 금속과의 계면반응을 억제하기 위해서 Ti이나 TiN 막을 확산방지를 위한 배리어 메탈로서 얇게 삽입하고 있다. 이들 배선 금속층은 보통 스퍼터링(sputtering)법 등의 물리적 기상 퇴적법(PVD, Physical Vapor Deposition)에 의해 막이 형성된다.

구리(Cu)는 전기 저항률이 0.016 $\mu\Omega\cdot$m로 작고 EM 내성에도 우수하기 때문에 배선재료로서 유망하다. 그럼에도 불구하고 Cu는 실리콘 속에서 확산계수가 매우 크고(그림 3.19 참조), 디바이스를 열화시키는 불순물로서 알려져 있었기 때문에 지금까지 실리콘 LSI의 배선재료의 후보에서 제외되어 왔다. 그러나 배리어 메탈의 검토와 프로세스의 저온화가 진행되면서 현재 LSI 배선재료의 중심이 되어 있다. 배리어 메탈로서는 고융점 금속의 Ta이나 그 질화물(TaN) 또는 TiN이 이용되고 있다. 또한, SiO$_2$ 속으로 Cu가 침입하면 양이온이 되어 쉽게 확산하기 때문에 이것을 방지하기 위해서 층간 절연막 표면을 SiN로 얇게 덮고 있다. Cu의 성막에는 도금, PVD, CVD 등의 방법이 있고 배선구조의 형성에는 이들의 방법을 조합하여 이용한다. 전해도금법은 성막속도가 빠르고 <111>방향으로 배향한 저저항의 Cu막을 쉽게 얻을 수 있기 때문에 그림 3.20의 ⑮, ⑯의 다마신 프로세스와 조합하여 배선층이 형성된다. 전해도금에는 시드(seed)층이 필요하지만, 그 형성에는 스퍼터링(sputtering)법이 이용된다.

3.3.3 유전체막·표면 불활성화막

유전체막과 절연체막은 MOSFET의 기본구성 요소로서뿐만 아니라 국소적인 산화나 에칭을 하기 위한 보호 마스크로서 제조 프로세스의 많은 곳에서 이용되고 있다. 또 디바이스나 배선 간을 전기적으로 절연하기 위한 소자 간 분리 절연막과 층간 절연막으로서도 중요하다. 표 3.3에 실리콘 LSI로 이용되고 있는 유전체막을 용도별로 분류하여 나타낸다.

표 3.3 실리콘 LSI에 이용되는 유전체막 재료

디바이스	용도	유전체막 재료	비유전율 κ
MOSFET	게이트 절연막	SiO_2(열산화막) SiO_xN_y(수%N)	3.9 3.9 ～
	게이트 절연막 (고유전율-high K)	Si_3N_4 Al_2O_3 HfO_2-SiO_2 ZrO_2-SiO_2 La_2O_3	6.7 8.5 10 ～ 20 10 ～ 25 20
DRAM	용량 절연막	SiO_2 $SiO_2/Si_3N_4/SiO_2$: ONO Ta_2O_5 $(Ba_xSr_{1-x})TiO_3$: BSTO	3.9 3.9 ～ 6.7 22
FeRAM	강유전체막	$Pb(Zr_xTi_{1-x})O_3$: PZT $BaMgF_4$	100 10
LSI	프로세스 마스크	SiO_2, Si_3N_4	―
	소자 분리 절연막	SiO_2 (열산화막, CVD 산화막)	3.9
	층간 절연막	SiO_2 (TEOS-CVD 산화막)	～3.9
	층간 절연막 (저유전율-low K)	SiOF(불소화 실리케이트 유리) 다공질 SiO_2 폴리머 (무기, 유기)	3.5 ～ 3.8 1.8 ～ 2.2 2.4 ～ 2.8

　　실리콘 LSI 의 기본 디바이스인 MOSFET 의 게이트 부분에 이용되는 절연
막은 기판 실리콘을 열산화해서 얻을 수 있는 고품질의 이산화규소(SiO_2) 막이
다. LSI 의 미세화에 동반하여 게이트 산화막을 수 nm 정도로 정밀하게 제어
할 필요가 있기 때문에, 종래의 수증기를 이용한 Wet(습식) 산화에서 산화 속
도가 느린 건조 산소를 분위기로 하는 드라이 산화가 이용되고 있다. 또한,
p-MOS 의 게이트의 다결정 실리콘에 도프(dope)하는 붕소의 탈피를 방지하기
위해서, 수 % 의 질소를 함유하는 산화막이 이용된다. 미세화가 더욱 진행되어
산화막 두께가 1 ～ 2 nm 가 되면, 양자역학적인 터널 효과에 의한 누설 전류가
현저하게 나타난다. 여기서, HfO_2 등의 비유전율이 큰 절연막(비유전율 κ가
크다는 의미로 κ = K 로 바꿔 부르고 high K 재료라 불린다)을 채용함으로써,
물리적인 막 두께는 두꺼운 상태로, SiO_2로 환산했을 경우의 실효적인 막 두께

를 얇게 하는 방법을 이용한다. 한편, DRAM의 용량 절연막에 대해서도 고유전율 절연막의 사용이 시도되고 있다. 하지만 비유전율이 큰 재료는 금지대가 좁아지는 경향이 있기 때문에, 고유전율 절연막의 재료는 그다지 좋지 않다. 또, 이러한 high K 재료는 CVD나 PVD법에 의해 성막(成膜)되지만, 실리콘과 금속과의 반응에 의해서 계면이 불안정하게 되는 것을 피하기 위해서, ONO막 (표 3.3 참조)과 같은 안정한 SiO_2계 절연막을 아주 얇게 계면에 삽입한 것과 같은 적층구조로 하는 것도 필요하다.

한편, 실리콘 LSI의 미세화와 고집적화가 진행되면 배선 간 용량과 배선 자체의 저항에 의한 신호의 전반지연이 현저하게 나타난다. 여기서, Al배선을 Cu배선으로 바꾸는 것 이외에 기존의 $SiO_2 (\kappa = 3.9)$와 비교해서 비유전율이 작은 유전재료를 층간 절연막으로서 이용하면 한층 더 효과적이다. 저유전율의 절연체재료(비유전율 κ가 작다는 의미로 low K재료라고 불린다)의 후보를 표 3.3에 나타낸다. 하지만 이러한 고분자재료나 다공질의 무기재료는 비유전율 κ는 작지만 기계적 강도가 약해지는 경향이 있기 때문에 구조 등의 연구도 필요하다.

3.3.4 실장(實裝)재료

실리콘 LSI는 앞에서 서술한 전(前)공정(그림 3.17 및 그림 3.20)이 이루어진 뒤에 1장의 웨이퍼상에 복수의 칩을 놓은 형태로 되어 있다. 그런 다음 각각의 칩을 다이싱(dicing)한 후에 패키지로 실장하여 완성한다. 이 후반의 공정을 **후공정(後工程)**이라고 부른다.

그림 3.21에 수지 봉지 몰드 형태로 실장된 실리콘 LSI를 모식적으로 나타낸다. 우선, 칩은 은(Ag)페이스트수지 혹은 Au-Si 공정합금 등을 이용하여

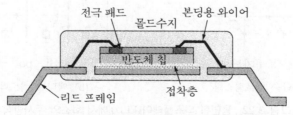

그림 3.21 실장된 실리콘 LSI(와이어 본딩 방식)

리드 프레임이라 불리는 금속판에 올려진다. 리드 프레임에는 도전율과 기계적 강도 및 열팽창률 등을 고려하여 철에 42 중량퍼센트의 니켈을 첨가한 박강판 (42 니켈강)과 구리계 합금(인과 철, 주석 등을 첨가)이 이용되고 있다.

다음으로 반도체칩 위의 전극 패드와 리드 프레임 측의 전극 리드와 접속한다(와이어 본딩). 와이어 본딩에는 $20 \sim 50 \, \mu m$ 직경의 금선과 Au-Si (1%) 가 이용된다. 마지막으로 몰드재료로서 에폭시계의 수지를 충전하여 칩을 완전히 봉인한다. 칩의 봉인법에는 C-DIP 라고 불리는 방법도 있다. 알루미나(Al_2O_3) 나 탄화규소(SiC) 계, 질화알루미늄(AlN) 계의 세라믹으로 만들어진 마운트재에 리드 프레임이 갖추어져 있고 이것에 와이어 본딩을 한 후, 마찬가지로 세라믹으로 만들어진 캡재(cap material)로 덮는 형태로 기밀 봉인한다.

와이어 본딩(wire bonding) 없이 칩과 리드 프레임을 접속하는 방법에는 납땜과 금의 얽힘(볼범프, ball bump) 방식과 테이프상의 리드에 범프를 형성하여 마운트하는 TAB 방식 등이 있다.

3.4 표시 디바이스

화상표시장치는 자발광형과 비발광형으로 분류할 수 있다. 지금까지 압도적

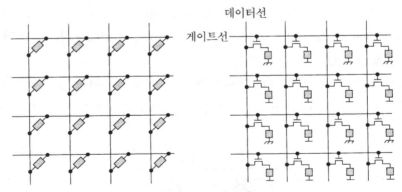

▨: 표시재료(액정, 유기분자, 형광체 등)　⌐↑⌐: TFT(a-Si, poly-Si, ZnO 등)

(a) 단순 매트릭스형　　　　　　　　(b) 액티브 매트릭스형

그림 3.22　평면형 디스플레이(FPD)에서 화소의 주사방식

인 점유율을 자랑해온 CRT(Cathode Ray Tube, 브라운관)는 자발광형 화상 표시장치의 대표적인 유형이지만, 전자빔을 편향시켜 화소를 주사하기 때문에 장치에 많은 깊이(폭)를 필요로 한다. 한편, 각 화소로의 어드레스를 X-Y로 배열한 교차 전극을 이용한 것을 총칭하여 평면형 디스플레이(FPD, Flat Panel Display)라고 부른다. 그림 3.22에 나타낸 것처럼, 전극선을 교차 배열한 것의 단순 매트릭스형과 화소마다 구동용 트랜지스터를 설계한 액티브 매트릭스형이 있다. 구동용 트랜지스터로 가장 많이 쓰이고 있는 것은 박막 트랜지스터 (TFT, Thin Film Transistor)이다.

표 3.4에 대표적인 화소표시장치에 대한 표시의 물리적인 기구와 장치명칭, 그리고 장치를 구성하는 중요한 전자재료에 대해서 정리하였다.

표 3.4 컬러 표시 디바이스의 분류와 주된 전자재료

분류	화소의 주사방식	표시방법	장치명칭	주된 전자재료
자발광형	전자 빔 편향	Cathode Luminescence(CL)	브라운관 (CRT)	형광체
	교차전극의 어드레스 주사 (FPD)	Cathode Luminescence(CL)	Field Emission Display(FED)	형광체 전자원(CNT, PdO) ITO
		Photo Luminescence(PL)	플라스마 디스플레이 패널 (PDP)	형광체 MgO, ITO
		Electro Luminescence(EL)	유기 EL 디스플레이	유기분자 ITO, TFT 재료
			무기 EL 디스플레이	황화물계 형광체 ITO, TFT 재료
비발광형		전계에 의한 분자배향 제어	액정 디스플레이	액정분자 ITO, TFT 재료
		전기영동	전자페이퍼	ITO, TFT 재료

3.4.1 형광체 재료

복수의 자발광형 표시장치의 공통 구성요소로서 중요한 재료의 하나가 형광체이다. 전자선에 의해 형광체를 여기하는 Cathod Luminescence[1.7.2항의 (3) 참조]를 이용하고 있는 것이 브라운관과 FED(Filed Emission Display)이

다. 고속의 전자선으로 여기하여 발광시키는 표시장치에서는

ZnS : Ag, Cl (청색)

ZnS : Cu, Al (녹색)

Y_2O_2S : Eu^{3+} (적색)

이 대표적인 형광체로서 이용되고 있다. 한편, ZnO(청록색), In_2O_3 : Eu, SnO_2 (적색), $ZnGa_2O_4$(청색) 등은 저속 전자 여기용 형광체로서 알려져 있다.

그림 3.23에 플라스마 디스플레이 패널(PDP, Plasma Display Panel)의 한 방식인 3전극 면방전형의 발광 셀의 단면을 나타낸다. 전면 유리기판에 형성된 주사전극(Y_m)과 후면 기판상의 어드레스 전극(A_n) 간에 어드레스 방전을 한 뒤, 주사전극(Y_m)과 동일면상에 형성되어 있는 표시전극(X_m)과의 사이에서 형광체를 여기하기 위한 표시방전을 한다. PDP패널에는 통상 약 50 kPa의 압력으로 Ne과 Xe의 혼합가스가 봉입되어 있다. 방전에 의해 생긴 Xe의 여기 상태로부터 파장 147 nm의 자외선이 발생한다. 이 자외선 여기에 의한 형광체의 포토루미네센스가 플라스마 디스플레이 패널의 발광원리이다. 이 목적에 적합한 형광체로 다음의 것들이 알려져 있다.

$BaMg_2Al_{16}O_{27}$: Eu^{2+} (청색)

Zn_2SiO_4 : Mn^{2+} (녹색)

Y_2O_3 : Eu^{3+}, (Y, Gd)BO_3 : Eu^{3+} (적색)

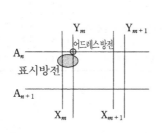

(a) 3전극 면방전형의 어드레스 방식

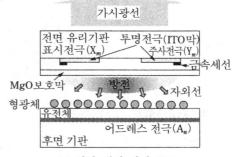

(b) 발광 셀의 단면 구조

그림 3.23 플라스마 디스플레이

그림 3.23(b)에서 MgO는 내스퍼터링성이 우수하고 2차 전자 방출계수도 높기 때문에 전면 유리기판의 표면 보호막으로 이용되고 있다.

3.4.2 액정재료

액정은 글자 그대로 분자가 등방적으로 분산하고 있는 액상과 규칙적으로 배열하여 이방성이 있는 결정상과의 중간 영역에 나타나는 상태를 말한다(1.5.5항 참조). 그림 3.24에 액정분자의 세 가지 배열상태를 나타낸다. 그림 (a)의 네마틱 액정은 분자가 서로 평행하게 배열하고 있지만, 분자의 중심은 랜덤하게 분포하고 있다. 그림 (b)의 스멕틱 액정은 평행하게 배열한 분자가 층상으로 적층하고 있다. 그림 (c)의 콜레스테릭 액정은 면 내에서 분자배향한 것이 각도를 바꾸어 적층한 것이다.

(a) 네마틱 액정　　　(b) 스멕틱 액정　　　(c) 콜레스테릭 액정

그림 3.24 액정분자의 배열 종류

또한, 액정상은 용매 속에서 그 농도를 변화시켜 갔을 때 나타나는 리오트로픽 액정과 온도를 변화시켜 갔을 때에 나타나는 서모트로픽 액정으로 분류되지만, 액정 디스플레이(LCD, Liquid Crystal Display)에 이용되고 있는 것은 후자이다.

액정상이 나타나기 위한 분자구조의 요소는 분자의 형상과 상호작용이다. 현재, 실용적으로 중요한 액정분자는 봉형태의 분자이다. 봉형태 액정의 대표적인 예를 그림 3.25에 나타낸다. 방향환 등으로 이루어지는 직선적인 강직부분과 -CN이나 -F 등의 말단기로 이루어진다. 봉형태 액정에서는 분자의 장축에 따르는 방향과 수직 방향과의 유전율이나 광학상수에 이방성이 있다. 장축이 전계에 평행하게 배열한 상태의 유전율 $\varepsilon_{/\!/}$과 그것과 수직 방향의 유전율 $\varepsilon_{\perp}$의 차

$$\Delta\varepsilon = \varepsilon_{/\!/} - \varepsilon_{\perp}$$

(3.10)

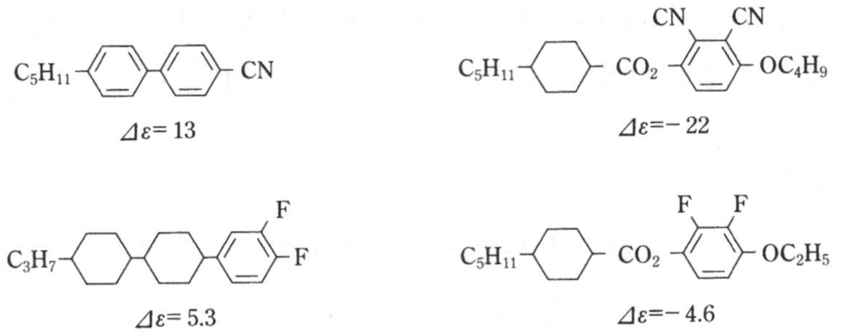

C_5H_{11}——⟨ ⟩——⟨ ⟩——CN

$\Delta\varepsilon = 13$

C_5H_{11}——⟨ ⟩——CO_2——⟨ ⟩——OC_4H_9

$\Delta\varepsilon = -22$

C_3H_7——⟨ ⟩——⟨ ⟩——⟨ ⟩——F

$\Delta\varepsilon = 5.3$

C_5H_{11}——⟨ ⟩——CO_2——⟨ ⟩——OC_2H_5

$\Delta\varepsilon = -4.6$

(a) 양의 유전율 이방위성을 갖는
　　액정성 분자

(b) 음의 유전율 이방위성을 갖는
　　액정성 분자

그림 3.25 대표적인 액정성 분자

를 **유전율 이방성(量)**이라 한다.

　그림 3.26에 액정 디스플레이(LCD)의 화소의 단면구조를 나타낸다. 액정 디스플레이는 투과형과 반사형으로 분류되는데, 그림은 투과형의 예로 중앙의 액정층을 사이에 두고 투명전극이 교차하여 배치되어 있다. 그림은 양의 유전율 이방성을 갖는 봉형태 액정을 이용한 꼬인 네마틱(TN, Twisted Nematic)모드의 모습을 나타낸 것이다. 전극 간에 전계를 인가하지 않은 상태에서 봉형태 액정의 배열이 아랫면 전극에서 윗면 전극까지 편광면이 90° 회전하도록 배향

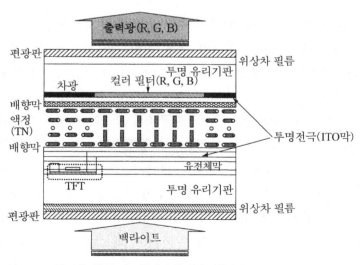

그림 3.26 투과형 액정 디스플레이의 화소 단면 구조

막을 제어해 둔다. 이 상태에서는 편광판에 의해 빛이 차단되지만, 전계를 인가하여 봉형태 액정이 빛의 진행 방향에 평행하도록 배열시키면 편광면의 회전이 일어나지 않아 빛이 투과한다. TN 모드와 STN 모드의 액정표시는 시야각이 좁다는 단점이 있다. 이를 해소하기 위하여 수직배향(VA, Vertical Alignment) 모드와 면 내 스위칭(IPS, In-Plain Switching) 모드가 있다. 이들 모드에서는 유전율 이방성이 음의 액정분자를 이용할 필요가 있다. 그러기 위해서는 측면 방향으로 큰 쌍극자 모멘트를 가질 필요가 있고, 그림 3.25(b)에서와 같이 분자에서는 $-CN$ 이나 $-F$ 가 측면 방향으로 결합하고 있다.

3.4.3 투명전극재료

많은 평면형 디스플레이에 공통적으로 필요한 구성요소로 투명전극이 있다. 투명도전막으로서 가장 잘 이용되고 있는 것이 주석을 도핑한 산화인듐이며 **ITO막**이라고 불린다. In_2O_3 는 3 eV 이상의 금지대폭을 갖기 때문에 가시영역의 빛에 대하여 투명하다. 또한, 환원분위기에서 열처리함으로써 발생한 산소 공공(空孔, void) 등이 도너로서 작용하기 때문에 전자농도가 10^{25} m^{-3} 정도 이상까지 증가하여 $10 \sim 1000\,\mu\Omega \cdot m$ 정도의 낮은 저항률을 나타낸다. In_2O_3 에 5 ~ 10 %의 Sn을 불순물로서 도핑함으로써 전자농도를 더욱 더 증가시킨 것이 ITO 막이고 금속막에 가까운 $1\,\mu\Omega \cdot m$ 정도까지 저항률을 감소시킬 수 있다. 인듐은 지각에 있어서 매장량이 그렇게 많지 않기 때문에 자원의 한계가 있다. 또한, ITO 막은 300 ℃ 이상의 고온 영역에서 사용하면 도전성이 감소해 버리는 약점이 있다. 이와 반대로 산화아연(ZnO)은 In(IZO), Ga(GZO), Al(AZO) 등을 도핑함으로써 ITO와 비슷한 도전성을 얻을 수 있고 자원적인 문제도 적다. 뿐만 아니라, ITO보다 고온의 프로세스에 견딜 수 있기 때문에 차세대 투명전극재료로서 유망시되고 있다.

1.10절에서 서술한 바와 같이, 초전도체는 전기저항이 0 (zero)이고 손실 없이 전류를 계속 흘릴 수가 있다. 또한, 초전도체는 다양한 양자효과를 나타낼 수 있다. 이 절에서는 실생활에 이용되고 있는 성질에 따른 초전도체의 응용에 대해 설명한다.

3.5.1 완전도체로서의 이용

우선, 전기저항이 0이며 에너지 소비 없이 전류를 흘릴 수 있는 완전 도체로서의 성질을 이용하는 예로서, 기기에 대전류를 공급하는 전류 리드나 권선, 케이블 등이 있다. 초전도 권선을 이용한 전자석도 완전 도체인 것을 이용하고 있지만 다른 항에서 서술한다.

전류리드: 초전도자석 등에 대전류를 공급하기 위한 전류리드로는 T_c가 높은 세라믹계 초전도체를 이용하는 것이 일반적이다. 리드 자체가 초전도이고 통전에 의한 발열이 없는 것은 다른 초전도 리드와도 같지만 세라믹의 경우, 열전도율이 금속에 비해서 작고 외부로부터 초전도장치로 열의 유입을 억제할 수 있다. 따라서 예를 들어 액체 헬륨 등의 냉매를 필요로 하지 않는 냉동기 냉각방식의 초전도자석을 이용할 수 있게 되었다.

초전도선: 초전도 전기기기나 초전도 전자석에 이용되는 초전도선으로서는 NbTi 선이나 Nb$_3$Sn 선이 이화학 연구용 장치나 의료용 장치 등에 이용되고 있다. 또한, 세라믹계 초전도체에서는 주로 이트륨(Y) 계나 비스머스(Bi) 계 초전도선이 전류리드나 나중에 서술하는 전력 케이블, 전자석, 변압기, 한류기 등에 적합하다.

초전도 케이블: 지금까지의 지중송전 케이블과 비교하여 큰 폭의 용량 증가 또는 소형화를 실현하는 수단으로서 초전도 케이블이 고려되고 있다. 예전에는 초전도체로서 NbTi, 냉매로서 액체 헬륨(끓는점 4.2 K)을 이용하는 금속계 초전도 케이블의 개발이 진행되었지만 현재 개발이 진행되고 있는 방식은 세라믹계 초전도체를 액체 질소(끓는점 77 K)에서 냉각하는 고온 초전도 케이블이다. 그

예로서는 일본의 동경전력, 전력중앙연구소 등이 Bi 계 초전도체를 이용한 전체 길이 500 m 의 케이블을 시작(試作)하여, 2004 년도에 통전시험을 하였다. 그 케이블의 단면도와 모델을 그림 3.27 에 나타낸다.

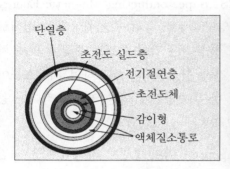

그림 3.27 전체 길이 500 m의 초전도 케이블의 단면도와 모델
(출처: 일본전력중앙연구소 팸플릿, 2004)

초전도 한류기: 전력계통에서 사고 시 등 과대한 전류가 흐르는 것을 방지하기 위한 장치를 한류기라 하며, 현재도 초전도 한류기의 개발이 진행되고 있다. 초전도체에는 2.6.1항에 기술한 것과 같이 임계전류밀도 J_c 라는 특성값이 있어 통전전류밀도가 이 값을 넘으면 상전도체로 되어 버린다. 이 상전도로의 전이를 퀜치(quench)라고 하는데, 초전도 한류기로서 주로 개발되고 있는 것은 정상 시에는 초전도체의 완전 도체로서의 성질을 이용하여 손실 없이 전류를 흘리고, 이상 시에는 퀜치에 의해 전기저항이 생기는 것을 이용하여 전류를 제한하는 것이다.

3.5.2 전자석 · 자계발생장치로서의 이용

대전류를 손실 없이 흘릴 수 있는 초전도체는 강한 자계를 방출하는 전자석 혹은 자계발생장치를 구성할 수 있다. 이 성질을 이용하거나 이용을 검토하고 있는 것으로서 초전도 발전기, 초전도 변압기, SMES(초전도 자기에너지 저장), 자기부상열차, 핵융합연구장치, 의료용 자기공명화상진단(MRI) 등이 있다.

초전도 발전기: 보통 발전기 손실의 약 1/3 은 계자권선에 따른 손실이지만, 초

전도 발전기에서는 이것을 거의 0으로 할 수 있다. 냉각에는 전력이 필요하지만, 그래도 효율을 1% 가까이 향상시킬 수 있다. 또한 큰 계자전류를 흘릴 수 있으므로 소형화가 가능하다고 기대되어 각국에서 개발이 진행되고 있다.

SMES: 초전도 자기에너지 저장(SMES, Superconducting Magnetic Energy Storage)장치라는 것은 초전도 코일에 영구전류를 흘려 자기에너지의 형태로 전력에너지를 저장하는 장치이다. 초전도 한류기와 같이 초전도 현상에 의해 처음으로 성립하는 기술이다. 지금까지의 전력 저장장치와 비교하여 저장효율이 높고, 에너지의 입출력 응답성이 좋으며, 반복 충방전에 의한 열화가 적다는 등의 이점이 있어 폭넓은 용도가 기대되고 있다.

MRI: MRI(Magnetic Resonance Imaging)는 이미 초전도 자석의 이용이 진행되고 있는 장치의 전형적인 예이다. MRI는 핵자기공명(NMR, Nuclear Magnetic Resonance)이라고 불리는 현상을 이용하여 자계를 인가함으로써 인체 중 수소의 분포와 결합상태를 화상화하는 장치인데, X선을 사용하는 화상진단과 비교하여 방사선 피폭이 없어 안전하다. 또한, 뼈가 있어도 화상에 그림자가 발생하지 않는 등 많은 점에서 우수하기 때문에 의료진단장치로서 중요하다. 자계를 인가하기 위해서는 영구자석이나 상전도 자석도 사용 가능하지만, 초전도 자석을 이용하면 이들에 비해 높은 자계를 이용할 수 있기 때문에 고화질을 얻을 수 있다. 이 때문에 초전도 자석을 사용하는 MRI의 비율이 다수를 차지하고 있다.

3.5.3 양자효과의 이용

초전도 현상 그 자체가 하나의 양자화 현상의 표시이지만 이를 수반하는 양자효과를 이용하는 디바이스가 개발되고 있다. 전형적인 예가 초전도 양자간섭소자(SQUID, Superconducting Quantum Interference Device)이다. SQUID는 1.10.3항에서 서술한 조셉슨 효과와 관련한 '자속의 양자화'라는 현상을 이용하여 매우 미약한 자계를 검출할 수 있다. 따라서 생체가 발생하는 극미약한 자계를 검출하는 뇌자계나 심자계, 혹은 재료에서의 미약한 자계를 측정하는 계측장치 등에 이용된다.

문제

1. 나전선을 선재나 구조에 의해 분류하고 설명하여라.

2. 절연전선을 절연방식과 용도에 따라 분류하고 설명하여라.

3. 권선을 절연방식에 따라 분류하고 설명하여라.

4. 전력 케이블의 종류를 들고 설명하여라.

5. 광섬유에서 빛이 전달되는 원리를 설명하여라.

6. 슬래브형 광도파로에서 빛의 도파모드를 설명하여라.

7. 광섬유를 구조에 따라 분류하여라.

8. 광섬유의 재료에 대하여 설명하여라.

9. 직류기의 전기자의 구성에 이용되는 재료를 들고 설명하여라.

10. 전력용 변압기의 고압권선의 절연구조에 대하여 설명하여라.

11. 실리콘 LSI의 제조에 이용되고 있는 기판결정의 종류와 용도에 대하여 서술하여라.

12. 실리콘 웨이퍼의 불순물 개터링의 의의와 방법에 대하여 서술하여라.

13. 실리콘 LSI의 제조공정에 관하여 다음의 관점에서 설명하여라.
    (a) 전(前)공정과 후(後)공정
    (b) 트랜지스터공정과 배선공정

14. 실리콘 LSI 제조에 이용되고 있는 불순물 도핑법에 대해서 기술하여라.

15. $1,100℃$에서 인(P)의 확산을 표면농도가 일정한 조건하에서 30분간 하였다. 그림 3.19에서 확산상수를 찾아 확산 깊이의 어림 수를 구하여라.

16. 실리콘 LSI에서 전극 및 배선재료의 특징을 기술하여라.

17. 실리콘 LSI에서 유전체막과 절연막의 역할과 재료명을 정리하여라.

18. 복수의 표시 디바이스에 공통되는 중요한 전자재료를 들고 그 역할에 대하여 기술하여라.

19. 대표적인 평면형 디스플레이(FPD) 중에 다음 2가지에 대하여 그 구조와 동작원리 및 주된 구성재료에 대하여 기술하여라.

(a) 플라스마 디스플레이 패널

(b) 액정 디스플레이

20. 초전도체의 응용에 대해서 설명하여라.

제 4 장

전기전자재료 시험법의 원리

4.1 전기적 시험

4.1.1 전기저항시험

(1) 전기저항시험의 의의

전기재료에서는 도전성이 가장 중요한 성질이다. 도전재료에서는 도전율이 큰 것을 필요로 하고, 저항재료에서는 사용목적에 적합한 저항률과 온도계수가 작은 것이 바람직하다. 또한, 절연재료에서는 절연저항이 어떠한 상황에서도 큰 것이 필요하다.

저항값의 크기는 도전재료, 저항재료 및 절연재료에서 매우 다르기 때문에 그 측정방법에 있어서는 저항에 따라 적절한 방법을 이용하는 것이 필요하다.

(2) 도전재료의 저항시험법

도전재료의 저항측정은 더블 브리지법, 휘트스톤 브리지법, 디지털 저항계법 등을 이용하여 4단자 측정 또는 2단자 측정에 의한 방법이 규격으로 정해져 있다. 그림 4.1 에 디지털 저항계 또는 더블 브리지에 의한 측정방법을 나타낸다.

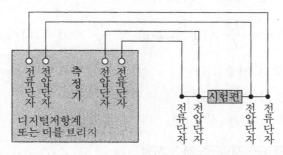

그림 4.1 측정장치(저항측정기에 의한 4단자 측정의 경우)(JIS C 2525에 근거)

전선 등의 저항은 20℃에서 선길이 1 km 에 대한 값으로 환산하여 나타낸다. 즉, 도체의 저항은 저항률로 표시하는 대신에 그 도체의 도전율과 국제표준 연동의 도전율과의 비, 다시 말하면 퍼센트 도전율로 표시하는 경우가 많다. 직접적으로 퍼센트 도전율을 읽도록 한 것이 **후프의 도전율 브리지**이다.

(3) 저항재료의 저항시험

1) 금속 저항재료의 저항시험

① 시험편: 시험편은 단면이 일정한 선, 봉, 띠, 또는 판 재료이고 길이 500 mm 이상이고 저항으로서는 최소한 0.01 Ω 이상이 되도록 한다. 길이는 1 mm의 정밀도로 측정한다.

단면적을 척도로부터 계산하는 경우에는 시험편은 전체 길이를 통하여 직경에 1% 이상, 폭과 두께에 3% 이상의 차이가 있어서는 안 되고, 그 직경 또는 두께는 0.5 ~ 1 mm인 것이 필요하다.

또한, 단면적을 중량, 밀도 및 길이를 측정하여 산출하는 경우에는 중량, 밀도 및 길이는 모두 0.5% 이상의 정확도로 측정한다.

② 저항 측정: 0.1% 이상의 정밀도가 보장되는 적당한 브리지법, 디지털 저항계법 또는 전압비교법으로 측정한다. 1 Ω 이하에서는 반드시 전압단자 간의 외측에 전류단자를 준비한다. 전류단자와 전압단자의 간격은 시료의 직경 또는 폭의 3배 이상으로 한다. 측정은 표준온도 23±3℃에서 시행한다. 시험온도가 다를 경우에는 온도보정을 한다.

저항률 ρ는 다음 식으로 계산한다.

$$\rho = \frac{RA}{L} \times 10^3 \; [\mu\Omega \cdot m] = \frac{RA}{L} \times 10^{-3} \; [\Omega \cdot m] \tag{4.1}$$

여기서, R: 시료의 저항값$[\Omega]$

$\quad\quad A$: 시료의 단면적$[m^2]$

$\quad\quad L$: 시료의 전체 길이$[m]$

2) 금속 저항재료의 저항온도계수 시험

① 시료: 금속 저항선을 코일 형태로 하는 경우는 직경 3 cm 이상으로 하고 또 금속 저항판을 U자형으로 접을 경우는 완곡부의 직경은 5 cm 이상으로 한다. 직경이 1 mm를 넘는 선 및 코일의 직경이 3 cm 이하인 것은 100±10℃에서 7시간 이상 가열처리할 필요가 있다. 시료의 저항이 10 Ω 이하인 경우는 전류 및 전압의 양 단자가 필요하다. 시료의 온도를 정해진 온도로 유지하기 위해서는 화학적으로 중성인 기름을 사용한 기름 탱크 안에 넣어 기름을 잘 뒤섞

는다. 또한, 측정시간 중 그 정해진 평균온도에서의 차이가 0.2℃를 넘지 않는 것이 필요하다.

② 저항 측정: 저항의 측정장치로서는 저항의 0.001%의 변화를 검출할 수 있는 장치를 사용한다. 측정 전류는 자기가열에 의해 저항의 변화를 초래하지 않는 값으로 한다. 저항의 시험 순서로는 고온에서의 측정부터 저온에서의 측정으로 순차적으로 한다.

③ 평균 온도계수: 이웃한 t_a, t_b[℃] 간에서의 평균 온도계수 $\alpha_{a,b}$는 다음 식으로 구한다.

$$\alpha_{a,b} = \frac{R_b - R_a}{R_a(t_b - t_a)} \ [\text{K}^{-1}] \tag{4.2}$$

여기서, $t_a < t_b$이고 R_a, R_b는 각각 t_a, t_b에 있어서의 시료의 저항[Ω]

④ 온도계수: 온도와 저항이 직선관계가 없고, 저항재료의 저항 R_t가

$$R_t = R_{t0}\{1 + \alpha_0(t - t_0) + \beta(t - t_0)^2\} \ [\Omega] \tag{4.3}$$

여기서, R_t: 임의의 온도 t[℃]에서의 저항[Ω]

t_0: 기준온도(23℃)

t: 사용온도 구간에서 임의의 온도[℃]

R_{t0}: t_0에서의 저항[Ω]

α_0: t_0[℃]에서 1차 온도계수[K^{-1}]

β: 2차 온도계수[K^{-2}]

로 표현되는 경우의 계수 α_t 및 β는 다음 방법에 의하여 구해진다.

지금 시험온도 t_1, t_2, t_3 및 t_4는 재료에 의해서 결정되는 사용온도 범위 내의 거의 등간격의 온도[℃]이며, $t_1 < t_2 < t_3 < t_4$로 하고 R_1, R_2, R_3, R_4는 각각 온도 t_1, t_2, t_3, t_4에 있어서 시료의 저항이라고 하면, 저항온도계수는 다음 식으로 산출된다.

$$\alpha_t = \alpha_{1,2} + \beta\{2t - (t_1 + t_2)\} \ [\text{K}^{-1}]$$
$$\beta = -\frac{\alpha_{1,2} - \alpha_{3,4}}{(t_3 + t_4) - (t_1 + t_2)} \ [\text{K}^{-2}] \tag{4.4}$$

여기서, α_t: 정해진 사용온도 구간의 온도 $t\,[℃]$에서 1차 온도계수$[K^{-1}]$

$\quad\quad\beta$: 2차 온도계수$[K^{-2}]$

$\quad\quad\alpha_{1,2}$: 온도 t_1, $t_2\,[℃]$ 간의 평균 온도계수$[K^{-1}]$

$\quad\quad\alpha_{3,4}$: 온도 t_3, $t_2\,[℃]$ 간의 평균 온도계수$[K^{-1}]$

4.1.2 절연저항시험

(1) 절연저항시험의 의의

절연저항시험은 절연재료가 어느 정도의 절연저항을 가지는가, 혹은 인가하는 전압과 흐르는 전류와의 관계를 시험하는 방법이다. 보통 절연저항시험이라 하면 절연재료의 체적저항 및 표면저항이 조합된 것을 시험하는 것이지만, 시료로 시험할 때는 체적저항과 표면저항을 분리해서 측정하는 경우가 많다.

절연재료에는 고체, 반고체, 액체 및 기체의 4종류가 있지만, 여기서는 자주 이용되는 고체 및 액체에 관한 시험방법의 개요를 설명한다. 저항값이 매우 크기 때문에 보통의 검류계로는 측정할 수 없는 것이 대부분이기 때문에 시료 및 전극의 척도 형상 및 측정방법도 각각 이에 적합한 것을 선택해야 한다.

(2) 전원 및 충전시간

1) 전원

직류전압을 이용한다. 시험전압으로서는 100, 500 및 1,000 V를 표준으로 하지만, 전압특성의 취득이나 측정감도를 높이기 위해서, 앞의 표준값보다 높은 전압과 낮은 전압도 이용된다.

2) 충전시간

시료에 전압을 인가하면, 시료에 흐르는 전압은 시간과 함께 감소하여 머지않아 정상치가 된다. 이 정상치가 도전전류이다. 정상치가 될 때까지 필요한 시간은 시료의 특성에 따라서 몇 초에서 몇 시간까지 걸리지만, 절연저항의 측정에서는 편의상 전압을 인가하고 나서 1분 후의 전류를 측정하는 경우가 많다.

(3) 시료 및 전극

1) 고체 절연재료의 절연저항 측정용 시료 및 전극과 전극 배치

① 절연저항 측정용 시료: 시험편은 실제로 사용되고 있는 임의의 형상으로도 상관없다. 일반적으로는 평판, 봉, 테이프, 도막(paint film) 등에서 시험편을 채취해서 이용한다. 단, 실제 사용할 형상, 예를 들면 부싱(bushing), 케이블, 축전기 등의 형상은 그 자체로 좋다.

판 형상 시험편: 크기가 50×75 mm 이상의 판 형상 시험편에 그림 4.2[1]에 나타내듯이 25 ± 1 mm 를 떨어뜨려 시험편의 끝과의 거리가 25 mm 이상의 거리에 지름 5mmϕ의 구멍을 뚫어서 테이퍼핀 전극을 단다. 앞에서 말한 크기의 시험편을 준비할 수 없는 경우는 25×40 mm 이상의 시험편을 이용해서 그림 중의 가로 안에 표시한 크기로 해도 무방하다.

전극으로서는 금속박 전극, 금속증착 전극, 금속블록 전극 등 시험편 표면에 밀착할 수 있는 도전성인 것이 적당하다. 주로 표면의 성질을 알고 싶을 경우는 도전성 도료전극을 이용한다. 판 형상 시료 위에 그림 4.3[1]에 나타내는 도전성 도료를 띠 형태로 형성한다.

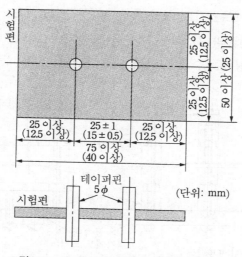

그림 4.2 판 형상 시험편과 테이퍼핀 전극

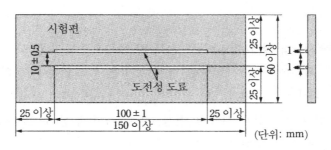

그림 4.3 도전성 도료 전극

봉 형상 및 관 형상 시험편: 시료의 크기에 따라서 전극 간 거리가 다르지만, 테이퍼핀 전극 혹은 도전성 도료전극을 이용한다.

테이프 형상 시료: 그림 4.4[3]에 나타낸 금속막대전극을 이용한다.

절연지: 2장 이상을 0.5 mm를 넘지 않을 정도로 포개어 표면을 연마한 직경 50 ~ 100 mm의 한 쌍의 평행 원판 전극(크롬 도금한 황동, 스테인리스 스틸 등)에 끼워서 측정한다.

위의 절연저항 측정용 전극 및 시험편 시료의 치수 등을 표 4.1에 나타낸다.

2) 고체 절연재료의 체적저항 및 표면 저항용 전극

시료는 판 형태 또는 시트 형상 혹은 관 형상으로 하고 전극으로는 전극, 쌍 전극 및 가이드 전극의 3전극을 이용한다. 전극으로서는 금속박, 도전성 도료, 증착금속, 스퍼터링 금속, 금속 블록 혹은 도전성 고무 등이 이용된다.

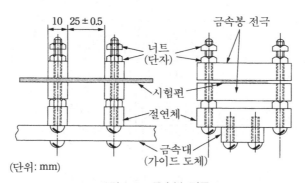

그림 4.4 금속봉 전극

표 4.1 절연저항 측정용 전극 및 시험편 시료의 크기

시험편의 형상	전극의 종류	시험편의 크기	전극 간 거리	전극 크기
판 형상	테이퍼핀 전극	최소 50 mm × 75 mm × 두께	25 mm	5 mmϕ
		최소 25 mm × 40 mm × 두께	15 mm	5 mmϕ
	도전성 도료 전극	60 mm × 150 mm × 두께	10 mm	길이 100 mm 폭 1 mm
봉 형상 및 관 형상 시험편	테이퍼핀 전극	20 mmϕ 이상의 경우 길이 75 mm	25 mm	5 mmϕ
		10 ~ 20 mmϕ 의 경우 길이 40mm 이상	15 mm	5 mmϕ
		10 mmϕ 이하의 경우 길이 40 mm 이상	15 mm	2 mmϕ
	도전성 도료 전극	길이 60 mm 이상	시험편의 원주 상에 10 mm	시험편의 원주 상에 폭 1 mm
테이프 형상 시료	금속막대 전극	폭 25.5 mm 이내 길이 50 mm 이상	25 mm	폭 10 mm

① 판 형상 또는 시트 형상 시료: 그림 4.5는 판 형상 또는 시트 형상 시료(두께

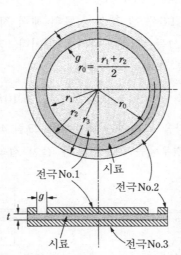

$$r_0 = \frac{r_1 + r_2}{2}$$

전극No.1
시료
전극No.2
시료
전극No.3

그림 4.5 시료면에 수직한 체적저항 및 표면저항의 측정에 이용하는 판 형상 시료 및 전극

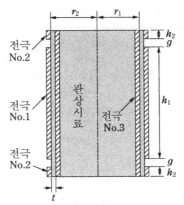

그림 4.6 시료벽에 수직한 체적저항 및 표면저항의 측정에 이용하는
관 형상 시료 및 전극

t)의 체적저항 및 표면저항 측정에 이용하는 전극 구성과 이들 배치를 표시한
것이다.

전극의 크기를 적당하게 선택함으로써 표면저항의 측정에서 시료 내부에 흐
르는 전류에 의해 생기는 오차를 무시할 수 있는 정도로 할 수 있다. 이 조건은
그림 4.5에서 다음 식으로 한다.

$$g = (r_2 - r_1) > 2t, \; r_1 \geqq 10t \tag{4.5}$$

② 관 형상 시료: 그림 4.6은 관 형상 시료의 체적 저항 및 표면 저항의 측정에
이용하는 전극 구조와 그들 배치를 나타낸 것이다. 전극의 크기가 다음과 같은
관계에 있을 때, 오차를 무시할 수 있다.

$$g > 2t, \; h_2 \geqq 2t, \; h_1 \geqq 10t \tag{4.6}$$

③ 측정 접속: 체적저항을 측정하는 경우에는 그림 4.7(a)와 같이 접속하고, 또
표면저항을 측정하는 경우에는 그림 (b)와 같이 접속한다.

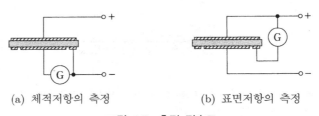

(a) 체적저항의 측정   (b) 표면저항의 측정

그림 4.7 측정 접속도

3) 액체 절연재료의 체적저항용 전극

액체 절연재료의 측정용 용기 내의 전극에는 원리적으로는 판 형상 시료(그림 4.5) 혹은 관 형상 시료(그림 4.6)에서 체적저항을 측정하는 경우와 동등한 전극을 사용한다. 단, 측정 정확도를 확보하기 위해서는 전극 간 거리를 0.75 ~ 5 mm 및 전극면적을 50 ~ 500 cm²로 할 필요가 있다.

4) 체적저항률의 계산

체적저항률 ρ는 다음 식에 의해 계산한다.

$$\rho = \frac{A}{t} R_v \ [\Omega \cdot \mathrm{m}] \qquad (4.7)$$

여기서, R_v: 위의 항의 **b** 또는 **c**에 의해 측정한 체적저항[Ω]

t: 시료의 평균 두께 또는 전극 간 거리[m]

A: 주전극의 유효면적[m²]

또한, 액체시료용 측정전극에서, 전극의 유효면적 및 전극 간 거리가 측정하기 어려울 경우, 체적저항률은 측정한 저항값에 다음 K를 곱하여 구할 수 있다.

$$K = 3.6\pi \times 10^{-2} \times C_0 = 0.113\, C_0 \qquad (4.8)^{\dagger}$$

여기서, C_0: 공기를 유전체로 한 동일 전극장치의 정전용량[pF]

5) 표면저항률의 계산

표면저항률 σ는 다음 식에 의해 계산한다.

$$\sigma = \frac{P}{g} R_s \ [\Omega] \qquad (4.9)$$

여기서, R_s: **b**에 의해 측정한 표면저항[Ω]

g: 전극 간 거리[m]

---

† 식 (4.8)의 유도방법:

$$C_0 = \varepsilon_0 \frac{A}{t} \times 10^{12} \ [\mathrm{pF}] \qquad ①$$

진공의 유전율 ε_0는

$$\varepsilon_0 = \frac{10^{-10}}{3.6\pi} \ [\mathrm{F/m}] \qquad ②$$

공기의 유전율은 ε_0와 거의 같기 때문에 식 ① 및 ②로부터 다음과 같은 식 (4.8)을 얻는다.

$$\frac{A}{t} = \left(\frac{C_0}{\varepsilon_0}\right) \times 10^{-12} = K = 3.6\pi \times 10^{-2} \times C_0 = 0.113\, C_0$$

P: 주전극 간의 유효 원주길이[m]이며, 그림 4.5의 배치에서는 근사
적으로 $2\pi r_0$와 같고, 그림 4.6의 배치에서는 $4\pi r_2$와 같다. 단,
$r_0 = (r_1 + r_2)/2$이다.

(4) 대표적인 절연저항 측정법

1) 일렉트로미터를 이용하는 전류전압계법

그림 4.8[1]에 나타내듯이 측정기 등을 접속하여 일렉트로미터의 0점을 조정
하여 확인한 후, 미리 시험 전압에 설정한 전압 V를 시료에 인가한다. 전압 인
가 후, 정해진 시간을 경과한 시점에서의 전류값 I를 측정한다. 이것으로부터
시료의 절연저항은 $R_x = V/I$로 구해진다.

즉, 시험 전압전원과 일렉트로미터를 하나로 정리하여 지시계기에 저항값을
직접 읽을 수 있는 눈금이 있는 고절연 저항계도 판매되고 있다.

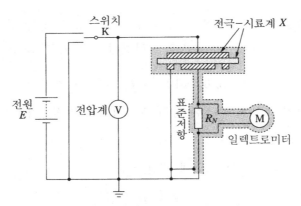

그림 4.8 일렉트로미터를 이용하는 전류전압계법

2) 일렉트로미터를 이용하는 비교법

그림 4.9[1]에서처럼 시료와 일렉트로미터를 접속하고, 다음 순서에 의해 측
정한다.

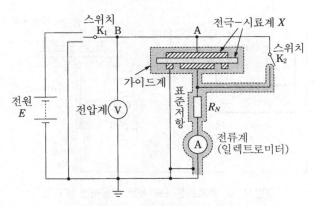

그림 4.9 일렉트로미터를 이용하는 비교법

① 스위치 K_2를 개방하고 전극-시료계 X 및 표준저항 R_N에 전압을 인가하여 일렉트로미터에 흐르는 전류 I_1을 측정한다.

② 다음으로 스위치 K_2를 닫고, 표준저항 R_N에 흐르는 전류 I_2를 측정한다.

③ 다음 식에 의해 시료의 절연저항 R_X를 산출한다.

$$R_X = R_N\left(\frac{I_2}{I_1} - 1\right) \tag{4.10}$$

$I_2/I_1 > 100$ 이라면, 다음의 근사식을 사용할 수 있다.

$$R_X = R_N \frac{I_2}{I_1} \tag{4.11}$$

이 방법은 표준저항 R_N과 시료의 절연저항 R_X를 거의 같은 조건으로 측정하기 위한 전류측정용 기기의 시험이 자동적으로 이루어진다는 이점이 있다. 표준저항으로서 0.1 % 혹은 그 이상의 정밀도를 가지는 저항기를 이용함으로써 그 오차는 사실상 무시할 수 있다. 따라서 전류측정에서 신뢰성은 전압전류계법보다 뛰어나다.

3) 휘트스톤 브리지를 이용하는 비교법

이 방법은 그림 4.10[(1)]에서 나타낸 것과 같은 접속을 이용한다. R_A, R_B, R_N은 이미 알고 있는 저항으로, 되도록 높은 값을 가지는 것이 좋다. 보통, 가장 낮은 저항 R_A를 평형조절에 이용한다. 평형 검출에는 이들 주위의 저항과

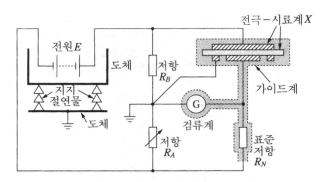

그림 4.10 휘트스톤 브리지를 이용하는 비교법

비교하여 입력저항이 높은 직류 증폭기를 갖춘 전위계를 이용한다. 브리지의 평형을 잡은 뒤, 미지인 저항 R_X는 다음 식으로 계산한다.

$$R_X = \frac{R_B R_N}{R_A}$$　　　　　(4.12)

4) 절연저항계(메가)

실제 전기기기 등의 절연저항의 대략적인 값을 알기 위한 간이측정에 자주 이용된다. 100 ~ 1,000 V의 직류를 인가해서 절연저항을 측정한다. 휴대식으로 미소 전류계와 전원을 내장하고 있는 것이 많고 일반적으로는 2,000 MΩ 이하의 측정에 이용된다.

4.1.3 절연내력시험

(1) 절연내력시험의 의의

절연내력시험은 절연재료가 전압에 대하여 어느 정도 견딜 수 있는지를 시험하는 방법이다.

측정값은 시료의 두께나 균일성, 흡습도, 온도, 기계적 응력, 시험전압 파형 등의 모든 조건에 영향을 받기 때문에 이들 모든 조건도 포함하여 시험 결과를 보고한다. 여기에서는 보통 이루어지고 있는 상용 주파수 전원을 이용하는 경우의 절연내력시험에 대해서 설명하지만, 재료에 따라서는 직류전원, 충격파(임펄스) 전원 또는 고주파 전원을 이용한 시험도 이루어지는 경우가 있다. 또 나중에 설명하는 전압의 인가방법에 따라서 얻은 측정값이 갖는 의미도 달라지기 때문에 전압인가방식이 다른 측정값을 비교하는 경우는 주의가 필요하다.

더욱이, 시료 표면에 대하여 수직인 방향(체적 방향)에 절연파괴가 발생하는 경우와 시료 표면에 따라 절연파괴가 발생한 경우(섬락, flashover)에 그 절연파괴의 강도가 크게 다르다.

절연파괴시험의 결과에 대해서는 절연파괴 전압값이나 절연파괴 전압을 전극 간 거리로 나눈 값(절연파괴 강도)으로 표현한다. 일반적으로 절연파괴 전압값의 단위는 [kV], 절연파괴 강도의 단위는 [kV/mm]를 이용한다. 즉, 동일한 시험재료라도 시료의 두께가 증가하면, 보통 절연파괴 강도는 저하하는 경향을 나타낸다.

(2) 시료와 전극

앞에서 기술했듯이 절연파괴 강도는 시료의 두께, 시험에 이용하는 전극의 면적 및 그 형상 등에 따라 다르다. 또 시료의 체적 방향과 표면 방향에 따라 절연파괴 강도가 다르다. 따라서 형상과 측정하는 절연파괴 방향 등에 따라 사용하는 전극의 형상을 알맞게 선택해야 한다. 여기에서는 예로서, 평판 형상의 시료의 체적 방향의 절연파괴 강도를 측정할 때에 사용되는 전극 형상을 그림 4.11에 나타낸다.

1) 직경이 다른 전극쌍

그림 4.11(a)[2]에 나타낸 형상으로 금속 원주의 각은 곡률 3±1 mm로 가공한다. 2개의 전극은 각각의 중심이 2 mm 이내로 일치하도록 배치하고, 판 형상 혹은 시트 형상(프레스 보드, 종이, 필름 등)의 시료에 이용한다. 두께가 3 mm보다 두꺼운 시료의 경우에는 3±0.2 mm까지 얇게 가공한다. 단 이 경우, 고전압을 인가하는 전극은 가공하지 않은 시료면에 배치한다.

2) 동일한 직경의 전극쌍

두 개의 원주 전극의 중심축을 일직선상으로 1 mm 이내로 맞추는 것이 가능할 경우는 위의 1)의 하부 전극의 직경을 지름 25±1 mm로 하여 이용해도 좋다[그림 4.11(b)[2]]. 단, 이 둘의 전극 지름의 차이는 0.2 mm를 넘지 않도록 한다.

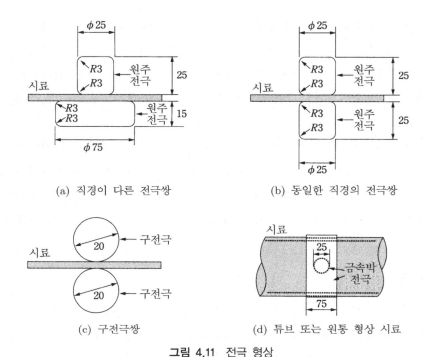

(a) 직경이 다른 전극쌍

(b) 동일한 직경의 전극쌍

(c) 구전극쌍

(d) 튜브 또는 원통 형상 시료

그림 4.11 전극 형상

이렇게 얻은 측정 결과가 위의 1)의 전극쌍을 이용한 경우와 같을 필요는 없다. 판 형상 혹은 시트 형상 시료에 대해서 이용한다.

3) 구전극쌍

그림 4.11(c)[2]에 나타낸 형상으로, 주로 성형시료에 대해 사용된다. 두 개의 구전극(球電極) 중심을 연결하는 축이 시료 표면에 대하여 수직이 되도록 전극을 배치한다.

4) 튜브 또는 원통 형상 시료의 경우

그림 4.11(d)[2]에 나타낸 형상으로 안쪽 직경 100 mm 이상의 튜브 또는 원통형상 시료에 이용한다. 박(箔)전극은 시료 표면에 밀착하도록 붙인다.

(3) 고체 시료 경우의 주위 매체

일반적으로 공기 중에서 측정하지만, 체적 방향의 절연파괴 강도를 측정할 때에 절연파괴 전압이 높으면, 시료의 체적 방향이 파괴하기 전에 표면 방향의 파괴(flashover)가 발생하는 경우가 자주 있다. 이것을 피하기 위해서 절연파괴 전압이 높을 경우는 보통 절연유(변압기유, 실리콘유 등) 중에 시료계를 넣어서 측정한다.

(4) 액체 시료 경우의 전극[3]

지름 12.5 ~ 13 mm에 상응하는 구전극으로, 그 재질은 황동, 청동, 스테인리스강, 니켈 또는 니켈도금을 한 금속으로 하고 상응하는 구면은 매끄럽게 손질한 흠이 없는 것을 이용한다. 용기는 시험 액체 및 세정액에 용해되지 않는 절연재료, 예를 들면 유리, 4불화 에틸렌 수지 등으로 만들어진 것으로, 전극은 시험 액체를 넣었을 때, 전극의 상단이 시료액면에서 20 mm 아래에 있도록 수평으로 붙인다. 전극 사이의 간격은 2.5±0.05 mm에 조정하여 고정할 수 있고, 또 용기의 어느 부분도 시험 위치에 고정된 전극의 구 부분으로부터 12 mm 이상 떨어져 있는 구조로 한다.

(5) 전압인가

대표적인 예로서 상용 주파수의 교류전압에서의 시험에 대해 설명한다. 시험에 이용하는 교류전압은 파고율(파고치의 실효값에 대한 비)이 1.34 ~ 1.48의 사이에 있도록 48 ~ 62 Hz의 교류를 이용한다. 그리고 전압 인가방법은 크게 나누어서 다음의 3종류가 있다.

1) 일정 상승법

예상되는 절연파괴전압의 40 %의 값의 전압을 인가한 상태에서 파괴에 이르기까지의 시간이 일정한 범위(10 ~ 20 s, 120 ~ 240 s 또는 300 ~ 600 s)가 되도록 일정한 상승속도율로 인가전압을 상승시키는 방법이다. 파괴에 이르는 시간의 범위를 10 ~ 20 s로 할 경우에는 인가전압을 0 V에서 일정 속도로 상승시킨다.

2) 20 s 계단형 상승법

예상되는 절연파괴전압의 40 %의 값에서 시간적으로 계단 형태로 전압을 상승시킨다. 어떤 인가전압을 20 s 동안 인가해도(혹은 60 s 동안 인가해도) 절연파괴가 발생하지 않을 경우에는 결정된 값만큼 계단 형태로 인가전압을 상승시 킨다.

3) 내전압 시험법

규정된 전압까지 최대한 빨리 인가전압을 상승시킨 뒤 정해진 시간에 그 전 압을 계속 인가하여 그 전압의 인가에 견딜 수 있는지의 여부를 시험한다.

(6) 시험횟수

특별히 지정되어 있지 않으면 5회 시험한다. 각각의 시험값이 15% 이상 평 균값에서 벗어나 있는 것이 있으면 추가로 5회의 시험을 한다. 그리고 절연파 괴강도는 모든 시험값을 평균하여 구한다.

4.1.4 유전정접 및 비유전율시험

(1) 유전정접 및 비유전율시험의 의의

교류전계하에 있는 절연재료에 발생하는 전력손실은 그 재료의 유전정접 및 비유전율에 비례하기 때문에 그 값의 측정이 필요하다. 한편, 유전정접은 정밀 도가 높은 측정을 필요로 하기 때문에 지금까지 여러 가지 측정방법이 연구되 고 제안되어 왔다.

다음에 사용하는 용어를 설명한다(그림 4.12[4] 참조).

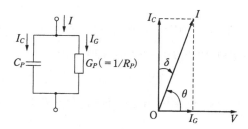

$$I = (G_P + j\omega C_P)V, \quad I_C = j\omega C_P V, \quad I_G = G_P V$$

(a) 등가회로   (b) 전류 벡터도

그림 4.12 유전체의 등가 병렬회로

유전위상각: 한 쌍의 전극을 유전체 안에 두고 그것에 정현파 교류전압 V를 인가했을 때 흐르는 전류를 I라 하면, V의 위상에 대한 I의 위상의 진행각 θ를 유전위상각이라 한다.

유전손각: 유전위상각 θ를 $\pi/2[\text{rad}]$에서 뺀 값 δ이다.

유전정접: 유전손각의 정접, 즉 $\tan\delta$이다.

Q 계수: $Q(\text{Quailty})$계수는 $\tan\delta$의 역수이다.

유전역률: 유전위상각의 여현, 다시 말해 $\cos\theta$이다.

유전손률: 비유전율과 유전정접과의 곱이다.

(2) 시료와 전극

시료의 형상에는 박판, 평판, 박막, 관, 액체 등이 있다. 브리지법에 의한 측정의 경우, 시료의 크기는 전극 사이에 삽입한 상태의 정전용량이 $70\,\text{pF}$ 이하로 되지 않도록 한다.

전극의 구성방법은 2단자법과 3단자법이 있다. 그림 4.13(a)[4]는 2단자법

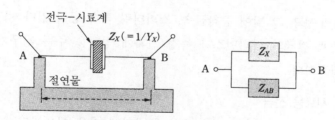

(a) 2단자법에 의한 접속 및 그 등가회로

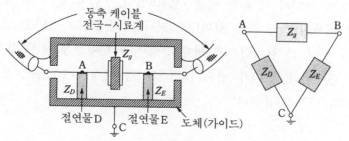

(b) 3단자법에 의한 접속 및 그 등가회로

그림 4.13 전극 구성

에 의한 접속으로 전극 간에 시료-전극을 지지하는 절연물의 임피던스 Z_{AB}가 시료의 임피던스에 병렬로 들어간다. 따라서 높은 임피던스의 시료를 측정하는 경우는 Z_{AB}가 오차의 원인이 된다. 3단자법에 의한 접속[그림 (b)(4)]은 가이드 전극을 통하여 시료-전극을 지지하는 절연물 D와 E가 존재하기 때문에 측정값은 절연물의 임피던스 Z_D와 Z_E의 영향을 받지 않는다. 하지만 가이드 전극은 잔류 임피던스가 커지기 쉽기 때문에 고주파에서의 측정에는 적합하지 않다.

1) 고체 시료용 전극

① 금속박 전극: 두께 $5 \sim 25\,\mu m$ 정도의 주석박(箔), 알루미늄박(箔) 등이 이용된다. 적당한 크기로 자른 금속박을 실리콘 그리스, 바세린 등의 밀착제를 이용하여 압착하고 시료면에 붙인다. 최고 사용온도는 밀착제의 종류에 따라 다르지만, $60 \sim 70\,℃$ 정도이다. 실리콘 그리스의 경우는 더욱 더 높은 온도까지 사용할 수 있다.

② 도전성 도료: 입자 직경 $10\,\mu m$ 이하의 은가루 등의 도전성 미립자를 적당한 접착제 중에 분산시킨 것을 이용한다.

③ 그 밖의 전극: 그 밖에 증착금속, 스퍼터링 금속 등이 있다. 증착금속은 아주 얇기 때문에 전극의 임피던스가 측정 결과에 영향을 주는 경우가 있기 때문에 주의가 필요하다.

2) 액체 시료용 전극

액체 시료용 전극으로는 그림 4.14에 나타낸 것을 이용한다. 그림 (a), (b)는 각각 3단자 셀, 2단자 셀의 한 예를 나타내었다. 2단자 셀은 10 MHz 정도의 주파수까지 이용되지만, 표류 임피던스(전극을 지지하는 절연물 및 리드선의 임피던스)가 전극 간 임피던스에 병렬로 들어가기 때문에 측정 정확도는 3단자 셀보다 떨어진다. 3단자 셀은 전극 간 용량 $50 \sim 100$ pF, 2단자 셀은 $10 \sim 50$ pF이 자주 이용된다.

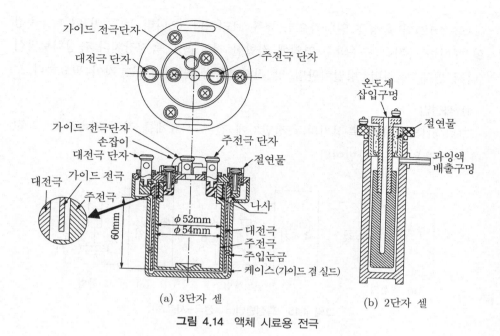

(a) 3단자 셀   (b) 2단자 셀

그림 4.14 액체 시료용 전극

(3) 측정방법의 선택[3]

표 4.2에 대표적인 측정장치에 있어서의 측정방식, 전극구조 및 그 측정 주파수 범위를 나타낸다. 시험편의 등가병렬 용량 C_p 및 등가병렬 컨덕턴스 G_p

표 4.2 대표적인 측정방법과 그 측정 주파수 범위

측정장치	회로방식	전극구성	주파수[Hz]									
			1	10	10^2	10^3	10^4	10^5	10^6	10^7	10^8	10^9
셰링 브리지	–	3 단자										
변성기 브리지	직접법	3 단자										
	병렬치환법											
Q 미터	병렬치환법	2 단자										
	직렬치환법											
임피던스미터	–	–										
공진법	직렬치환법	3 단자										
		2 단자										

(그림 4.12)의 측정은 일반적으로 교류 브리지나 Q 미터 등을 이용한다. 측정할 때에는 측정하는 주파수 영역에 적합한 전극구성, 측정장치나 측정회로방식(다시 말해, 직접법, 병렬치환법 및 직렬치환법)을 선택하는 것이 필요하다.

1) 직접법

그림 4.15(a)처럼, 측정기의 측정단자에 전극-시료계를 직접 접속하고 그 값의 지시값을 읽는 방법이다.

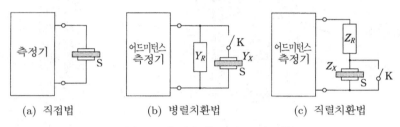

(a) 직접법　　　　　　(b) 병렬치환법　　　　　　(c) 직렬치환법

그림 4.15　측정방법(S: 전극-시료계)

2) 병렬치환법

그림 (b)에서 스위치 K를 개방하여 표준 가변 어드미턴스 Y_R의 값을 측정한다. 다음에 스위치 K를 닫고 단자 간 어드미턴스가 원래의 값이 되도록 표준 가변 어드미턴스를 조절하여 그 감소량에서 전극-시료계의 어드미턴스 Y_X를 구하는 방법이다. 이 방법에서는 전극-시료계를 접속하는 전후에서 어드미턴스 측정기의 단자 간 어드미턴스가 같은 값이 된다. 따라서 측정값이 측정기 및 측정단자까지의 리드선의 잔류 임피던스의 영향을 받지 않기 때문에 직접법보다 높은 약 10 MHz까지의 주파수에서 측정이 가능하다.

3) 직렬치환법

그림 4.15(c)에 있어서 스위치 K를 닫고 표준 가변 임피던스 Z_R의 값을 측정한다. 그 다음에 스위치 K를 개방하고 표준 가변 임피던스와 전극-시료계를 직렬로 연결하여 단자 간 임피던스가 원래의 값이 되도록 표준 가변 임피던스를 조절한다. 그 감소량에서 전극-시료계의 임피던스 Z_X를 구한다. 이 방법도 병렬치환과 같이 전극-시료계를 접속하는 전후에서 임피던스 측정기 단자 간의 임피던스가 같은 값이 된다. 따라서 측정값이 측정기 및 측정단자까지의 리드선

의 잔류 임피던스의 영향을 받지 않아서 약 100 MHz까지의 주파수에서 측정이 가능하다.

(4) 각종 측정방법

1) 브리지법

① 셰링 브리지: 그림 4.16에 기본회로를 나타낸다. R_3 및 R_4는 서로 같은 저항이며, 측정 주파수에 따라 100 Hz에서 100 kΩ, 10 kHz에서는 10 kΩ 정도의 값을 이용한다. 측정 순서는 우선 시료 축전기 C_X를 그림에 나타낸 것처럼 접속하여 부속 스위치 S_2를 닫고 C_2 및 C_4를 가감하여 브리지의 평형을 맞추고 또한 이것과 서로 번갈아서 와그너의 접지장치의 평형을 맞춘다. G에 접속하고 있는 변환 스위치 S_1을 어느 쪽으로 접속하여도 G가 완전히 평형한 것이 표시되었을 때, C_4 및 C_2의 값(C_4' 및 C_2' [pF])을 기록한다. 다음에 C_X의 스위치를 차폐 쪽으로 넘겨 다시 평형을 맞추고 C_4 및 C_2의 값[pF]을 기록한다. 이렇게 하여 얻은 4개의 값에서 다음의 근사식에 의해 시료 축전기 C_X의 등가 병렬 용량 및 유전정접이 산출된다.

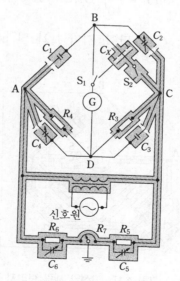

그림 4.16 셰링 브리지

$$C_X = C_2 - C_2'$$

$$\tan \delta = \frac{C_2}{C_2 - C_2'} \frac{2\pi f R_4 (C_4' - C_4)}{10^{12}} \tag{4.13}$$

여기서, f: 신호원 S 의 주파수[Hz]

C_2, C_4, C_2', C_4' 및 R_4 의 단위: 각각 [pF] 및 [Ω]

② 고전압 셰링 브리지: 이 브리지는 시료에 인가하는 전압이 100 V 를 넘는 고전압일 때 사용한다. 그림 4.17 에서 R_3 는 정밀하게 조절할 수 있는 가변저항이다. C_1 은 시료의 용량 C_X 의 용량과 같은 정도로 가감할 수 있는 것이 바람직하지만, 고전압의 경우는 고정 축전기가 이용된다.

측정은 G 에 부속한 변환 스위치 S 를 브리지 단자 C 및 차폐 쪽에 서로 번갈아 접속하여 평형을 맞춘다. 완전히 평형이 되었을 때, C_X 의 등가용량 및 그 정전정접은 다음의 근사식에 의해 계산된다.

$$C_X = C_1 \frac{R_4}{R_3}$$

$$\tan \delta = \frac{2\pi f}{10^{12}} (R_4 C_4 - R_3 C_3) \tag{4.14}$$

여기서, R_3, R_4 및 C_3, C_4 의 단위: 각각 [Ω] 및 [pF]

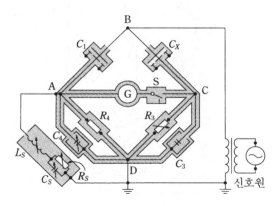

그림 4.17 고전압 셰링 브리지

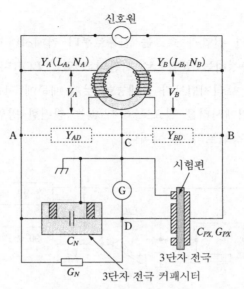

그림 4.18 변성기 브리지의 기본 구성

③ 변성기 브리지: 그림 4.18[4]에 변성기 브리지의 기본구성을 나타낸다. 비례 변 어드미턴스 Y_A, Y_B로서 하나의 강자성체 코어에 감긴 직류저항이 낮은 한 쌍의 코일로부터 형성되는 변성기가 이용되고 있다. 한 쌍의 코일은 서로 자속이 더해지는 방향으로 감겨 있어 부하변동에 의한 한쪽 코일의 전압강하가 바로 다른 쪽 코일에 같은 비율의 전압강하를 일으킨다. 따라서 2개의 코일의 전압비 V_A/V_B는 감긴 수의 비 N_A/N_B와 같아지고, 브리지의 AC, BC 간의 표류 어드미턴스 Y_{AD}, Y_{BD}에 흐르는 전류는 전압비 V_A/V_B에 영향을 주지 않는다.

브리지의 평형조건은 표준 어드미턴스를 $G_N+j\omega C_N$, 미지의 어드미턴스를 $G_X+j\omega C_X$로 하면,

$$C_X = \frac{N_A}{N_B}C_N, \ \ G_X = \frac{N_A}{N_B}G_N \tag{4.15}$$

이다. 따라서

$$\tan\delta = \frac{G_X}{\omega C_X} = \frac{G_N}{2\pi f C_N} \tag{4.16}$$

여기서, f 및 ω: 각각 신호원의 주파수 및 각주파수

2) 임피던스 미터법

커패시터에 인가한 전압과 흐르는 전류로부터 커패시터의 등가병렬 용량과 등각병렬 저항을 측정하는 방법으로 시판되고 있는 LCR미터나 임피던스미터는 이 방법이 많다. 브리지법보다 분해능이 낮기 때문에 저손실 시료의 측정은 곤란하지만, 표준 커패시터를 필요로 하지 않는 간편한 방법이다.

그림 4.19[4]는 측정회로의 한 예이다.

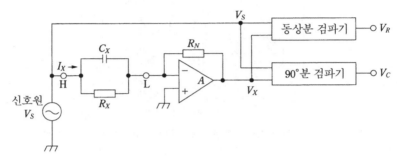

그림 4.19 임피던스미터법의 측정회로의 예

시료를 유전체로 하는 커패시터(등가병렬용량 C_X, 등가병렬저항 R_X)에 각 주파수 ω의 전압 V_S가 인가되었을 때, 흐르는 전류 I_X를 연산증폭기 A와 저항 R_N으로 전압으로 변환하면

$$V_X = -I_N R_N = -\left(\frac{1}{R_N} + j\omega C_X\right) V_S R_N \tag{4.17}$$

이 얻어진다. 이 전압을 인가전압 V_S를 표준으로 하여 위상 분별하고 $\pi/2$ 앞선 위상과 같은 성분과 동상(同相)의 성분으로 나누어 각각 V_C 및 V_R이라고 하면

$$C_X = \frac{1}{\omega R_N} \frac{V_C}{V_S} \tag{4.18}$$

$$R_X = R_N \frac{V_S}{V_R} \tag{4.19}$$

$$\tan\delta = \frac{1}{\omega C_X R_X} = \frac{V_R}{V_C} \tag{4.20}$$

이 된다.

3) Q 미터법

공진회로에 의한 2단자 측정법으로 일반적으로는 전극간격을 조절할 수 있는 2단자 마이크로미터 전극을 이용한다. Q미터의 기본구성은 그림 4.20[4]에 나타낸 것으로 OSC는 출력 진폭이 일정값(v)의 정현파 신호원이다. 측정은 아래의 순서로 이루어진다.

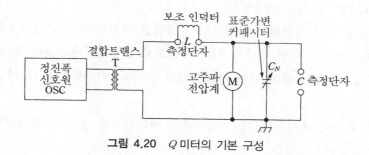

그림 4.20 Q미터의 기본 구성

우선, 측정 주파수를 결정한 후, 측정 단자에 전극을 붙이지 않고 보조 인덕터 L을 붙여 표준 가변 커패시터 C_N을 조절하고 공진시켜 고주파전압계 M의 진동이 최대가 될 때의 공진용량 C_{S0}를 측정한다.

다음에 측정 단자 간에 시험편을 삽입한 평형평판 대향전극(마이크로미터 전극: 전극 간격은 시험편의 두께 t와 같다.)을 붙인다. 그리고 표준 가변 커패시터 C_N을 조절하여 다시 공진시키고 고주파 전압계 M에 표시된 전압치 V_I에서 Q값($Q_I = V_I/v$)을 구한다.

마지막으로 시험편을 제거하고 마이크로미터 전극의 전극 간격을 좁혀서 다시 공진시켰을 때의 전극 간격의 값 t_0와 그때 M의 지시값 V_0를 측정한다. 그리고 $Q_0 = V_0/v$를 계산한다. 이 측정값과 계산값을 근거로 비유전율 및 유전정접은 다음 식에서 구할 수 있다(단, 시험편의 유전정접이 1보다 충분히 작을 경우).

$$\varepsilon_r = \frac{t}{t_0} \tag{4.21}$$

$$\tan\delta = \frac{C_{S0}}{C_{PX}}\left(\frac{1}{Q_I} - \frac{1}{Q_0}\right), \; C_{PX} = \frac{\varepsilon_0 \varepsilon_r S}{t} \tag{4.22}$$

여기서, ε_0: 진공의 유전율

S: 전극 대향 면적

4) 용량 변화법

공진법의 하나이고 고주파에서 측정의 정확도를 높이기 위해 공진곡선의 반치폭용량(半值幅容量)을 컨덕턴스 표준으로 사용하는 방법이다. 반치폭용량의 측정을 정확하게 하기 위해서 미소 용량 변화가 측정 가능한 마이크로미터 표준 커패시터를 부속한 2단자 마이크로미터 전극을 사용한다. Q 미터법과 같은 회로구성(그림 4.20)을 이용한다.

우선, 전극 간에 시험편을 삽입하여 평행평판 대향전극(전극 간격 t 는 시험편의 두께와 같다)을 측정 단자에 접속하여 회로가 공진상태가 되도록 표준 가변 커패시터 C_N을 조절하여 공진 상태에서의 고주파 전압계 M의 값 V_{0t} 를 측정한다.

다음에 전극 간에서 시험편을 제거하고 전극간격을 좁혀서 공진시켜 전극간격 t_0와 공진전압 V_{00}를 측정한다.

마지막으로 전극에 부속되어 있는 반치폭 측정용 마이크로미터 표준 캐퍼시터를 이용하여 공진용량 전후에서의 전극 간 전압이 V_{00}의 $(1/\sqrt{2})$ 이 되는 2점의 용량을 측정하여 그 차이, 즉 반치폭 용량 ΔC_0(그림 4.21[4])를 구한다.

이들의 측정값과 계산값을 근거로 비유전율 및 유전정접은 아래의 식에서 구할 수 있다(단, 시험편의 유전정접이 1보다 충분히 작을 경우).

$$\varepsilon_r = \frac{t}{t_0} \tag{4.23}$$

$$\tan\delta = \frac{\Delta C_0}{2C_{PX}}\left(\frac{V_{00}}{V_{0t}}-1\right), \;\; C_{PX} = \frac{\varepsilon_0\varepsilon_r S}{t} \tag{4.24}$$

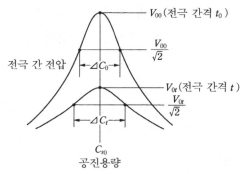

그림 4.21 공진회로의 반치폭 용량 ΔC_0

여기서, ε_0: 진공의 유전율

     S: 전극 대향 면적

측정법으로서는 이 밖에 간격변화법[4], 액체치환법[4] 및 간격변화법과 용량변화법을 조합한 방법[4]이 있다.

4.1.5 고체 절연재료의 내(耐)아크성 시험

(1) 내아크성 시험의 의의

고전압 아크가 고체 절연재료 표면에 접근하여 발생하면 열적, 화학적으로 분해 혹은 침식되어 표면에 도전로(導電路)가 형성된다. 이와 같이 아크의 열화작용에 대한 절연재료의 저항력 대소를 비교하는 목적으로 이 시험이 이루어진다. 여기서는 건조 시에 있어서 상용 주파수의 고전압 소전류에 의한 내아크성 시험방법에 대하여 논한다.

시험방법으로서는 낮은 내아크성을 보이는 시료를 쉽게 식별하기 위해서 시험의 처음 단계에서는 비교적 쉬운 조건으로 하고 시간이 경과함에 따라 엄격한 조건으로 시험하는 것을 특징으로 하고 있다. 시료 표면에 놓인 한 쌍의 전극 간에 아크를 단속적으로 발생시킨다. 시험 개시에는 단속적으로 발생하는 아크의 휴지시간을 점점 짧게 함으로써, 나중에는 아크의 전류값을 증가시켜 가혹한 정도를 증가시켜 나간다.

내아크성을 표현하는 데는 이후에 설명하는 것처럼 내아크성 시간의 측정방법과 내아크성 파괴 전압비의 측정방법을 이용한다.

(2) 시험방법

전극은 그림 4.22에 나타내듯이 텅스텐봉으로 만들어지고 선단을 충분히 정형, 연

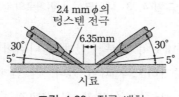

그림 4.22 전극 배치

마한 것을 이용하고, 50±5 g 의 하중으로 고정한다. 전극 간격은 6.35±0.08 mm 로 조절한다.

즉, 전극으로서 텅스텐봉 대신에 두께 0.15 mm, 길이 25.4 mm, 폭 12.7 mm 의 스테인리스 강박(鋼箔)전극을 사용하여 2개의 박(箔)전극의 직각부의 선단을 6.35 mm 떨어뜨려 대향시키는 방법도 제안되고 있다.

시험회로의 예를 그림 4.23[5]에 나타낸다. 방전을 발생시키는 변압기(T_V)는 개방 시의 2차전압 15 kV, 단락 시의 2차전류 60 mA이며 일종의 자기누설 변압기이다.

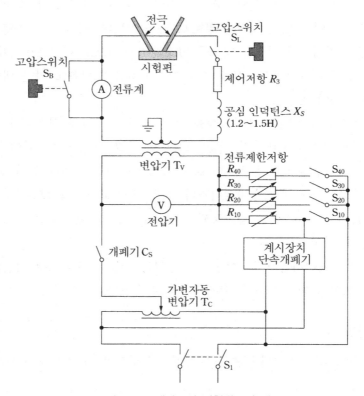

그림 4.23 내아크성 시험회로의 예

시험은 표 4.3에 나타내듯이 전부 7단계로 나뉘어 단계가 진행함에 따라서 시험의 가혹한 조건이 증가하도록 되어 있다. 각 단계의 시험시간은 60 s이며 방전에 의해 시료 표면이 도전성을 띠게 될 때까지 순차적으로 단계를 진행하고 최종점에 이르기까지의 시간(초)을 이용하여 내아크성 시간으로 한다. 제 I~III단계에서는 변압기의 1차측을 자동적으로 개폐하여 방전을 단속시킨다. 각 단계에서 전류의 조정은 그림 4.23의 $S_{10} \sim S_{40}$ 의 스위치를 변환함으로써 이루어진다. 최종점에서는 시료 표면이 도전성을 띠기 때문에 방전의 염부(炎部)가 소멸한다.

표 4.3 시험단계

단계	아크전류 [mA]	점호상태	시험 개시 후의 전체 시간 [s]*
I	10	1/4[s] ON, 7/4[s] OFF	60
II	10	1/4[s] ON, 3/4[s] OFF	120
III	10	1/4[s] ON, 1/4[s] OFF	180
IV	10	연속 ON	240
V	20	연속 ON	300
VI	30	연속 ON	360
VII	40	연속 ON	420

*각 단계의 시험시간은 각각 60 s이며 어느 단계가 종료한 경우는 바로 다음 단계로 진행한다.

4.1.6 절연재료 표면의 내(耐)부분방전성 시험

(1) 내부분방전성 시험의 의의

건식 고전압기기에서는 절연물 내부에서 발생하는 보이드 방전 및 절연물 표면에서 발생하는 부분 방전에 기인하여 생기는 절연재료의 열화가 기기의 수명에 영향을 준다. 보이드 방전은 기기 구성에 관련하여 일어나는 문제이지만, 절연재료 그 자체에서는 표면에서의 내부분방전성이 문제가 된다.

(2) 시험방법

그림 4.24[6]에 나타낸 것과 같이 봉–평판 전극 구성을 여러 세트로 하여 시험한다. 교류 고전압을 인가하는 전극은 6 ± 0.3 mmϕ의 스테인리스봉으로 시료와 접하는 단면의 각을 곡률반경 1 mm로 둥글게 한다. 무게는 30 g 이하로 하여 시료면에 대하여 수직으로 설치한다. 부드러운 시료의 경우에는 시료와 봉전극 사이에 100 μm 이하의 간격을 두고 설치한다. 각 전극 간의 거리는 50 mm 이상으로 한다.

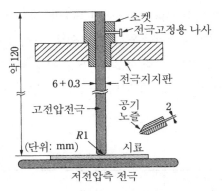

그림 4.24 봉-평판 전극 구성

    시료 필름의 두께는 3.0 mm, 1.6 mm, 1.0 mm, 500 μm, 100 μm, 25 μm 를 표준으로 하여 평판 전극과 시료 뒷면에 밀착되도록 시료 뒷면에 실리콘 그리스를 얇게 도포하거나 금, 은, 알루미늄의 증착 혹은 도전성 도료를 도포한다.

    시험은 보통 상대습도 20% 이하, 온도 23±2℃의 건조공기를, 0.51/min 정도의 유량으로 시험 용기 내로 흐른 상태에서 한다(그림 4.24의 공기 노즐). 인가하는 전압은 상용주파수의 정현파 교류전압이고 시험 개시에서부터 부분방전 열화에 의해 시료에 절연파괴가 발생할 때까지의 시간을 측정한다. 파괴의 검지는 각 전극에 붙여진 회로차단기에 의해 이루어진다. 최저 3단계의 전압을 인가하여 얻은 결과를 평가한다. 즉, 부분방전의 발생 수는 전원 주파수에 비례하고 절연파괴까지의 시간은 전원 주파수에 반비례하기 때문에 열화속도를 빠르게 하기 위해(시험시간을 단축시키기 위해), 유전 가열이 문제되지 않을 정도의 고주파 전원을 이용한 시험도 자주 이루어진다.

4.1.7 고체 절연재료의 내(耐)트래킹성 시험

(1) 내트래킹성 시험의 의의

    절연물 표면상에 전압이 인가된 두 개의 전극이 존재하는 절연 구성이고 절연물의 표면이 습기나 오염에 표출되면 그곳을 흐르는 누설 전류가 원인이 되어 전극 간에 탄화 도전로(트랙)가 형성된다. 이 시험법은 그 난이도를 조사하기 위한 것이다. 여기에서는 내트래킹성 시험의 대표적인 것으로서 전해액 적하법에 대해서 설명한다.

(2) 시험방법

1) 비교트래킹지수(CTI) 측정법[7]

그림 4.25와 같은 전극배치의 전극 간에 $100 \sim 600$ V의 일정한 교류 상용 주파수의 전압을 인가한다. 30 ± 5 s에 한 방울의 비율로 적하 노즐에서 시료면에 염화암모늄 0.1%의 수용액(A액) 또는 다이이소뷰틸 나프탈렌 술폰산 나트륨 0.5%를 가미한 수용액(B액)을 적하한다. A액 및 B액의 저항률은 23 ± 1 ℃에서 각각 3.95 ± 0.05 $\Omega \cdot$m 및 1.98 ± 0.05 $\Omega \cdot$m 이다. 시험면이 트래킹 파괴에 이르기까지의 적하 수를 측정한다. 보통 A액을 이용하지만, 트래킹을 촉진시키고 싶은 경우는 B액을 이용한다. 트래킹 파괴가 발생하여 그림 4.26에 나타낸 것과 같은 시험회로에 접속된 과전류계전기에 5 A의 전류가 2 s 흘렀을 때 회로가 차단된다. 인가전압을 25 V 간격으로 변화시켜 상기의 시험을 반복하여

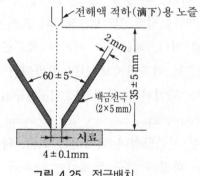

그림 4.25 전극배치

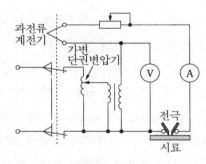

그림 4.26 시험회로의 예

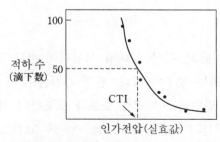

그림 4.27 트래킹 파괴까지의 적하 수-전압곡선의 예

그림 4.27의 곡선을 구한다. 이 곡선에서 50회의 적하로 파괴되는 전압을 구하고 그 값을 비교트래킹지수(CTI, Comparative Tracking Index)라 부르며 내트래킹성의 척도로 한다. 동일 전압에서 시험에 이용하는 시료의 수는 5개로 한다.

2) 내트래킹지수(PTI) 측정법

상기한 1)의 방법에서 어느 일정 전압에서 50방울을 적하한 후의 25 s 간에 트래킹 파괴 및 착화가 인정되지 않을 경우는 전압을 25 V 상승시켜서 같은 시험을 반복하여 트래킹 파괴나 착화가 발생하지 않는 최고 전압을 구하고 그 값을 내트래킹지수(PTI, Proof Tracking Index)라 한다.

4.1.8 고체 절연재료의 내(耐)트링성 시험

(1) 내(耐)트링(Treeing)성 시험의 의의

비교적 두께가 있는 고체 유기 절연물의 절연파괴는 반드시 순간적으로 생기는 것이 아니고 서서히 열화에 기인한 도전로(導電路)가 나뭇가지 형상으로 절연물 속으로 진전하여 결과적으로 파괴에 이르는 과정을 겪는 경우가 많다. 이런 종류의 파괴과정은 제3장의 그림 3.2(a)에 표시한 것처럼, 열화의 흔적이 나뭇가지 형상으로부터 전기트리라고 불리고 있다. 최근에는 기기의 제조단계에서 관리나 연구 성과에 기초한 대책이 충분히 이루어지고 있어 일반적인 제품에서는 전기트리가 거의 발생하지 않도록 되었기 때문에 IEC(International Electrotechnical Commission)나 ASTM(American Society for Testing and Materials) 등의 국제적인 규격에 내트링성 시험방법이 삭제되어 있다. 하지만 현재도 절연재료의 개발과 전기 절연 열화 과정의 연구 등에서는 다음에 기술하는 시험방법이 자주 사용되고 있다.

(2) 시험방법

그림 4.28에 나타내듯이, 블록 형태의 시험편에 바늘 전극을 삽입한 바늘-평판 전극 구성을 이용하는 경우가 많다. 전극 간격은 보통 수 mm이다. 평판 전극이 되는 시료 블록 밑면에는 도전성 도표를 도포하여 접지전극에 밀착시키고, 시료 전체를 절연유에 넣은 상태에서 바늘 전극에 고전압을 인가한다. 바늘 전극으로서는 보통 선단 각도 30°, 선단 곡률반경 3 ~ 5 μm인 것을 이용한다.

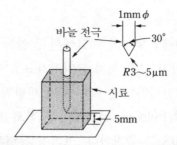

그림 4.28 내트링(Treeing) 시험용 바늘-평판전극 구성의 예

재료의 내트링성 평가방법으로는 다음과 같은 방법이 있다.

① 전극 간에 일정한 전압을 인가하여 트리가 발생할 때까지의 시간을 측정 하거나, 또는 트리가 어느 일정한 길이로 성장할 때까지의 시간을 측정한다.
② 일정 시간의 전압인가로 트리가 발생하는 전압을 측정하거나, 또는 트리 가 어느 일정한 길이로 성장하는 전압을 측정한다.

즉, 트리 형상의 관찰에는 100배 정도의 현미경이 자주 이용된다.

4.2 자기적 시험

4.2.1 자기적 시험의 의의

자기적 시험은 말할 것도 없이 자기재료의 시험으로서 가장 중요하고 재료의 종류, 시험해야 하는 자기특성, 시료의 형상 등에 따라 여러 종류의 시험법이 사용된다. 어떤 종류의 재료에서는 그 용도에 따른 특별한 시험이 이루어진다. 공업적으로는 실용적이고 간단한 방법이 사용되는 경우도 많다. 여기에서는 비 교적 많은 재료에 공통적으로 이용되는 기본적인 방법에 대하여 설명한다.

4.2.2 자속밀도와 자계의 세기(자화력)의 측정법

자기적 시험의 정확도는 시료의 자속밀도 및 자계의 세기를 어떻게 측정하는 가가 크게 영향을 미친다.

(1) 자속밀도

봉 형상 또는 단책(短冊) 형상의 시료에서 균일하게 자화되었다고 생각되는 영역에 일정하게 감은 탐지 코일(서치 코일이라고도 부른다. 소재의 자속밀도를 측정하는 경우에는 B 코일이라고 부르는 것이 일반적이다)에 자속계 또는 충격 검류계를 접속하여 인발(Pultrusion)법이나 자화코일의 전류를 급변시키는 방법에 의해 시료의 자속밀도를 측정한다. 고리형상(環狀) 시료의 경우, B 코일은 시료 전체에 일정하게 감는다. B 코일의 인출선(引出線)은 그 부분에 쇄교(鎖交)하는 자속을 없애기 위해 충분히 연가(撚架)할 필요가 있다. 즉, 자속계 및 충격 검류계에서는 다음 식에서 나타내듯이 쇄교 자속 수의 변화량에 대응한 전기량 Q를 검출하기 때문에 지시값은 쇄교 자속 수의 변화속도에는 의존하지 않는다.

$$Q = \int_{t_1}^{t_2} I\mathrm{d}t = -\frac{1}{R} \int_{\phi_1}^{\phi_2} \mathrm{d}\phi = \frac{1}{R}(\phi_1 - \phi_2) \tag{4.25}$$

여기서, I: 자속계 또는 충격 검류계에 흐르는 전류

R: 자속계 또는 충격 검류계 회로의 저항

ϕ_1: 변화 전의 쇄교 자속 수

ϕ_2: 변화 후의 쇄교 자속 수[Wb]

직류측정에 사용되는 인발법(引拔法)에서는, 시료를 자화한 상태에서 B 코일을 급속히 시료에서 빼내어, 이때 B 코일의 쇄교 자속 수의 변화량 ϕ(B 코일을 쇄교 자속 수가 0 이라고 가정할 수 있는 영역까지 빼내면, ϕ는 빼내기 전의 쇄교 자속 수 그 자체가 된다.)를 B 코일에 접속한 자속계 또는 충격 검류계에서 구하고, 다음 식에 의해 시료의 자속밀도 B를 산출한다. 시료의 자계의 세기 H의 산출법에 대해서는 다음 식에 나타낸다.

$$B = \frac{\phi}{N_B S} - \frac{S_B - S}{S} \mu_0 H \, [\text{T}] \tag{4.26}$$

여기서, S: 시료의 단면적[m^2]

S_B: B 코일의 단면적[m^2]

N_B: B코일의 감은 수

μ_0: 진공의 투자율$(= 4\pi \times 10^{-7} \, \mathrm{H/m})$

자화코일의 전류를 급변시켜도 같은 방법으로 B를 산출하는 것이 가능하다.

교류측정의 경우, B코일에는 $E_B = -\mathrm{d}\phi/\mathrm{d}t$ 의 기전력이 유도되는 것에서 B 코일에 적분기를 접속함으로써 ϕ에 대응하는 전압을 얻고 B의 시간적 변화를 구할 수 있다.

즉, 식 (4.26)의 제2항은 B코일의 공극 안을 통과하는 자속을 연장시키는 조작으로 **공극자속보상**(空隙磁束補償)이라고도 불린다. 자기재료의 측정에서는 자계의 세기가 아주 커지지 않는 한 제2항은 제1항에 비해 아주 작아 무시할 수 있다. 변압기나 회전기 등 전기기기 중의 철심에서 국부적인 교류자속의 모습을 보는 방법으로도 탐지코일이 사용된다. 보고 싶은 부분에 탐지 코일을 몇 번 감고 그 유도기전력에서 위와 같이 설명한 방법으로 측정한다.

(2) 자계의 세기(자화력)

1) H코일

재질이 다른 경계면에서는 자계의 세기의 접선 방향 성분이 연속이 되는 것을 이용하고 시료 근방(近傍)의 공기영역에서의 자계의 세기(자화력)를 측정함으로써 시료 표면의 자계의 세기 H를 구한다. 비자성의 틀에 가는 선을 감은 작은 단면의 탐지코일(자계의 세기를 측정하는 것에서 일반적으로는 H 코일이라고 부른다)을 시료 표면에 접근시켜 자계와 평행하게 배치하고 B코일의 경우와 같은 방법으로 하여 직류측정 또는 교류측정을 한다. H코일에서도 B코일과 같은 방법으로 인출선은 충분히 연가(撚架)해 놓는다.

시료 표면에서의 거리에 대해 자계의 세기가 단조롭게 변화하는 경우에는 그 영역 내에서 시료 표면에서의 거리가 다른 2군데의 위치에 H코일을 배치하여 각각 얻은 값을 외삽(外揷)하고 시료 표면의 자계의 세기를 산출하면 측정 정확도를 향상시킬 수 있다. 이 방법은 **2H코일법**이라고 부른다.

2) 동심차동(同心差動) H코일

시료에 감은 수가 동일하고 크기가 다른 H코일을 동심으로 감고 차동접속하면 2개의 H코일 사이에서 자계의 세기를 구할 수 있다. 또, 내측의 H코일은 B코일로서 사용이 가능하다.

3) 차토크(Chattock)의 자위계(磁位計)

그림 4.29와 같은 일정한 단면의 완곡한 틀에 일정하게 권선을 한 감지코일을 양단 A, B를 시료 표면에 접속한다. 코일의 쇄교 자속 수 ϕ는 다음 식에서 구할 수 있다.

$$\phi = \int_A^B \mu_0 n_H S_H \, ds = \mu_0 n_H S_H \overline{H} l \ \ [\text{Wb}] \tag{4.27}$$

여기서, S_H: 코일의 단면적$[\text{m}^2]$

      n_H: 코일의 단위길이당 감은 수

      H_S: 점 S에서 코일축 방향의 자계의 세기$[\text{A/m}]$

      $\overline{H}$: AB 사이의 평균 자계의 세기$[\text{A/m}]$

      l: AB 사이의 거리$[\text{m}]$

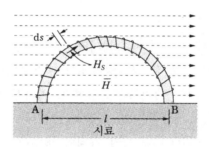

그림 4.29 차토크(Chattock)의 자위계(磁位計)

시료가 균일하게 자화되어 있는 범위에 이 자위계(磁位計)를 설치하면 취득한 $\overline{H}$는 시료 표면의 자계의 세기 그 자체가 된다.

4) 홀 소자

그림 4.30에 나와 있듯이 반도체의 박편이 직교하는 위치에 a-b, c-d 2쌍의 전극을 붙이고 a-b 사이에 전류 I를 흘린다. 이 상태에서 박편의 두께 방향에 자계가 걸리면 c-d 사이에는 홀 효과에 의해 다음의 식에서 나타내는 전압 E가 발생하기 때문에 자계의 세기 H를 구할 수 있다.

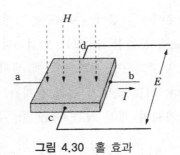

그림 4.30 홀 효과

$$E = R_H \frac{HI}{t} \text{ [V]} \tag{4.28}$$

여기서, R_H: 홀 계수(사용하는 반도체 재료에 의존)

　　　t: 박편의 두께[m]

5) 플럭스 게이트형 자력계(flux-gate magnetometer)

퍼말로이와 같은 고투자율 재료의 가는 선 또는 박판을 수백 Hz ~ 수 kHz 로 자화한 상태로 직류자계 속에 넣으면 편자(偏磁)되어 우수차(偶數次) 고조파 전압이 발생하고 그 전압에서 직류 자계의 크기를 구할 수 있다. 이와 같은 자기변조를 이용하는 방법은 감도가 아주 좋고 10^{-4} A/m 정도의 자계 세기의 측정이 가능하다. 그림 4.31은 제2조파(second harmonic)를 이용한 장치의 구성 예를 나타낸다.

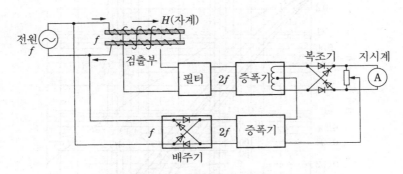

그림 4.31 배주파(倍周波) 자계측정장치

6) 반자계 보정

위에서 설명한 여러 가지 방법에 의해 시료 표면 근방의 자계 세기를 직접 측정하는 것이 곤란할 경우에는 다음에 나타내는 보정 계산을 통해 시료의 자계 세기를 실용적인 정확도로 산출할 수 있는 방법이다.

시료를 자계 속에 넣고 자화하면 시료 양단에 생기는 전극은 반대 방향의 기 자력(반자계)을 발생한다. 시료를 넣기 전의 자계가 균일하고 H_{ex}라고 하면 실 제로 시료에 가해지는 자계의 세기 H는 다음 두 식으로부터 구해진다.

$$H = H_{ex} - K \frac{M}{\mu_0}, \qquad M = B - \mu_0 H \qquad (4.29)$$

여기서, K: 반자계계수

M: 시료의 자화

K는 시료가 회전 장원체(長圓體)의 경우에만 이론적으로 구할 수 있지만, 일반적으로는 실험적으로 구해야 한다. 자계해석을 이용하여 구할 수도 있다. 그림 4.32에 실험적으로 구한 동그란 봉모양 시료의 치수비(=길이/직경)와 비 투자율에 의한 K의 변화를 나타낸다. 참고로 회전 장원체의 장축 및 단축 방향 의 K도 나타내고 있다. 치수비=1은 구(球)를 의미하고, 이 경우 $K=1/3$이 다. H를 정확하게 구하기 위해서는 반자계의 영향이 무시될 수 있도록 치수비 가 충분히 큰 시료를 사용할 필요가 있다.

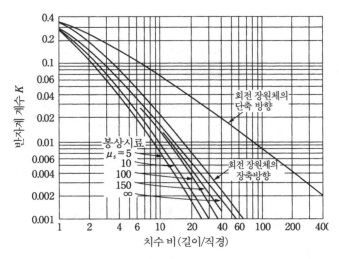

그림 4.32 회전 장원체(長圓體)와 봉상(棒狀) 시료의 반자계 계수 K

4.2.3 피측정량

위에서 설명한 방법을 사용하여 자속밀도 및 자계의 세기를 측정하고 이들로부터 다음의 특성을 구한다.

(1) 자기 히스테리시스 곡선

자성재료의 자속밀도와 자계의 세기를 각각 수직축 및 수평축으로 그린 리사주(Lissajous) 도형을 가리킨다. 곡선의 면적은 1자화 주기당 철손에 상응한다. 곡선의 형상은 재료와 주파수에 의존하고 주파수가 높아지고 와전류의 영향이 커지게 되면 자속밀도와 자계의 세기가 최대가 되는 순간이 다르게 되어(위상차가 크게 됨) 둥글게 된 형상이 된다. 재료의 기본적인 자기특성을 파악하기 위해서는 직류 히스테리시스 곡선이 사용된다. 이 경우 측정은 4.2.2항에서 설명한 것과 같이 자속계 또는 충격검류계로 이루어진다. 편의적인 방법으로서 와전류가 무시될 수 있도록 상당히 낮은 주파수가 되는 교류측정이 사용된다.

(2) 초(初)자화 곡선과 정규(正規)자화 곡선

초자화 곡선은 소자상태에서 자계의 세기를 단조롭게 증가시킨 경우의 자속밀도와 자계와의 세기의 관계이다. 또, 와전류의 영향을 무시할 수 있는 주파수에서 크기가 다른 종류의 교류 히스테리시스 곡선을 측정하고 각각에서의 자속밀도와 자계의 세기가 최대인 점을 연결한 곡선을 **정규자화 곡선**이라 부르고 교류기기의 설계에 이용한다.

(3) 철손

자성재료를 교류로 자화한 경우, 재료 내에서 소비되는 에너지이다. 전기기기의 철심에서는 이 특성이 재료선택의 요소 중 하나이다.

단위질량당 철손 W는 자화코일의 전류와 B코일의 유도기전력을 입력으로 한 전력계의 읽음값 P에서 다음 식으로 구해진다.

$$W = \frac{1}{m}\left(P\frac{N_1}{N_B} - \frac{E_B^2}{R_2}\right) \text{[W/kg]} \tag{4.30}$$

여기서, N_1: 자화코일의 감은 수

N_B: B 코일의 감은 수

E_B: B 코일의 유도기전력[V]

R_2: B 코일에 접속된 계기의 합성내부저항[Ω]

m: 시료의 질량[kg]

손실 W는 히스테리시스손 W_h와 와전류손 W_e의 합으로 구하지만, 이것들을 분해하는 방법은

$$W = W_h + W_e = k_h f + k_e f^2 \tag{4.31}$$

에서 나타내듯이, 각각 주파수 f의 1제곱 및 2제곱에 비례한다고 가정하여 구하는 이주파법(二周波法)을 사용하면 편리하다. f에 있어서 철손 분리를 하는 경우에는 그 양측의 2가지 주파수 f_1 및 $f_2(f_1 < f < f_2)$에 의한 측정 결과를 이용하여 히스테리시스손 계수 k_h와 와전류손 계수 k_e를 구한다. 즉, k_h는 특정한 자속밀도로 측정한 $W/f - f$곡선의 절편이고 직류 히스테리시스 곡선의 면적에 해당한다.

4.2.4 직류측정과 교류측정

(1) 직류자기 특성의 측정

직류자기시험법으로서 지금까지 설명해 온 방법은 자속계와 충격 검류계를 사용하여 식 (4.25)에 나타내듯이 쇄교 자속 수의 변화를 측정하는 방법이고 측정값은 단계적으로밖에 구할 수 없다. 이와 같은 방법에 대해서 주기가 아주 길고 동시에 충분한 감도를 갖는 적분기에서 코일의 유도기전력을 적분하면 그 출력 E_{out}은 다음과 같은 식이 된다.

$$E_{\text{out}} = \int_{t_0}^{t} E_B \, dt = -\int_{\phi_0}^{\phi} d\phi = \phi_0 - \phi \tag{4.32}$$

여기서, E_B: 코일의 유도기전력

ϕ: 시각 t(현 시점)의 쇄교 자속 수

ϕ_0: 시각 t_0(측정 개시 시)의 쇄교 자속 수

처음에 시료를 소자(消磁)하고 자화전류를 0으로 두면 $\phi_0 = 0$이기 때문에 $E_{out} = -\phi$가 되어 임의의 시각에서의 B코일의 쇄교 자속 수를 직접 구할 수 있어 자속밀도를 산출할 수 있다.

자계의 세기에 대해서도 4.2.2항에서 설명한 것과 같은 H코일, 동심차동 H코일, 자위차계 등으로 구하는 방법에서는 적분회로를 하나 더 준비하고 유도기전력을 적분하면 직접 구할 수 있다.

(2) 교류자기 특성의 측정

1) 교류 히스테리시스 곡선의 시험법

B코일의 유도기전력을 적분회로에 의해 적분하면 자속밀도의 파형이 구해진다. 자계 세기의 파형은 자화코일의 직류에서 구할 수 있음과 동시에 H코일의 유도기전력을 B코일과 마찬가지로 적분하여 구할 수 있다. 이들로부터 히스테리시스 곡선을 그릴 수 있다.

2) 교류자화 특성 시험

그림 4.33에서 시료의 자계 세기의 파고치(波高値) H와 자화코일에 직렬로 접속한 표준저항의 피크전압 E_s와의 사이에는 다음의 관계가 있다.

$$H = \frac{N_1 E_s}{R_s l_m} \ [\text{A/m}] \tag{4.33}$$

여기서, N_1: 자화코일의 감은 수

R_s: 표준저항의 저항값$[\Omega]$

l_m: 실효자로(磁路) 길이$[\text{m}]$

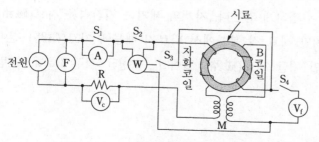

A : 실효값 전류계
W : 전력계
V_f : 평균값형 전압계
M : 공극자속보상코일
　　(상호유도기)
V_c : 파고치 전압계
F : 주파수계
R : 표준저항

그림 4.33 교류자화 특성 및 철손 시험법

시료의 자속밀도의 파고치(波高値) B와 직렬 접속된 B코일과 공극자속보상코일의 양단 전압을 평균값 전압계로 측정한 값 E_s와의 사이에는 다음의 관계가 있다.

$$B = \frac{E_2}{\sqrt{2}\,\pi f N_B S} \ \ [\text{T}]$$ (4.34)

여기서, N_B: B코일의 감은 수
       S: 시료의 단면적 $[\text{m}^2]$
       f: 주파수 $[\text{Hz}]$

그림에서의 공극자속보상코일은 시료와 B코일 사이의 공극부분을 통과하는 자속을 보상하는 상호유도기이고 시료가 없는 상태에서 자화코일에 전류를 흘려, 직렬 접속된 B코일과 공극자속보상코일의 양단 전압이 0이 되도록 조정한다. 따라서 식 (4.34)에 의해 구해진 B는 엄밀히 자속밀도에서 [진공의 투자율 × 자계의 세기]를 뺀 자화 $M(= B - \mu_0 H)$에 상응한다. 하지만 자계의 세기가 상당히 커지지 않는 한 양쪽에는 거의 차이가 없다.

4.2.5 연자성(軟磁性) 재료의 시험법

(1) 환상시료(環狀試料) 시험법

초자화(初磁化) 곡선과 정규자화(定規磁化) 곡선 및 히스테리시스 곡선의 시험법으로서 가장 기본적인 시험법이다. 시료는 박판재료의 경우에는 고리모양으로 뚫어내어 적층한 것 혹은 권철심(卷鐵心), 그 밖의 경우에는 기계가공이나 소결 등에 의해 고리모양으로 만든 것을 사용한다. 시료 위에 우선 B코일을, 그 위에 자화코일을 각각 일정하게 감는다. 자계의 세기는 기전력을 자로(磁路) 길이로 나눔으로써 구하지만 시료 각 부분에서 다르기 때문에 자로(磁路) 길이의 대푯값으로서 간이적인 평균 자로(磁路) 길이 l_m(=평균 직경 $D \times \pi$, 그림 4.34 참조)이 이용된다.

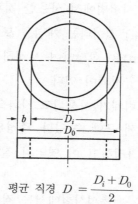

$$평균 직경 \quad D = \frac{D_i + D_0}{2}$$

그림 4.34 환상시료(環狀試料)

(2) 엡스타인(Epstein) 시험법(JIS C 2550)

주로 전자강판과 같은 박판(薄板)재료의 시험에 사용된다. 자화코일(1차코일) 및 B코일(2차코일)을 가지는 4쌍의 코일을 그림 4.35(a)에 나타나듯이 정방형으로 배치하고, 이것에 폭 30 mm, 길이 280 ~ 320 mm의 장방형 시료를 넣어 폐자로(閉磁路)를 구성한다. 모서리 부분은 그림 (b)에 나타낸 것과 같이 시료가 1장씩 서로 교차하는 순서로 겹쳐 쌓는다. 이 접합부에서는 자속이 3차원적으로 복잡하게 분포하기 때문에 보상코일에 의한 기자력의 보정은 곤란하다.

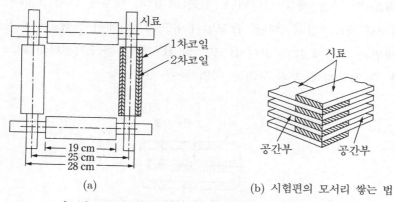

(a) (b) 시험편의 모서리 쌓는 법

1차코일: $175 \times 4 = 700$회, $0.6125\ \Omega$ 이하$(R_1/N_1^2 \ll 1.25\ \mu\Omega)$

2차코일: $175 \times 4 = 700$회, $2.45\ \Omega$ 이하$(R_2/N_2^2 \ll 5\ \mu\Omega)$

그림 4.35 25 cm 엡스타인 장치

그래서 환상시료(環狀試料) 시험법에서 사용한 것과 같은 기하학적인 평균 자로장과는 다른 실효자로(磁路) 길이라는 개념을 도입하여 특정한 값(25 cm 엡스타인 시험법에서는 0.94 m)을 할당하여 보정하고 시료에 가해지는 자계의 세기를 구하는 것이 JIS에 규정되어 있다.

철손(鐵損)의 측정에는 전력계가 사용되고 자화코일에 흐르는 전류와 B 코일의 유도기전력을 입력함으로써 구할 수 있다. 측정된 전력이 실효자로(磁路) 길이에 해당되는 전력이라고 가정하고 이 영역의 질량으로부터 W/kg 당 철손이 산정된다.

엡스타인 시험기에 의한 자기특성시험에서는 직류에서 가청주파까지의 측정이 이루어진다. JIS C 2550에서는 저주파에서의 자화특성과 철손의 시험법 및 400 Hz 에서 20 kHz 까지의 가청주파에서 시험법이 규정되어 있다. 각각의 시험법에서는 측정기 틀의 치수, 1차 및 2차 권선의 권선수가 다르다. 또 가청주파의 측정에서는 공극자속보상을 하지 않는다.

(3) 단판자기 특성 시험법(JIS C 2556)

25 cm 엡스타인 시험기와 같이 많은 시험편(試驗片)을 필요로 하지 않고 1장의 시료로 주로 전자강판(電磁鋼板)과 같은 박판(薄板)재료의 시험에 사용된다. 시료와 계철(繼鐵)을 조합하여 폐자로(閉磁路)를 구성한다. 그림 4.36에 자로(磁路)의 구성 예를 나타낸다. 철손(鐵損)의 측정은 그림 4.33의 경우와 마찬가지로 자화코일의 전류와 B 코일의 유도기전력에서 전력계를 이용하여 구하는 방법과 그림 4.37과 같이 B 코일 및 H 코일의 유도기전력의 어느 한쪽을 적분한 후 전력계에 의해 구하는 방법 등이 있다.

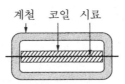

그림 4.36 단판(單板) 시험장치의 자로(磁路)

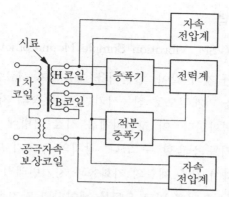

그림 4.37 단판(單板) 시험장치

4.2.6 영구자석 재료의 시험법

영구자석 재료의 시험으로서는 감자곡선을 측정하여 잔류자속밀도, 보자력, 최대 에너지곱을 구한다. 배향 방향으로 상당히 큰 자계를 가해 시험할 필요가 있기 때문에 일반적으로는 그림 4.38에 나타내듯이, 자극가동형(磁極可動形) 전자석에 봉 모양 시료를 삽입하여 시험한다. 시료의 자속밀도는 B코일에 의해 구한다. 자계의 세기에 대해서는 미리 자화코일에 흐르는 전류와 자극 사이에 발생하는 자계의 세기의 관계를 구하는 방법이 일반적이지만 정확도를 높이기 위해서는 4.2.2항에서 설명한 방법을 이용하여 시료 표면 근방의 자계의 세기를 직접 측정한다.

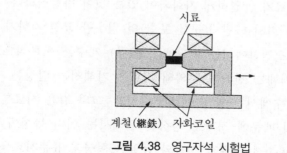

그림 4.38 영구자석 시험법

4.2.7 그 밖의 시험법

(1) 진동시료형 자력계(VSM, Vibration Sample Magnetometer)에 의한 시험법

그림 4.39에 나타난 것과 같이, 전자석을 이용하여 시료를 한쪽 방향에 균일하게 자화하고 이것을 기계적으로 진동시키면 시료 속의 자화가 만드는 자계는 진동수에 대응하여 변화한다. 이 교번자계를 시료 근방에 설치한 코일에 의해 검출하면 자화의 크기를 산출할 수 있다. 장치의 구조가 단순함에도 불구하고 고감도 측정이 가능하여 각종 재료의 자화율과 자기변태점 등의 측정에 사용된다. 시료를 항온(恒溫) 홀더에 넣고 온도를 제어하면 자기적 성질의 온도의존성을 측정할 수 있다.

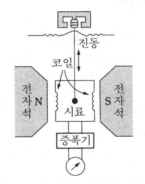

그림 4.39 진동시료형 자력계

이 시험법에서는 시료가 균일하게 자화되어 있는 것이 바람직하다. 시료가 완전히 균질하고 형상이 회전 타원체(구를 포함)의 경우만 균일 자화가 가능하다. 이와 같이 이상적인 조건하에서는 반자계(反磁界) 계수를 이론적으로 산출할 수 있다. 시료 중의 자계는 전자석에 의해 시료에 가해지는 일정한 자계, 자화의 크기 및 반자계 계수에서 구할 수 있다. 하지만, 그와 같은 시료를 준비하는 것은 실용상 곤란하기 때문에 정확도 향상을 위해서는 이미 특성이 알려져 있는 재료를 사용하여 피측정(被測定)시료와 동일한 형상의 표준시료를 준비하여 사전에 반자계 계수를 구할 필요가 있다.

(2) 흡인력에 의한 시험법

그림 4.40에 ASTM(American Society Testing and Matrials) 측정법을 나타낸다. 우선, 전자석을 자화하지 않은 상태에서 가늘고 긴 시료를 저울에 매달아 평형을 유지한다. 다음으로 전자석을 자화시켜 시료에 작용하는 흡인력을 측정한다. 시료의 자속밀도 및 단면적을 각각 B와 S, 전자석 자극 사이의 자계의 세기를 H, 시료의 전자석 극 사이에 삽입되는 길이를 x라고 하면, 시료 속의 에너지는 $HBSx/2$이다. 시료 삽입 전 그 부분에서의 에너지는 $\left(\frac{1}{2}\right)\mu_0 H^2 Sx$이기 때문에 시료의 삽입에 동반하는 에너지의 증가분 W는 다음과 같이 된다.

$$W = \frac{(HB - \mu_0 H^2)Sx}{2} \tag{4.35}$$

그러므로 시료에 작용하는 흡인력 F는 시료의 비투자율을 μ_s라고 하면, 다음 식과 같이 되어 F로부터 μ_s를 구할 수 있다.

$$F = \frac{W}{x} = \frac{(HB - \mu_0 H^2)S}{2} = \frac{\mu_0 H^2(\mu_s - 1)S}{2} \tag{4.36}$$

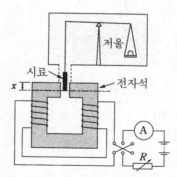

그림 4.40 ASTM의 저자율(低磁率)재료 시험법

(3) 교류 브리지에 의한 시험법

시료에 자화코일을 감고 그 임피던스를 교류 브리지로 측정함으로써 실효 비투자율, 교류 비투자율, 철손, 철손계수 등을 시험하는 것이 가능하다. 4.2.6항에서 설명한 방법이 상용주파수에서의 시험에 사용되는 것에 반해 주로 높은 주파수에서의 시험에 사용된다. 철심 주입 코일의 임피던스 표시방법에는

(a) 직렬형　　　　　　　　　　(b) 병렬형

R_{DC}: 자화코일의 직류저항

그림 4.41 철심의 임피던스의 표시방법

그림 4.41과 같은 두 가지 방법이 있다. 직렬형은 직류 다시 말해 자화력을 기준으로 측정하는 경우에 적합하고, 실효비(實效比) 초투자율(初透磁率)의 측정에 사용된다. 병렬형은 전압 다시 말해 자속밀도를 기준으로 측정하는 경우에 적합하고, 교류비 투자율이나 철손의 측정에 사용된다.

실효비 투자율 μ_{seff}, 교류비 투자율 μ_{sAC}, 손실계수 D, 철손 W, 인덕턴스를 L_x 및 L_p, 저항을 R_x 및 R_p라고 하면 각각 다음 식으로 된다.

$$\mu_{seff} = \frac{L_x l}{\mu_0 N_1^2 S}, \quad \mu_{sAC} = \frac{L_p l}{\mu_0 N_1^2 S} \tag{4.37}$$

$$D = \frac{R_x}{\omega L_x} = \frac{\omega L_p}{R_p}, \quad W = \frac{I_1^2 R_x}{m} = \frac{E_1^2}{m R_p} \tag{4.38}$$

여기서, l: 시료의 평균 자로(磁路) 길이

　　　　S: 시료의 단면적

　　　　N_1: 자화코일의 감은 수

　　　　ω: $2\pi f$(f: 주파수)

　　　　m: 시료의 질량

　　　　I_1: 자화코일의 전류

　　　　E_1: 자화코일의 단자전압

(4) Q 미터에 의한 시험법

식 (4.38)의 손실계수 D의 역수는 Q 계수라고 부르며 다음 식으로 표현된다.

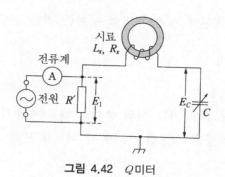

그림 4.42 Q미터

$$Q = \frac{\omega L_x}{R_x} \tag{4.39}$$

Q의 값은 위에서 서술한 교류 브리지에 의해서 구할 수 있지만 그림 4.42와 같은 Q미터를 이용하여 간단히 측정할 수 있다. 가변용량 C에 의해 회로를 공진시켜 전압 E_1 및 E_c를 측정하면 다음 식과 같이 된다. 여기서 ω는 공진각주파수(共振角周波數)이다.

$$Q = \frac{E_c}{E_1}, \quad \omega^2 L_x C = 1 \tag{4.40}$$

4.3 물리적 시험

4.3.1 물리적 시험의 의의

전기재료는 그 용도에 따라 각종의 물리적 특성이 요구된다. 여기에서는 각종 물리적 특성 중에서 잘 이용되는 중요한 것을 선별하여 이들 시험방법의 개요를 설명한다. 즉, 여기에 서술하는 방법은 주로 일본공업규격(JIS)이나 IEC에서 채용되고 있는 것에 근거하고 있다.

4.3.2 각종 시험

(1) 두께

보통은 마이크로미터로 측정한다. 아주 얇은 종이에서는 5장이나 10장 겹쳐서 측정한다. 또, 금속판에 칠한 피막의 두께는 칠한 전후 두께의 차이에서 구한다.

(2) 비중 혹은 밀도

고체에서는 그 시험편을 가는 선의 종류로 매달아 공기 중에서와 20℃의 증류수 속에서 각각 질량을 측정하고 다음의 식으로 비중을 산출한다.

$$비중 = S\frac{W}{W-W'} \tag{4.41}$$

여기서, W: 공기 중에 있어서 시험편의 질량[g]
$\qquad$ W': 수중에 있어서 시험편의 질량[g]

혼화물(混和物)종류는 한 변이 25 mm인 입방체를 만들어 20℃에서 수중치환법에 따른다. 또, 부드러운 것 및 기름류는 부빙(물에 떠 있는 얼음덩이) 또는 비중병을 이용한다. 즉 절연유에서는 기름의 팽창계수를 0.0007로서 15℃ 때의 값을 환산한다.

(3) 흡수량

고체에서는 건조한 시료의 무게와 이것을 증류수 속에 약 24시간 담근 뒤 꺼내어 표면을 마른 면으로 닦고 측정한 무게의 차이를 흡수량으로 가정하고 이 흡수량 시료의 질량에 대한 백분율(%)로 표시하거나 또는 시험편의 표면적 100 cm²에 대한 흡수량(mg)으로 표시한다.

(4) 수분

절연지 등의 수분을 측정하는 방법은 105±3℃에서 항량(恒量, constant weight)이 될 때까지 건조하고 감량을 측정하여 원래 중량에 대한 백분율(%)로 구한다. 절연유의 수분율을 구하는 경우는 칼피셔 용량적정(容量滴定)방법, 또는 전량적정(電量滴定)방법을 이용한다.

(5) 흡수도

절연지의 흡수도는 폭 15 mm, 길이 200 mm의 시험편 종이의 세로 및 가로 방향으로부터 각 3장을 잘라내어 증류수 속에 넣어 하단 3 mm 이상 담그고 10분간 증류수의 침윤(浸潤)한 높이(mm)를 측정하여 그 최댓값을 흡수도로서 세로 및 가로 방향의 평균값을 기록한다.

(6) 기밀도

운모제품 등에 대하여 이루어지는 시험으로 투기도(透氣度)는 다음 식으로 정의한다.

$$\pi = \frac{V}{Atp} \tag{4.42}$$

여기서, π: 투기도[cm/(kPa·s)], (1 Pa = 1 N/m^2)

$\quad V$: 통과한 공기의 용적[cm^3]

$\quad A$: 면적[cm^2]

$\quad t$: 시간[s]

$\quad p$: 압력차[kPa]

$\quad V$: p[kPa]이라는 일정 압력차의 것으로 시간 t[s] 사이에 면적 A[cm^2] 의 1장의 시험편을 통과한 공기의 용적[cm^3]

투기도(透氣度)와 기밀도(氣密度)를 측정하는 방법으로는 이 밖에 걸레이 시험기법(Gurley method), 에밀라이나법이 있다.

(7) 점도

적당한 점도계를 이용하여 지정한 온도에서 점도를 측정하고 보통은 그 값을 [Pa·s]로 표시한다.

(8) 유동점

절연유 등에 대해서 이루어지는 시험에서 시험관이 얻은 45 mL의 시료를 45℃에 가열한 후, 지정한 방법으로 냉각시료의 온도가 25℃ 내려갈 때마다 시험관을 냉각욕(冷却浴)에서 꺼내어 시료가 5 s 동안 전혀 움직이지 않았을 때의 온도를 읽고 그 온도에 25℃를 더하여 유동점이라 한다.

(9) 인장강도와 파단(破斷) 신장

플라스틱판 등에 대해서 이루어지는 시험이고 주로 아령 형상으로 잘라낸 시험편의 양단을 인장 시험기에 끼운다. 그림 4.43은 아령 시험편의 치수의 한 예이다. 시험재료의 특성과 종류에 의해 다른 치수가 규정되어 있다. 시험기에 삽입한 시험편을 일정 속도로 가중하여 거의 중앙부에서 절단할 때의 하중(N) 및 신장(mm)을 측정한다. 인장강도는 원(原)단면적(mm²)으로 나누고 신장은 표준거리의 백분율(%)로 표시한다.

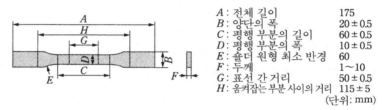

A : 전체 길이	175
B : 양단의 폭	20±0.5
C : 평행 부분의 길이	60±0.5
D : 평행 부분의 폭	10±0.5
E : 솔더 원형 최소 반경	60
F : 두께	1~10
G : 표선 간 거리	50±0.5
H : 움켜잡는 부분 사이의 거리	115±5
	(단위 : mm)

그림 4.43 인장강도 측정용 아령 시험편의 치수의 예

(10) 휨강도(bending strength)

운모제품과 세라믹판 등에 이루어지는 시험으로 단면이 장방형의 판 형태의 시험편을 간격 L [mm]의 양쪽 지점에서 받치고 그 중앙부에 일정 속도로 서서히 하중을 가해 시험편이 구부러졌을 때의 하중을 측정하고 다음 식에 의해 휨강도를 산출한다.

$$휨강도 = \frac{3PL}{2bh^2} \ \ [\text{MPa}] \tag{4.43}$$

여기서, P: 하중[N]

L: 지점 간 거리[mm]

b: 시험편의 폭[mm]

h: 시험편의 두께[mm]

(11) 고체의 열팽창

열가소성 플라스틱에 있어서는 길이가 약 120 mm, 폭 및 높이가 각각 약 10 mm의 시험편을 실온에서 약 80℃까지 1시간에 상승시켰을 때의 신장을 측정하고 다음 식에서 열팽창비율을 산출한다.

$$열팽창비율(1℃마다) = \frac{l}{L(T_2 - T_1)} \tag{4.44}$$

여기서, l: 신장[mm]

　　　L: 시험을 개시했을 때의 시험편의 길이[mm]

　　　T_1: 시험을 개시했을 때의 온도[℃]

　　　T_2: 신장을 측정할 때의 온도[℃]

(12) 인화점

절연유의 인화점은 펜스키-마텐스(Pensky-Martens) 밀폐식 인화점 시험방법 또는 클리블랜드(Cleveland) 개방식 인화점 시험방법을 이용한다. 두 방법 모두 시험기 안의 시료 속에 온도계를 넣어, 시료를 서서히 가열하면서 직경이 약 4 mm인 시험염(試驗炎)을 1 s 간 대고 관찰하여, 시료면에 첫 번째의 인화가 발생할 때의 온도를 인화점이라고 한다.

(13) 불휘발분

바니시(니스) 등의 시료를 1±0.1 g, 1.5±0.15 g 또는 2±0.2 g을 유리 또는 금속제의 넓은 쟁반(직경 75±5 mm 또는 60±5 mm, 깊이 20 mm)에서 항온 수조 속에 수평으로 두고 정해진 온도와 시간에 건조시킨다. 이것을 서서히 식히고 나서 무게를 측정하고 불휘발분의 중량을 원래 중량의 백분율(%)로 표시한다.

(14) 회분(무기질분, 無機質分)

절연지, 단열 보드, 페이퍼 프레스 등에 이용하는 시험이다. 자연 상태의 시험편의 질량을 측정하고 시험편을 도가니에 옮겨 덮개를 덮고 전기로에 넣는다. 전기로의 온도는 실온에서 시작해, 900±25℃에서 완전히 회화(灰化, ashing)

시킨다. 데시게이터(desiccator) 속에서 실온이 될 때까지 식혀 그 질량을 측정한다. 회분은 건조질량에 대한 백분율(%)로 표시한다.

4.4   **화학적 시험**

4.4.1 화학적 시험의 의의

전기재료의 전기적 성질은 그 화학적 성질에 크게 영향을 받는 것은 분명하다. 그러므로 재료의 화학적 성질 및 열화 상황을 화학적 시험에 의해 측정하는 것은 재료의 전기적 성질의 경시적(經時的)인 변화와 동향을 나타내는 것으로서 중요하다. 여기에서는 일본공업규격(JIS)이나 IEC(International Electrotechnical Commission) 등에서 자주 이용되는 각종 시험의 대표적인 것을 소개한다.

4.4.2 각종 시험

(1) 전산가(全酸價)

절연유 등에 대하여 이루어지는 시험이고 절연유 1 g 속에 포함되는 전산성(全酸性) 성분을 중화시키기 위해 필요한 수산화칼륨의 mg 수를 전산가라고 한다. 시료(20±0.05 g 의 절연유)를 100 mL의 톨루엔·에탄올의 혼합용액(혼합비 3 : 2)에 녹이고 알칼리청(alkali blue) 6B를 지시약으로서 수산화칼륨의 표준 에탄올 용액(0.05 mol/L)으로 적정(滴定, titration)한다. 실리콘유의 전산가를 측정하는 경우에는 시료를 톨루엔·2-프로판올(propanol)[또는 뷰탄올(butanol)]의 혼합용액(혼합비 1 : 1)에 녹인다. 용액의 색이 파란색에서 붉은색을 띤 파란색으로 변화하고, 10 s 간 그 색을 유지했을 때를 측정 종점으로 한다. 즉, 시료를 녹이지 않은 혼합용액에 대해서도 같은 방법으로 시험(공시험, 空試驗)한다.

전산가(全酸價)는 다음 식에 의해 계산한다.

$$전산가 = \frac{56.1 \times NV}{W} \ [\text{mg KOH/g}] \qquad (4.45)$$

여기서, W: 시료의 질량[g]

N: KOH 용액의 규정도(規定度)

V: 공시험만큼을 뺀 소요 KOH의 양[mL]

(2) 산가(酸價)

절연용 무용제 액상레진(resin) 등의 시험에서 활용하며, 시료 1 g 중의 산을 중화하기 위하여 필요한 수산화칼륨의 mg 수를 산가(酸價)라고 한다. 시료를 플라스크에 담고 이것을 용제 100 mL(디에틸에테르와 에탄올을 체적비로 1:1 또는 2:1로 혼합한 것)에 용해시킨다. 이 용액에 페놀프탈레인 지시약(指示藥)을 몇 방울 넣는다. 지시약의 열은 붉은색이 30초간 지속될 때까지 0.1 mol/L 수산화칼륨-에탄올 용액에서 적정(適定, titration)한다. 다시 말해 용제는 사용 직전에 페놀프탈레인 용액을 지시약으로서, 0.1 mol/L 수산화칼륨-에탄올 용액에서 중화한다.

산가 A_v는 다음의 식에 의해 계산한다.

$$A_v = \frac{5.611 \times B \times f}{m} \tag{4.46}$$

여기서, m: 시료의 질량[g]

B: 적정에 이용한 0.1 mol/L 수산화칼륨과 에탄올 용액의 양[mL]

f: 0.1 mol/L 수산화칼륨용액의 요소(factor)

5.611: 수산화칼륨의 식량(式量, formula weight)$[56.11 \times (1/10)]$

(3) 취소가(臭素價)

절연유 등의 시험에 이용하고 시료 100 g 속의 불포화 결합에 취소를 부가시켰을 때의 취소의 g 수를 취소가(臭素價)라고 한다.

(4) 부식성 유황시험

절연유 등의 시험에 이용하고 잘 손질한 구리판을 시료에 담가 규정 조건 아래에서 정해진 시간, 온도에 시료를 유지한 후, 구리판을 꺼내어 선정하고 구리판의 변색 상태를 다음의 분류기준에 의해 조사하여 시료의 비부식성, 부식성을 판단한다.

비부식성: 옅은 오렌지색, 분홍, 보라색을 띤 옅은 분홍, 주황색에 옅은 분홍, 보라색을 띤 파란색 등의 다색모양, 옅은 금색을 띤 은색, 황동색에 적갈색의 모양, 빨강과 녹색을 동반한 다색모양(多色模樣)

부식성: 옷감이 보일 정도의 녹색을 띤 청색과 보라색 또는 검정색, 흑연과 같은 검정색 또는 광택이 없는 검정색, 광택이 있는 검정색

(5) 내유성

바니시클로스 등에서 이루어지는 시험이다. 2개의 비커에 각각 약 400 mL의 절연유 1종 2호(JIS C 2320에 규정)를 넣고 항온수조 속에서 $105 \pm 2℃$에 가열한 후, 한쪽 비커의 절연유에 시료를 담그고 같은 온도에 30분간 유지하고 나서 꺼낸다.

우선, 절연유에 대해서 비교한다. 이것은 시료를 꺼낸 후의 기름과 시험편을 넣지 않은 기름을 분산광(分散光)을 통하여 비교해 본 경우, 전자(前者) 쪽에 불투명함 또는 현저한 변색이 있으면 도막이 침투한 것으로 본다.

다음으로 절연도막의 변화에 대해서 알아보자. 즉, 꺼낸 시험편을 상온에서 30분 방치하고 나서 이것을 흡취지(吸取紙) 사이에 끼워 마찰하지 않도록 하고 충분히 기름을 제거하여 흡수지 위에 기름이 부착해 있는지 어떤지 또한 절연도막이 침투하였는지 어떤지를 눈으로 관찰한다.

4.5   내열성 시험

4.5.1 내열성 시험의 의의

전기를 사용하는 기기 및 장치는 발열을 동반하므로 이들의 사양 한도는 구성하는 재료, 특히 절연재료의 내열성에 의해 지배되는 경우가 많다. 따라서 절연재료의 내열성 시험은 기기나 장치의 신뢰성과 안전성 면에서 중요하다. 내열성의 평가는 가열한 후 재료의 물리적, 화학적 및 전기적 시험에 의한 평가를 함으로써 이루어진다. 또 기기 등의 안전성의 입장에서도 내열성의 문제는 중요

하다.

절연재료 자체의 내열성과 기기나 장치 전체의 내열성과는 다른 경우가 많기 때문에 주의가 필요하다. 왜냐하면, 거의 모든 기기나 장치에서는 복수 종류의 절연재료가 도체 등의 발열물질과 복잡하게 조합되어 있다. 또 기기 내의 각 절연물의 온도가 모두 같은 경우는 드물다. 따라서 하나의 기기나 장치에서 사용되고 있는 각 절연물의 사용가능온도를 일정하게는 규정할 수 없다. IEC에서는 이와 같은 기기 내의 절연구성을 절연 시스템[8]이라고 정의하여 절연재료 단체(單体)와 구별하고 있다.

4.5.2 시험방법

절연재료의 내열성 시험은 크게 나누어 두 가지로 분류된다. 하나는, 어느 온도 아래에서 재료의 수명(재료의 특성을 지속할 수 있는 시간)을 평가하거나 상정된 수명(시간)까지 재료의 특성이 견딜 수 있는 최고 온도를 구하기 위한 시험(내열열화시험)[9]이다. 재료의 특성이라는 것은 전기적 특성 또는 물리적, 화학적 특성이다. 다른 하나는, 각각의 제품(예를 들어, 에나멜선, 전기절연용 분체도료, 바니시 클로스 종류 등)에서 특유의 성능과 성질(열연화성, 벗겨짐 또는 균열 등)의 내열성을 평가하는 시험이다.

(1) 내열열화시험

1) 절연재료의 내열열화시험

절연물이 열에 의해서 열화하면 그 전기적 특성 또는 물리적, 화학적 성질이 저하한다. 화학반응 속도론에 의하면 일반적으로 재료의 열화속도 v는 재료가 노출된 온도를 절대온도 T로 표시했을 때, 다음의 식으로 표현된다.

$$v = \alpha e^{-\Delta E/RT} \tag{4.47}$$

여기서, α: 상수

ΔE: 활성화 에너지

R: 기체상수

반응속도가 빠를수록 재료는 그만큼 빠르게 열화하고 그 사용 가능시간(수명)도 짧아지기 때문에 반응속도와 수명과의 사이에는 반비례의 관계가 성립하게 된다. 따라서 재료가 어느 온도(절대온도 T)에서 이들 성질이 어느 일정 값까지 저하하는 시간 t_1을 수명이라고 하면 식 (4.51)의 v를 수명 t_1으로 치환하여 다음 식을 얻는다.

$$t_1 = \alpha \, e^{\Delta E/RT} \tag{4.48}$$

여기서, α: 상수

$\quad \Delta E$: 활성화 에너지

$\quad R$: 기체상수

식 (4.48)의 양변을 대수로 변화하면 수명과 절대온도와의 사이에는 다음의 식이 성립한다.

$$\log t_1 = A + \frac{\Delta E}{RT} \tag{4.49}$$

여기서, A: 상수

$\quad \Delta E$: 활성화 에너지

$\quad R$: 기체상수

이 식에 의하면 온도가 높아지면 수명 t_1이 짧아지고 $\log t_1$과 $1/T$의 사이에는 직선관계가 성립한다(이 관계를 아레니우스 법칙이라고 부른다). 거기서 예상되는 실용온도(절연물이 실제로 사용된 온도)보다도 충분하게 높은 온도를 점으로 골라 각각의 온도에 있어서의 수명을 측정한다(이 시험을 가속열화시험이라고 한다). 측정한 점의 수명과 온도와의 관계에 대해서는 수명의 대수와 $1/T$의 관계를 그림 4.44에 나타내듯이 점을 찍으면 직선관계가 성립한다. 이와 같은 그래프를 아레니우스 플롯이라고 부르는 경우도 있다. 그래프상에서 저온 측에 있는 실용온도까지 직선을 외삽하면 실용온도에 있어서의 수명을 추정할 수 있다. IEC에서는 20,000시간에 상응하는 온도를 열적 내구성의 지표(TI, Temperature Index)라고 정의하고 있다. 측정하는 각 온도에서 열화(劣化)의 종점(수명의 판정)은 재료의 초기 특성의 50% 값이 주로 이용된다.

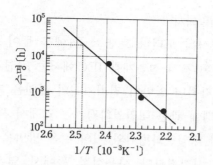

그림 4.44 수명의 대수와 $1/T$의 관계

수명으로서 측정된 주된 항목은 인장강도, 신장, 휨강도, 충격강도 등의 기계적 특성과 절연내력 등의 전기적 특성 등이다. 또 가열감량, 산소 흡수량 등의 화학적 특성도 열열화(熱劣化)를 판정하는 유력한 방법이 된다. 예를 들어, 바니시 클로스, 절연 시트 종류에서는 어느 온도에서 가속 열화시험을 한 시료에 대해서 절연파괴전압을 측정하고 그 값이 초깃값의 50%(종점)에 저하하기까지의 시간을 그 온도에서의 수명으로 한다.

또 나중에 설명하는 절연 시스템에서 내열계급과 마찬가지로 절연재료 그 자체에 대해서도 절연계급(표 4.4)이 이용되는 경우도 있다[10]. 하지만, 4.5.1 항에서 설명한 이유에서 예를 들어 절연계급이 A 종류의 절연재료를 그대로 A 종류의 절연시스템(모터 등)에 사용할 수 있다는 보장은 없다.

표 4.4 절연시스템의 절연계급

절연계급	최고 사용온도 [℃]
90(Y)	90
105(A)	105
120(E)	120
130(B)	130
155(F)	155
180(H)	180
200	200
220	220
250	250

* 절연재료 단체에 대해서도 같은 방법의 절연계급이 이용되는 것이 있다.

2) 절연시스템의 내열열화시험

복수의 절연물로 구성된 모터나 트랜스 등(예를 들어 모터는 복수의 종류의 절연물과 도체로 구성된다)의 절연계를 IEC에서는 절연 시스템이라 부르고 있다. 이런 의미에서 생각하면 일반의 전기기기의 절연은 거의 절연시스템이라고 가정한다.[8] 절연시스템에 관한 내열열화평가는 앞에서 서술한 아레니우스 법칙에 근거한 절연재료의 내열열화평가와 거의 같은 방법을 적용할 수 있다. 실제로는 내열성에 관한 시험결과와 사용실적 등에서 열적 내구성이 평가된다. IEC에서는 평가결과를 기초로 하여 보통 운전상태에서 사용할 수 있는 최고온도를 정한 내열계급이 표 4.4와 같이 정해져 있다[10].

(2) 각각의 제품에서의 내열성 평가시험의 예

여기에서는 예로서 내열충격성시험(에나멜선 및 전기절연용 분체도료)에 대해서 개략적으로 설명한다. 아래의 예에서 알 수 있듯이, 시험을 하는 제품이 다르면 같은 내열충격성 시험이라도 방법이 달라지기 때문에 주의를 요한다.

1) 에나멜선의 내열충격시험[11]

시험편을 규정 온도로 유지한 항온수조 속에 넣어 30분 가열한 후, 꺼내어 상온이 될 때까지 방치한다. 그 후 피막에 균열이 생기지 않았는지를 전선의 직경에 따라 아래 배율의 확대경으로 조사한다.

> 0.04 mm 이하의 둥근 선: 10 ~ 15 배
> 0.04 ~ 0.05 mm의 둥근 선: 6 ~ 10 배
> 0.05 mm를 초과하는 둥근 선: 1 ~ 6 배
> 평각선: 6 ~ 10 배

위의 시험법 외에 전선의 신장 또는 선을 감은 상태에서 일정 시간 가열하여 냉각한 후 표면피막의 균열 상태를 조사하는 시험법도 있다.

2) 전기절연용 분체도료의 내열충격시험[12]

정해진 형상의 3장의 시험편을 70±2℃의 열풍 순환식 항온수조 속에 1시간 담근 뒤 꺼내어 바로 드라이아이스 메탄올 용기에 넣어 1시간 담근다. 이것을 1사이클로서 이 조작을 반복한다. 각각의 사이클이 종료한 후, 시험편을 닦고

수지의 금, 균열, 박리의 유무를 조사한다. 각 시험편에 대해서 이상 발생의 사이클 수를 조사한다. 이상이 없으면 20사이클까지 조작을 반복한다.

4.6 반도체재료 시험

4.6.1 반도체재료 시험의 의의

반도체 결정을 시험하는 목적은 고성능으로 신뢰성이 높은 디바이스에 이용하기보다는 보다 양질의 결정을 성장시키기 위해서 결정 제작 조건과 디바이스 제조 프로세스 조건에 그 정보를 피드백하고자 하는 것이다. 한 마디로 결정이 양호한 정도도 천차만별이고 따라서 만들어진 반도체 디바이스의 종류와 구조에 따라 다르게 판별된다. 예를 들어, GaAs을 이용한 레이저 다이오드나 발광 다이오드 등의 발광 디바이스에서는 소수 캐리어의 수명과 내부양자효율이 디바이스의 성능을 결정하는 중요한 요소이다. 한편, 같은 GaAs을 이용한다 해도 전계효과 트랜지스터의 경우에서는 전자의 이동도의 대소가 결정의 양호함을 결정하는 기준이 된다. 이것은 전자에 소수 캐리어의 주입을 이용한 디바이스이고 후자는 다수 캐리어의 전도를 제어하는 디바이스라는 차이에 근거한다.

또 반도체 디바이스는 도너와 억셉터의 도핑을 정밀하게 제어하여 그 복잡하고 정교하면서 치밀한 구조로 만들어져 있다. 따라서 불순물 농도 또는 이것을 반영한 캐리어 농도의 공간 분포의 측정이 중요하다.

4.6.2 캐리어 농도 분포의 측정

(1) C-V법

캐리어 농도 분포를 구하기 위한 가장 표준적인 방법으로, 공핍층 용량의 바이어스전압 의존성에 대한 측정을 한다. 공핍층은 쇼트키 접촉, MOS 구조, pn 접합 중 어느 것을 사용하여 형성하여도 상관없지만, 측정 시료의 제작의 용이함에서 보면 쇼트키 다이오드[1.7.3항의 (5) 참조]를 이용하는 것이 좋다.

보통, 다이오드에 역방향 바이어스를 인가하고 다시 미소 교류 신호를 중첩하여 어드미턴스를 측정한다. 미소 교류 기호의 주파수로서는 수십 kHz에서

1 MHz, 진폭으로서는 수십 mV 정도가 적당하다. 단위면적당 공핍층 용량 $C[\text{F/m}^2]$의 전압 의존성에서 다음 식을 사용하여 캐리어 농도 분포 $N(x)[\text{m}^{-3}]$를 구할 수 있다.

$$N(x) = \frac{C^3}{e\,\varepsilon_s\varepsilon_0\,(\Delta C/\Delta V)} = -\frac{2}{e\,\varepsilon_s\varepsilon_0}\left\{\frac{\Delta(1/C^2)}{\Delta V}\right\}^{-1} [\text{m}^{-3}] \quad (4.50)$$

$$x = \frac{\varepsilon_s\varepsilon_0}{C} [\text{m}] \quad (4.51)$$

(2) 퍼짐 저항법

시료의 캐리어 농도가 극단적으로 높아지거나 역으로 반절연성 GaAs[3.3.1항의 (3) 참조]와 같이 고저항 시료를 시험하는 경우 또는 표면에 상당히 근접한 영역의 캐리어 농도를 구하고 싶을 경우에는 $C-V$법을 적용하는 것이 곤란하게 된다. 이 경우에는 선단의 뾰족한 탐침을 시료에 밀어넣어 퍼짐 저항을 구하고 그 값에서 캐리어 농도를 산출하는 방법이 있다.

4.6.3 이동도(移動度) 측정

일반적으로 반도체의 이동도는 홀 효과 측정에서 구할 수 있다(1.7.6항 참조). 또한, 이동도의 깊이 분포를 측정하고자 할 경우에는 게이트 전극을 형성하고 이것에 가한 전압을 변화시켜 공핍층에 의해 채널 두께를 제어하든가 아니면 에칭(etching)에 의해 측정 영역의 두께를 바꿔가면서 측정을 반복하고 그 차이에서 구할 수 있다.

시료제작의 용이함에서 반 데르 파우법이 자주 이용되고 있다. 그림 4.45에

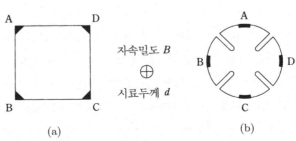

(a)   (b)

그림 4.45 홀 효과 측정용 시료(반 데르 파우법)

시료의 구조를 모식적으로 나타낸다. 반 데르 파우법에서는 다음 세 가지 양 (전도저항)을 측정한다. 첨자는 전류 또는 전압을 측정하는 단자의 조합을 의미 한다.

$$R_{AB,CD} = \frac{V_{CD}}{I_{AB}} \ [\Omega], \ R_{BC,DA} = \frac{V_{DA}}{I_{BC}} \ [\Omega] \tag{4.52}$$

$$\Delta R_{AC,BD} = \frac{V_{BD}}{I_{AC}} \ [\Omega] \tag{4.53}$$

식 (4.52)는 일반적인 4탐침(four-point probe) 측정과 같은 방법이며, 자기장 을 걸어주지 않은 상태에서 측정한다. 시료 형상이 대칭이 아닌 경우의 보정을 위해 토폴로지에 단자의 조합을 90° 회전한 측정도 이루어지는 점이 포인트이 다. 또, 식 (4.53)의 자계를 인가하여 측정한다.

이상의 3가지 전달 저항값을 이용하여 저항률 ρ [$\Omega \cdot$m], 캐리어 농도 n [m^{-3}], 캐리어의 홀 이동도 μ_H [m^2/(V$\cdot$s)]는 각각 다음 식에 의해 결정한다.

$$\rho = \frac{\pi \cdot d}{\ln 2} \cdot \frac{R_{AB,CD} + R_{BC,DA}}{2} \cdot f\left(\frac{R_{AB,CD}}{R_{BC,DA}}\right) \ [\Omega \cdot \text{m}] \tag{4.54}$$

$$n = \frac{B}{e \cdot d \cdot \Delta R_{Ac,BD}} \ [\text{m}^{-3}] \tag{4.55}$$

$$\mu_H = \frac{d}{B} \cdot \frac{\Delta R_{AC,BD}}{\rho} \ [\text{m}^2/(\text{V} \cdot \text{s})] \tag{4.56}$$

여기서, d는 시료의 두께 [m]이다. 또, f는 형상에 의한 보정상수로

$$\frac{f}{\ln 2} \text{arccosh}\left[\frac{\exp(\ln 2/f)}{2}\right] = \frac{R_{AB,CD} - R_{BC,DA}}{R_{AB,CD} + R_{BC,DA}} \ (R_{AB,CD} > R_{BC,DA}) \tag{4.57}$$

이 값은 수치 계산할 필요가 있지만 실제로는 소자를 대칭성이 좋게 제작하 면 $f = 0.9 \sim 1$의 범위에 수렴한다.

홀 효과에서 얻은 이동도는 실제로 캐리어가 이동할 때의 이동도와는 엄밀히 다른 것임에 주의할 필요가 있다. 전자를 μ_H [m^2/(V$\cdot$s)], 후자는 μ [m^2/(V$\cdot$s)] 라고 하면

$$\mu = \frac{\mu_H}{\gamma} \quad [\mathrm{m^2/(V \cdot s)}] \tag{4.58}$$

γ의 값은 산란기구에 따라 다르지만 1 보다 크기 때문에 홀 이동도가 드리프트 이동도[1.7.1 항의 (1), 3) 참조]보다 크다고 짐작할 수 있다.

대표적인 산란기구에 대한 γ의 값을 표 4.5 에 정리하였다.

표 4.5 γ의 값(GaAs 의 예)

산란기구(機構)	γ
포논 산란(음향모드)	1.18
포논 산란(극성 광학모드)	1.05 ~ 1.18
이온화 불순물 산란	1.93
공간전하 산란	~ 2.0

4.6.4 소수 캐리어 수명의 측정법

소수 캐리어 수명은 발광 디바이스용의 반도체 결정의 품질을 평가하기 위한 중요한 파라미터이기도 하지만 스위칭 다이오드 등의 고속 디바이스를 평가하기 위해서도 중요한 양이다[1.7.2 항의 (4) 참조]. 소수 캐리어 수명의 크기는 물론 결정의 종류나 품질에 의존하지만 GaAs, GaP 등의 화합물반도체에서는 수 ns ~ 수십 ns 의 크기이고 Si, Ge 의 μs 이상의 단위와 비교하여 상당히 짧다. 따라서 재료나 목적에 따라 측정방법 · 수단을 분류하여 사용할 필요가 있다.

소수 캐리어 수명의 측정법을 여기방법 및 신호의 종류로 간단히 분류하면 표 4.6 과 같다. 어느 방법을 이용할지는 시료의 제작법, 캐리어 수명의 크기 정도를 생각하여 선택한다.

Si 에서는 광전도율의 감쇠 특성을 마이크로파의 반사계수의 변화로서 측정하는 비접촉법이 자주 이용되고 있다. 금지대 폭보다 큰 에너지의 광(光) $(h\nu > E_G)$을 반도체에 조사하면, 밴드 간 천이에 의해 전자-정공쌍이 생성된다. 이것에 의해 전자(또는 정공)농도는 열평형상태에서 Δn(또는 Δp) $[\mathrm{m^{-3}}]$ 만큼 증가한다. 따라서 도전율은 다음과 같이 증가한다.

$$\Delta \sigma = e(\mu_n \cdot \Delta n + \mu_p \cdot \Delta p) \ [\mathrm{S/m}] \tag{4.59}$$

표 4.6 캐리어 수명의 측정법의 종류

> 과잉(過剩) 캐리어 주입방법에 의한 분류
>   광(광전도, 루미네센스, 광기전력 등)
>   전자선(음극 루미네센스, EBIC 등)
>   pn 접합(스텝 리커버리 등)
>   MOS 반전층(Zerbst법 등)
> 신호에 의한 분류
>   과도응답: 신호의 시간변화, 위상차(광전도, 마이크로파 반사법 등)
>   정상변화: 신호의 여기 위치 의존성(EBIC 등)
> 전극의 유무
>   필요(다이오드 등의 디바이스를 이용하는 방법)
>   불요(不要), 비접촉법(마이크로파 반사, 와전류법 등)

조사광을 계단 형태로 자르면 과잉 소수 캐리어는 수명 τ를 시상수로서 소멸해 가기 때문에 광도전율 변화의 시간의존성 $\Delta\sigma(t)$는

$$\Delta\sigma(t) \propto \exp\left(-\frac{t}{\tau}\right) \text{ [S/m]} \tag{4.60}$$

로 표현된다. 따라서 반사 마이크로파의 과도응답기호를 해석함으로써 수명 시간을 결정할 수 있다.

문제

1. 전기재료에는 어떤 전기적 시험이 필요한가?
2. 절연저항 측정방법의 주된 것에 대하여 기술하여라.
3. 절연내력시험에서 측정값(절연파괴강도)에 영향을 주는 인자를 기술하여라.
4. 절연파괴시험에서 전압인가방법을 기술하여라.
5. 유전정접측정용 전극의 구성에 대해서 기술하여라.
6. 유전정접의 측정방법을 기술하여라.
7. 내(耐)아크성 시험의 시험 목적을 기술하여라.
8. 내(耐)부분방전성 시험의 시험 목적을 기술하여라.
9. 내(耐)트래킹성 시험의 목적을 기술하여라.
10. 내(耐)트리잉성 시험의 방법을 기술하여라.
11. 정규자화곡선 및 히스테리시스 곡선의 시험법을 기술하여라.
12. 연(軟)자성 재료의 시험법에 대해서 기술하여라.
13. 영구자석 재료의 시험법에 대해서 기술하여라.
14. 내열성 시험의 시험 목적을 기술하여라.
15. 다음의 시험법에 대해서 설명하여라.
    (a) C-V법
    (b) 반 데르 파우법
    (c) 광도전(光導電) 마이크로파 반사법

인용 · 참고문헌

(1) JEC-6148-2002: "전기절연재료의 절연저항시험방법통칙"(2002)

(2) IEC 60243-1: "Electrical strength of insulating materials-Test methods-Part 1: Tests at power frequencies"(1998)

(3) JIS C 2101: "전기절연유 시험방법"(1999)

(4) JEC-6150-2000: "전기절연재료의 유전율 및 유전정접 시험방법통칙"(2000)

(5) JIS C 2135-2004: "고체절연재료의 건조시에 있어서의 고전압 소전류 내아크성 시험 방법"(2004)

(6) IEC 60343: "Recommended test methods for determining the relative resistance of insulating materials to breakdown by surface discharges" (1991)

(7) IEC 60112: "Method for the determination of the proof and the comparative tracking indices of solid insulating materials"(2003)

(8) IEC 60505: "Evaluation and qualification of electrical insulation systems" (2004)

(9) 예를 들어, IEC 60216-1: "Electrical insulating materials-Properties of thermal endurance-Part 1: Ageing procedures and evaluation of test results"(2001)

(10) IEC 60085: "Electrical insulation-Thermal classification"(2007)

(11) JIS C 3003-1999: "에나멜선 시험방법"(1999)

(12) JIS C 2161-1997: "전기절연용 분체도료 시험방법"(1997)

문제해답

1. 원자의 구조나 성질은 보어의 원자모형에 의해 상당히 정확하게 표현할 수 있다. 또한, 정확한 성질을 이해하기 위해서는 양자역학이 필요하다. 양자역학에서는 핵외전자의 상태는 n, l, m, s라는 4종류의 양자수에 의해 정해져 파울리의 배타원리에 따른다. _1.2.3항 참조

2. (a, b, c)원자와 원자를 결합시키는 힘(작용)에는 이온결합과 공유결합 등이 있고 분자의 형태나 성질에는 결합방법에 따라 결정되는 것이 많다. (d) 고체물질은 구성원(또는 이온)이 긴 거리에 걸쳐 규칙적으로 배열된 결정과 그 규칙성이 흐트러진 비정질로 분류된다. (e) 유기물 속에는 1분자를 구성하는 원자의 수가 수만에서 수백만에 이르는 유기 고분자라고 불리는 것이 있다. _1.4, 1.5절 참조

3. 용액의 전기전도는 이온에 의해 이루어지고 온도가 상승하면 활발해진다.
   _1.6.1항 참조

4. _1.6.2항 참조

5. _1.6.2항 참조

6. _1.6.2항 참조

7. _1.6.2항 참조

8. _1.6.3항 참조

9. _1.7.1항 참조

10. n형, 전도전자농도: 1.5×10^{21} m^{-3}, 정공농도: 1.5×10^{11} m^{-3}

11. 전도전자: 3.8×10^{-3} m^2/s, 정공: 1.3×10^{-3} m^2/s

12. 2.8×10^{-2} $\Omega \cdot$m

13. _1.7.1항 참조

14. _1.7.1항 참조

15. 약 1.11μm (근적외선)보다 단파장의 빛 _1.7.2항 참조

16. _1.7.2항 참조

17. 0.78 V

18. _1.7.3항 참조

19. 47 pF

20. _1.7.4항 참조

21. _1.7.4항 참조

22. _1.7.4항 참조

23. _1.7.4항 참조

24. _1.7.5항 참조

25. _1.7.6항 참조

26. 유전체를 흐르는 미약한 전류를 담당하고 있는 전하로는 (1) 자유전자와 자유정공, (2) 자유이온, (3) 속박전하와 쌍극자가 있다. 속박전하나 쌍극자는 전계의 변동에 의해 변위전류가 발생한다. _1.8.1항 참조

27. 유전체에 전계가 인가되면 유전체 내의 전하의 변위나 이동, 혹은 전기쌍극자의 회전에 의해 거시적인 전기쌍극자가 유기된다. 이것을 유전분극이라고 부른다. 유전분극의 종류에는 전자분극, 원자분극, 쌍극자분극, 이온공간 전하분극, 계면분극 등이 있다. 유전율 및 도전율이 다른 2종류의 유전체의 계면에는 전하가 축적된다. 이것을 계면분극이라고 부른다. _1.8.2항 참조

28. 보통의 유전체에 교류전압을 인가했을 때, 전압의 위상에 비교하여 90° 앞선 전류 이외에 전압과 동상(同相)의 전류도 흐른다. 이 동상전류에 의해 유전체 내에 발생하는 전력소비를 유전손이라 한다. 유전손은 유전손율 ε''에 비례한다. ε''은 $\varepsilon'' = \varepsilon' \tan\delta$로 표현된다. ε'은 유전율, $\tan\delta$는 유전정접이다. _1.8.3항 참조

29. 강유전체는 자발분극을 갖는 분극의 정렬에 의해 상당히 큰 분극 P, 다시 말해 큰 유전율을 보인다. 또, 분극 P는 전계 E에 대해서 비선형성을 보인다. _1.8.4항 참조

30. 기체의 절연파괴는 일반적으로 방전이라고 부른다. 방전을 발생하는 주요한 원리는 전자에 의한 충돌전리이다. 기체의 방전전압은 기체의 압력과 전극 간격의 곱에 의존한다. 이것을 파센의 법칙(Paschen's Law)이라고 부른다. _1.8.5항 참조

31. 고체의 절연파괴기구에는 전자의 충돌전리가 주요 원인인 전기적 파괴기구와 고체 내에서의 열 발생이 주요 원인인 열파괴기구가 있다. 전계의 작용에 의해 유기고분자 고체 절연체에 생기는 열화에는 트래킹과 트리잉이라고 불리는 현상이 있다. _1.8.5항 참조

32. _1.9.3항 참조

33. _1.9.4항 참조

34. _1.9.5항 참조

35. _1.9.5항 참조, 1.9.6항 참조

36. 초전도성은 2개의 전자가 쿠퍼쌍이라고 하는 일종의 속박 상태를 만드는 것으로부터 생긴다. 초전도체는 완전 도전성, 완전 반자성(마이스너 효과), 조셉슨 효과 등을 나타낸다. _1.10절 참조

제 2 장

1. _2.1.1항 참조

2. _2.1.2항 참조

3. _2.1.3항 참조

4. _2.1.4항 참조

5. _2.1.2항, 2.1.3항 참조

6. _2.2.1항 참조

7. _2.2.2항 참조

8. _2.2.3항 참조

9. _2.2.2항, 2.2.3항 참조

10. _2.3.1항 참조

11. _2.3.1항 참조

12. _2.3.2항 참조

13. _2.3.2항 참조

14. _2.3.3항 참조

15. _1.7.3항 참조, 2.3.3항 참조

16. _2.3.3항 참조

17. _2.3.4항 참조

18. _1.7.4항, 2.3.4항 참조

19. _2.3.5항 참조

20. _2.3.6항 참조

21. 어떠한 전기기기도 전자 디바이스도 전기절연이 없으면 전혀 기능을 구현할 수 없다. 이런 의미에 있어서 절연재료는 중요하다. 절연재료의 전기적 특성으로서는 절연파괴의 강도, 절연 저항률, 비유전율, 유전정접 등이 중요시된다. 기계적 특성, 열적 특성, 물리화학적 특성 등도 또한 중요하다. _2.4.1항 참조

22. 절연재료의 전기적 성질은 온도와 습도에 크게 영향을 받는다. 특히, 절연저항은 온도 또는 습도의 상승과 함께 현저히 저하한다. 실제의 재료에 있어서 이것들의 영향은 상당히 복잡하다. _2.4.1항 참조

23. 전기기구용 절연재료는 그 내열성에 따라 분류되고 있다. _2.4.1항 참조

24. 공기의 절연성이 이용되는 경우는 많다. 공기나 질소 등 기체 절연재료에서는 기압을 높이면 절연성이 상승하기 때문에, 전력기기의 절연에는 가압기체가 많이 이용된다. 할로겐을 구성원소로 하는 기체는 절연성이 좋다. 특히, 6불화 유황(SF_6)은 대형 전기기기의 절연에 널리 이용되고 있다. 하지만, 지구온난화의 작용이 크기 때문에 사용량을 줄이는 노력이 최근 시작되고 있다. _2.4.2항 참조

25. 절연유는 각종 유입기기에 있어서 절연과 냉각과의 2가지 목적에 없어서는 안되는 재료이다. 절연성, 유전율, 점도, 안정성 등은 절연유의 선택에 있어서 중요한 성질이다. _2.4.3항 참조

26. 합성절연유에는 알킬벤젠, 알킬 나프탈렌, 실리콘 오일 등이 있다. _2.4.3항 참조

27. 마이카(운모)는 내열성과 전기적 성질에 우수하기 때문에 고전압 기기 등의 절연에 널리 이용되고 있다. _2.4.4항 참조

28. 유리의 종류는 많지만, 전기적으로 중요한 것은 납유리, 붕규산 유리 등이 있다. 실리카(석영) 유리는 내열성과 전기적 성질이 우수하고 자외선을 투과하는 성질이 있다. _2.4.4항 참조

29. 유리섬유는 기기의 내열절연체의 구성에 중용되고 있다. _2.4.4항 참조

30. 전기절연을 위한 자기로서는 규산알루미늄 기기나 고주파용으로서의 마그네시아계, 축전기 유전체용으로서의 산화 티탄계 등이 중요하다. 티탄산바륨 등의 강유전체 재료에서는 고유전율, 압전성 등이 이용된다. _2.4.4항 참조

31. 절연지로서는 주로 크라프트펄프(kraft pulp)를 원료로 하는 것이 중요하다. 절연지를 보드 형태로 한 프레스 보드는 기기 절연재료로서 중요한 것으로 절연유를 함침시켜 사용하는 경우가 많다. _2.4.5항 참조

32. 유기고분자는 절연재료로서 사용되는 중요한 합성유기재료이고, 단량체라고 불리는 기본 구조체의 중합 또는 축중합에 의해 만들어진다. _2.4.5항 참조

33. 고체의 유기고분자 수지에는 가열했을 때 단단해지는 열경화성수지와, 연화하는 열가소성수지 등이 있다. 열경화성수지에는 축중합반응에 의해 얻은 고분자가 많고, 페놀수지, 요소수지, 멜라민수지, 불포화 폴리에스테르수지, 에폭시수지, 실리콘수지 등이 대표적인 것이다. 실리콘수지는 내열성, 내습성에 우수하다. _2.4.5항 참조

34. 열가소성수지는 주로 중합반응에 의해 얻은 고분자 화합물로 전기적 성질에 우수한 것이 많다. 폴리염화비닐은 전선피복에 이용된다. 폴리스틸렌, 폴리에틸렌은 전기적 성질은 좋지만 내열성은 낮다. 폴리프로필렌의 내열성과 기계적 특성은 폴리에틸렌에 비해 우수하다. 폴리4불화에틸렌은 말하자면 불소수지이고 전기적 성질 및 내열성이 상당히 좋다. _2.4.5항 참조

35. 최근에는 플라스틱으로서는 아주 양호한 내열성을 나타내는 슈퍼엔지니어링 플라스틱이라고 불리는 수지와 고분자 수지 속에 나노미터 단위의 크기인 무기재료를 분산시킨 폴리머 나노콤포지트라고 하는 새로운 재료가 개발되고 있다. _2.4.5항 참조

36. 클로로프렌계 고무나 뷰틸 고무, 실리콘 고무 등의 합성고무는 여러 가지 용도에 널리 이용되고 있다. _2.4.5항 참조

37. 유리와 에폭시수지의 복합재료 등에 의해 만들어진 절연기판 위에 구리 등 금속 배선회로를 마치 인쇄한 것과 같이 형성한 프린트 기판은 전자기기 등에 널리 이용되고 있다. _2.4.5항 참조

38. _2.5.1항 참조

39. _2.5.2항 참조

40. _2.5.2항 참조

41. _2.5.2항 참조

42. _2.5.2항 참조

43. _2.5.2항 참조

44. _2.5.2항 참조

45. _2.5.2항 참조

46. _2.5.2항 참조

47. _2.5.3항 참조

48. _2.5.3항 참조

49. _2.5.3항 참조

50. _2.5.5항 참조

51. _2.5.6항 참조

52. _2.5.7항 참조

53. _2.5.8항 참조

54. _2.5.8항 참조

55. _2.5.8항 참조

56. 초전도체는 자속의 침투방법에 따라 제1종 초전도체와 제2종 초전도체로 나눌 수 있다. 또, 초전도체가 되는 물질에는 금속원소, 합금, 금속 간 화합물, 금속산화물(세라믹), 유기물 등이 있다. 세라믹 초전도체는 다른 초전도체보다도 훨씬 높은 온도에서 초전도성을 보인다. _2.6절 참조

제 3 장

1. 나전선의 선재는 단금속선, 합금선, 복합금속선의 3종류로 크게 분류할 수 있다. 나전선에는 단선과 단선을 꼬아 만든 선(연선)이 있다. 연선에는 동심연선, 복합연선, 집합연선 및 평형연선과 원형 또는 평형의 편조선이 있다. 고전압 가공 송전선에는 동심 알루미늄 동선이 이용된다. _3.1.1항 참조

2. 절연전선에는 (a) 도체를 섬유질 절연물로 감은 것, (b) 도체 표면에 수지를 인쇄한 것, (c) 도체를 고무 또는 합성수지로 피복 절연한 것이 있다. 배전용 전선의 절연에는 폴리염화비닐, 폴리에틸렌, 가교 폴리에틸렌 등이 이용된다. 주로 실내에 사용되는 코드에는 고무 코드와 비닐 코드가 있다. _3.1.2항 참조

3. 권선 종류의 절연에는 면과 절연지를 감은 피복, 에나멜 인쇄, 복합 절연 등이 이용된다. 에나멜선에는 유성 에나멜선과 합성수지 에나멜선이 있다. 후자의 예로서 폴리에스테르선과 내열성이 아주 좋은 폴리이미드선이 있다. _3.1.2항 참조

4. 전력 케이블에는 플라스틱 절연 케이블과 유침지 절연 케이블이 있고 전자에는 가교 폴리에틸렌을 주절연체로 하는 CV 케이블이 있다. _3.1.3항 참조

5. 통신 케이블에는 동선 케이블과 광섬유 케이블이 있다. 광섬유의 주요 구성은 중심부의 코어 및 외주부 클래드의 동축 구조이다. 코어의 굴절률은 클래드의 굴절률보다 조금 높고 빛은 양자의 경계면에서 전반사하면서 코어 안을 진행해 간다. _3.1.4항 참조

6. 광섬유 안을 빛이 전반되어 가기 위해서는 빛이 코어의 경(徑) 방향으로 한번 왕복했을 때의 위상이 같아지도록 도파 모드가 되어야 한다. _3.1.4항 참조

7. 광섬유에는 단일 모드 섬유와 다모드 섬유가 있다. 광섬유가 사용되고 있는 때의 형태에는 단심선, 테이프 심선, 집합형 케이블, 슬롯형 케이블이 있다. _3.1.4항 참조

8. 장거리 통신용도의 광섬유에는 고순도의 실리카(이산화규소)가 이용된다. 단거리 통신에는 플라스틱 광섬유도 이용된다. _3.1.4항 참조

9. _3.2.1항 참조

10. _3.2.2항 참조

11. _3.3.1항 참조

12. _3.3.1항 참조

13. _3.3.1항, 3.3.2항, 3.3.4항 참조

14. _3.3.1항 참조

15. _0.46 μm

16. _3.3.2항 참조

17. _3.3.3항 참조

18. _3.4절 참조

19. _3.4절 참조

20. 초전도체는 완전도체, 전자석·자계발생장치 등에 이용된다. _3.5절 참조

제 4 장

1. 전기적 시험으로서는, 도체재료 및 저항재료에 대해서는 저항시험이 이루어진다. 또, 절연재료에 대해서는 절연저항 및 절연 내력시험, 유전정접 및 비유전율 시험 및 내아크성, 내부분 방전성, 내트래킹성 및 내트리잉성 시험 등이 이루어진다. _4.1절 참조

2. 주로 일렉트로미터(전기계)를 이용하는 전류전압방법, 일렉트로미터를 이용하는 비교법, 휘트스톤 브리지를 이용하는 비교법이 있다. _4.1.2항 참조

3. 측정값은 시료의 두께나 균일성, 흡습성, 온도, 기계적 응력, 시험 전압파형 등의 모든 조건에 영향을 받는다. 시험 결과의 보고서에는 위와 같은 모든 조건도 포함하여 보고한다. _4.1.3항 참조

4. 파고율(파고값과 실효값과의 비)이 1.34~1.48의 사이에 있도록 48~62 Hz의 교류를 이용한다. 전압인가방법으로서는 일정상승법, 20 s 계단 형태 상승법, 내전압시험법이 있다. _4.1.3항 참조

5. 전극구성으로서는 2단자법과 3단자법이 있다. 2단자법에 의한 접속은 전극 간에 시료-전극을 지지하는 절연물의 임피던스 Z_{AB}가 시료의 임피던스에 병렬로 들어간다. 따라서 높은 임피던스의 시료를 측정하는 경우는 Z_{AB}가 오차의 원인이 된다. 3단자법은 가드전극을 통하여 시료-전극을 지지하는 절연물이 존재하므로 측정값은 시료-전극을 지지하는 절연물의 임피던스의 영향을 받지 않는다. 하지만, 가드전극은 잔류 임피던스가 커지기 쉽기 때문에 고주파에서의 측정에는 적합하지 않다. _4.1.4항 참조

6. 유전정접의 측정법으로서는 직접법, 병렬치환법, 직렬치환법이 있다. _4.1.4항 참조

7. 고전압 아크가 고체절연재료의 표면에 접근하여 발생하면 열적, 화학적으로 분해 또는 침식되어 표면에 도전로가 형성된다. 이와 같은 아크의 열화작용에 대한 절연재료의 저항력의 대소를 비교하는 목적으로 내아크성 시험이 이루어

진다. _ 4.1.5항 참조

8. 건식 고전압 기기에 있어서는 절연물 내부에서 발생하는 보이드 방전 및 절연물 표면에서 발생하는 부분 방전에 기인하여 발생하는 절연재료의 열화가 기기의 수명에 영향을 준다. 보이드 방전은 기기 구성에 관련하여 일어나는 문제이지만, 절연재료 그 자체에 대해서는 표면에 있어서 내부분 방전성이 문제가 된다. 그렇기 때문에 사용하는 절연재료가 부분 방전에 어느 정도 견딜 수 있는가를 평가하는 목적으로 내부분 방전성 시험이 이루어진다. _ 4.1.6항 참조

9. 절연물 표면상에 전압이 인가된 2개의 전극이 존재하는 절연 구성으로 절연물의 표면이 습기나 오염에 노출되면 그곳을 흐르는 누설전류가 원인이 되어 전극 간에 탄화도전로(트랙)가 형성된다. 이 시험법은 그 난이도를 조사하기 위한 것이다. _ 4.1.7항 참조

10. 시료로서 블록 형태의 시험편에 침전극을 삽입한 침-평판 전극 구성을 이용하는 방법이 많다. 재료의 내아크성 평가방법으로는 ① 전극 간에 일정한 전압을 인가하여 트리가 발생하기까지의 시간을 측정하든지, 또는 트리가 어느 길이로 성장하기까지의 시간을 측정한다. ② 일정 시간의 전압인가로 트리가 발생하는 전압을 측정하든가, 또는 트리가 어느 길이로 성장하는 전압을 측정한다. 트리 형상의 관찰에는 100배 정도의 현미경이 자주 이용된다. _ 4.1.8항 참조

11. _ 4.2.3항, 4.2.4항 참조

12. _ 4.2.5항 참조

13. _ 4.2.6항 참조

14. 전기를 사용하는 기기 및 장치는 발열을 동반하므로, 그 사용한도는 구성하는 재료, 특히 절연재료의 내열성에 의해 지배되는 경우가 많다. 따라서 절연재료의 내열성 시험은 기기나 장치의 신뢰성 및 안전성의 면에서 중요하다. 내열성의 평가는 가열한 후 재료의 물리적, 화학적 및 전기적 시험에 의해 이루어진다. _ 4.5.1항 참조

15. _ 4.6절 참조

찾아보기

저자 약력

신재수
일본 와세다대학 박사과정(공학박사)
현재: 대전대학교 신소재공학과 교수
jsshin@dju.kr

정영호
연세대학교 박사과정(공학박사)
현재: 한국교통대학교 전기공학과 교수
yhjeong@cjnu.ac.kr

유승준
일본 와세다대학 박사과정(공학박사)
현재: 삼성디스플레이(주) 연구소 책임연구원
jetscan@hanmail.net

박선홍
일본 와세다대학 박사과정(공학박사)
현재: 자동차부품연구원(KATECH) 스마트자동차기술연구센터 선임연구원
sunhpark@katech.re.kr

전기전자재료

2013년 2월 8일 1판 1쇄 펴냄 | 2022년 8월 31일 1판 4쇄 펴냄
지은이 오키 요시미치 · 오쿠무라 쯔구노리 · 이시하라 요시유키 · 야마노 요시아키
옮긴이 신재수 · 정영호 · 유승준 · 박선홍
펴낸이 류원식 | 펴낸곳 **교문사**

편집팀장 김경수 | 본문편집 네임북스 | 표지디자인 네임북스

주소 (10881) 경기도 파주시 문발로 116(문발동 536-2)
전화 031-955-6111~4 | 팩스 031-955-0955 | 등록 1968. 10. 28. 제406-2006-000035호
홈페이지 www.gyomoon.com | E-mail genie@gyomoon.com
ISBN 978-89-6364-160-7 (93560) | 값 20,000원